# 最新応用昆虫学

田付貞洋　河野義明
編

嶋田　透　嶋田正和　竹田　敏
鎮西康雄　寺山　守　山元大輔
著

朝倉書店

## 編　者


| | |
|---|---|
| 田付貞洋 | 東京大学名誉教授 |
| 河野義明 | 元筑波大学大学院生命環境科学研究科・教授 |


## 執筆者


| | |
|---|---|
| 河野義明 | 元筑波大学大学院生命環境科学研究科・教授 |
| 嶋田　透 | 東京大学大学院農学生命科学研究科・教授 |
| 嶋田正和 | 東京大学大学院総合文化研究科・教授 |
| 竹田　敏 | 浜松ホトニクス株式会社筑波研究所・顧問 |
| 田付貞洋 | 東京大学名誉教授 |
| 鎮西康雄 | 鈴鹿医療科学大学医用工学部・教授 |
| 寺山　守 | 東京大学大学院農学生命科学研究科・非常勤講師 |
| 山元大輔 | 東北大学大学院生命科学研究科・教授 |

（五十音順）

# 序

新しい応用昆虫学の教科書『最新応用昆虫学』を刊行することになりました.

齋藤哲夫・松本義明・平嶋義宏・久野英二・中島敏夫5先生が著された前教科書『新応用昆虫学』が1986年に出版され，1996年に改訂されてから，それぞれ23年，13年が経過しました．この間，昆虫分子生物学研究，ゲノム解析の進展は特に目覚ましく，キイロショウジョウバエ，カイコ，ハマダラカ，コクヌストモドキ，ネッタイシマカ，ミツバチでゲノム解析が終了しています．同時に個々の害虫に関する知見や，害虫防除に関する知見も大幅に増加しています．このような状況を踏まえて，従来の分野はもちろん，新しい分野についても理解できるような新知見を豊富に取り入れた新しい応用昆虫学の教科書を目指して本書は企画されました．そのため，従来多くの紙面を占めていた害虫各論が若干減ることになりました.

執筆は2名の編者と6名の先生方がそれぞれの専門分野を担当しました．ご協力に心から感謝します．また，本書の企画から発刊まで全面的にお世話くださいました朝倉書店編集部の方々には深謝します.

編 者 記 す

編者の一人河野義明氏は，本書の編集作業がほぼ終了した2009年1月に惜しくも急逝された．河野氏は前年12月中旬に重篤な病の宣告を受けられたにもかかわらず，そのあとも年末ぎりぎりまで編集の仕上げに尽力され，すべてをやり終えた後に入院されたのである．このことを後にご遺族から知らされた私は氏の責任感の強さとこの教科書にかけた情熱の深さに心底圧倒された．刊行された本書をまず河野氏の霊前に捧げ，氏の尽力に深く感謝し，心からご冥福をお祈りする．

編者代表　田 付 貞 洋

# 目　　次

# 1. 序論――昆虫概説

## 1.1 なぜ「応用昆虫学」か

昆虫（insects）は動物全体からみて突出して種類数が多いばかりではなく，形態も生態もきわめてバリエーションに富む動物群だ．現代のキーワードである「生物多様性」は昆虫のためにあるのではないかと思えてくる．その一方で，昆虫の生息範囲は極端に陸上に偏っている．海が生命の揺りかごと称され，原始生命が誕生して以来の長大な時間のうち，比較的最近まで海の中だけに生命が存在したこと，さらには，現生の30あまりの動物門のうち多くの門が依然として海中だけに生息している事実からすると，昆虫は著しく陸地に依存した生物と言うことができるだろう．この点では，新口動物中で最も進化した存在である哺乳類も似ている．昆虫が，旧口動物中で最も進化した動物門とされる節足動物の中でもおそらく最先端に位置することを考えれば，動物進化の究極に位置する2つのグループが，それぞれ生物にとっての新天地であった陸上を主要な生活圏にしたと言うこともできる．哺乳類の中で，とくに人は生物の歴史からみればごく最近になって例外的な生息範囲の拡大をしたことによって昆虫と大幅に活動範囲を重複する動物となった．

昆虫の種数は，学名のついた「認知された」種についてだけでも百万種前後になるといわれる．これは全動物種の7割を超える数であるし，生物全体の中でも半数近くを占める．節足動物門の1亜門（または上綱）にしかすぎない昆虫がこれだけの種数を擁することは，昆虫がいかに「特殊」で「異常に繁栄した」動物群であるかを物語っている．さらに，種数だけではなく，サイズが小型であることもあってしばしば個体数も膨大になる．一般に群（むれ）を作る昆虫は個体数が多くなる傾向が強いが，その中でも真社会性昆虫であるアリ（ハチ［膜翅］）目*）と

＊本書では，昆虫の目名をその目の代表的な昆虫の名（カタカナ）で示す方法をとるが，本章では従来広く使用されてきた漢字名も併記した．目名の新旧対照は表2.5に示されている．

**表 1.1** 昆虫と人間の生活のかかわり

| 人間の生活活動要素 | |
|---|---|
| 健康・衛生 | 刺咬・吸血と病気の媒介——衛生害虫（ハエ，カ，ノミ，シラミ，アブ，ブユ，その他）<br>昆虫生産物の医療材料への応用（蜜蠟など） |
| 食料 | 農作物・貯穀類・食品の食害汚染——農業・貯穀・食品害虫（ウンカ，ヨコバイ，ニカメイガ，コクゾウ，ノシメコクガ，その他）<br>家畜の刺咬・吸血と病気の媒介——畜産害虫（ハエ，カ，ノミ，シラミ，アブ，ブユ，その他）<br>昆虫または昆虫の生産物の食用供給——有用昆虫（イナゴ，ザザムシ，ミツバチの蜂蜜，その他）<br>農作物の授粉——花粉媒介昆虫（ミツバチ，マメコバチ，その他） |
| 衣料 | 動物性・植物性繊維，毛皮，皮革の食害——繊維害虫，畜産害虫（カツオブシムシ，タバコシバンムシ，ワタミゾウムシ，スクリューワーム，その他）<br>絹糸の供給——絹糸昆虫（カイコ，サクサンなど） |
| 住居 | 樹木・木材の穿孔・食害——森林・乾材害虫（キクイムシ類，マツカレハ，シロアリ，その他） |
| 嗜好・化粧 | 茶，コーヒー，タバコなどの加害——工芸作物害虫（チャハマキ，その他）<br>昆虫の生産物の化粧品材料への応用（蜜蠟） |
| 交通・通信 | 配管類の充塡障害，大発生による視界妨害，その他——アブ，ドロバチ，ハキリバチ，ユスリカなど<br>電柱・電話線ケーブルの産卵・穿孔加害（セミ，小形甲虫類，その他） |
| エネルギー | 水力発電所導水路壁面への造巣による電力障害——トビケラ類 |
| 科学・芸術・教育 | 生物学・化学・生物工学諸分野への貢献．文学・美術の対象<br>工芸品材料——タマムシ，その他<br>教育材料——カイコ，カブトムシ，その他<br>法医学——遺体死亡時間の推定　骨格標本の仕上げ——カツオブシムシ類 |
| スポーツ | 釣の餌——ブドウトラカミキリ幼虫，ユスリカ幼虫，ハエ幼虫，ハチノスツツリガ幼虫，トビケラ，その他水生昆虫） |

（松本，1996 を改変）

シロアリ（シロアリ［等翅］目）のつくるコロニーはしばしば驚異的な個体数を擁し，地球上のバイオマスの主要部分はこれら 2 つのグループが占めるとさえ言われることがある．

以上のように，① 生活圏が人と大幅に重なっている．② 種数・バイオマスともに群を抜いている．さらに，③ 食性の幅がきわめて広いうえに体が小さいので，さまざまな環境に細やかに適応して種分化が進んだ結果，陸上のあらゆるところに何らかの昆虫が存在する．しかも，④ 小型ではあってもほとんどの種は人の肉眼でしっかりと捉えられるサイズである．これらの特徴によって昆虫は良きにつけ悪しきにつけ人の生活や生産と深いかかわりをもち続けてきた動物であった（表 1.1）．昆虫とのかかわりについて，人から見て好ましい関係としては，食料や薬としての直接的利用，ハチミツ，蜜蝋，絹糸などの間接的利用が非常に古い時代からあった．反面，昆虫による吸血，刺咬，疾病の媒介，衣食住における食害，などは人が現在に至るまで悩まされ続けてきた問題である．とくに農業が行われるようになった後は，農作物や農業生産物を加害する昆虫との戦いが深刻なものになった．各地に残る害虫駆除のための祈祷，まじない，祭などの伝統はそれを物語る．近代昆虫学の成立の背景には，洋の東西を問わず，人類の健康と食料生産に脅威となる害虫をいかに抑制するかという重要課題があった．このように，昆虫と人のかかわりのうちポジティブな側面を拡大し，ネガティブな側面を克服することはつねに重要なテーマであり続けてきたのであり，ここに応用昆虫学の存在理由があるのである．

## 1.2　特徴／起源／進化／多様性

### □ 1.2.1　特徴

**形態：**　節足動物門の中ですくなくとも成虫になると体節が頭，胸，腹に3区分され，3対の胸部各節に1対の脚をもつものが昆虫（Insecta，広義）である．外部形態や発生様式などによって約30の目に分けられる．形態はきわめて多様であるが，成虫の胸部に6本の脚と2対の翅をもつことが昆虫を最もよく特徴づけている．ただし，原始的ないくつかの分類群は無翅．また，有翅昆虫の中にも二次的な翅の退化が多くの目にみられ，シラミ，ノミなど目全体が無翅になっているものもある．また，ハエ（双翅）目，ネジレバネ（撚翅）目，カゲロウ（蜉蝣）目の一部などでは1対が退化して残る1対（2枚）の翅で飛翔する．ともあれ，翅の獲得は外敵からの逃避や生息地の拡大にきわめて有効であり，昆虫の繁栄を支える最も大きな要因になったと思われる．

**生理生態：**　通常，有性生殖をし，卵から成虫までに形態と生態が顕著に変わる変態（metamorphosis）を行う．変態は脱皮ホルモンと幼若ホルモンに制御され，次の3様式がある．原始的な無翅昆虫では幼虫のサイズが大きくなる以外に目立つ変化がみられないので，無変態あるいは漸変態という．このグループだけが成虫になった後も脱皮を繰り返して成長する．有翅昆虫のうち，幼虫と成虫の形態が似ており最終齢の幼虫が脱皮して成虫になるものを不完全変態，幼虫と成虫の形態が著しく異なり，その間に蛹を経過するものを完全変態と呼ぶ．完全変態が最も進んだ様式であり，環境によく適応して種数も圧倒的に多く，日本では全種の約 85% を占める．

昆虫が生息する空間は基本的に陸地である．一部に水生昆虫もいるが，その大部分は川，湖沼などの陸水に生息する．海に棲む昆虫はごく限られていてコオロギ，アメンボ，ハエなどに海岸に生息するものがいる．ウミアメンボには外洋性の種がいて太平洋，インド洋，大西洋の大海原に生息するが，昆虫としては例外中の例外である．陸生動物として進化してきたことは呼吸が気管系で行なわれることによく表れている．水生昆虫で特殊化した呼吸器官をもつものもほとんどは気管呼吸を基本としていて，この点は水中で多様化した甲殻類がエラ呼吸を基本としていることと対照的である．

明瞭な変態を行う有翅昆虫では，幼虫と成虫の生態が大きく異なるのが普通で，幼虫時代は移動・分散にエネルギーを使わず生育に専念するのに対し，成虫期は分布拡大と生殖に専念する．とくに完全変態昆虫では幼虫と成虫で食物が異なることも多く，生態の違いがいっそう顕著である．このように生活史を目的別に大きく二分していることも昆虫が繁栄した要因の一つであることは疑いない．

昆虫の生活史を完了させるためには十分な餌が必要なことは言うまでもないが，変温動物であるために十分な温量も不可欠である．しかし，これらはいつでも満足されるわけではなく，餌が枯渇する時期や生育に不適な低温の期間がある．餌や適温に恵まれても同時に強力な天敵や競合種の活動期に当たることもある．これら活動に不向きな時期を昆虫は独自の「休眠性（diapause）」によって回避する術を獲得した．生活環を調整して生育や生殖の適期に活動のタイミングを合わせる能力をもつことの意義はきわめて大きい．

昆虫の食性は全体的に見るときわめて多彩で，大別して肉食性，植食性，腐食性，雑食性がある．植食性種は一番多く，寄主特異性の幅もさまざまである．また，葉，花，果実，種子，根，茎（幹）など，植物の部分に特化して食うものも多い．アブラムシ，タマバエ，タマバチなどは植物に虫こぶ（虫癭（ちゅうえい），gall）を形成させて内部を食う．肉食性には他の昆虫などを捕食するものと寄生するものがある．寄生性では寄生蜂やヤドリバエのように最終的に寄主を殺してしまう捕食寄生者の種類が多い．これらは寄主特異性が高く，天敵として害虫駆除に利用される種もある．シラミ目やノミ（隠翅）目は温血動物に外部寄生する．

### □ 1.2.2 起源

昆虫が節足動物門の一員であり，その中で最も進化したグループであることはすでに書いた．昆虫の祖先とみられる動物の化石は見つかっておらず，いまのところ祖先の姿は推定するほかない．昆虫を特徴付ける「翅」は昆虫以外の節足動物には存在せず，現生の昆虫でも原始的な特徴を多くもつものは無翅であることから，昆虫の祖先には翅がなかったと考えられる．そこで，昆虫の祖先に迫るには，現生の原始的無翅昆虫や，昆虫に近縁と思われる他の節足動物の知見を総合するのが得策だろう．それでは，節足動物門の中で昆虫に最も近縁な動物は何であろうか．従来は，全形はあまり昆虫には似ていないものの，ともに陸生で，頭部の形態，呼吸器官，発生様式，生殖行動などに類似点を多くもつ多足類（Myriapoda）が昆虫に最も近縁な節足動物（姉妹群）であろうと考えられてきた．これに対し，最近の分子系統学的研究によれば昆虫は多足類よりも甲殻類（Crustacea）に近いという「意外な」結果が得られている（2.3.3 節参照）．外部形態，発生様式，呼吸システムなどの表現形質を比較したとき，甲殻類は多足類よりもさらに昆虫には「似ていない」動物群であろう．感覚的にはこの結果には受け入れがたいものがあるが，この説が妥当だとすると昆虫の祖先は甲殻類の一部から陸上に進出して早い時期に気管系による呼吸を獲得したものではなかったかと考えられ，このような祖先がどのような形態をしていたのかは興味深い．

### □ 1.2.3　進化と多様性

“六脚類”は単系統（共通祖先をもつ）と考えられている．では昆虫はその後どのような進化をしたのだろうか．現生の昆虫と化石資料をもとに多様化の道筋をたどることができるだろう．無翅の祖先から有翅昆虫が生まれたことはすでに書いた．ただし，翅の獲得以前に特殊化した口器（内顎型口器＝頭蓋に覆われて外側からは見えない口）をもついくつかの群が分化したと考えられる．それらは土壌生活に適応した一群で，無翅，小型で，現生のカマアシムシ（原尾）目，トビムシ（粘管）目，コムシ（双尾）目などの祖先である．同じ原始的な無翅昆虫でもシミ目は有翅昆虫と共通する頭蓋から露出した口器（外顎型口器）をもっていて，これに近い昆虫が有翅昆虫の祖先と考えられる．最初に生まれた翅ははばたく方向だけに可動性があり，休むときでも翅を腹部背面にたためなかった．現生昆虫では，このタイプの翅はトンボ（蜻蛉）目とカゲロウ（蜉蝣）目だけに見られる．その後，後方に折りたためる翅が出現して有翅昆虫が多様化した．まず，こまかい翅脈と広い扇状（肛角）部のある翅，基本型である噛む口，尾角を備えた多新翅類が現れた．現生昆虫ではバッタ（直翅）目，ナナフシ（竹節虫）

目，カマキリ（蟷螂）目，ゴキブリ目，シロアリ（等翅）目，ハサミムシ（革翅）目などである．ついで，翅脈の単純化，尾角の退化，口器の多様化（噛む型から液体を吸う型まで）を特徴とする準新翅類が生じた．現生のチャタテムシ（嚙虫）目，シラミ目，アザミウマ（総翅）目，カメムシ（半翅）目などがこれに入る．ここまでは不完全変態類であり，最後に完全変態をする貧新翅類が現われた．アミメカゲロウ（脈翅）目，コウチュウ（鞘翅）目，シリアゲムシ（長翅）目，ハチ（膜翅）目，ハエ（双翅）目，ノミ（隠翅）目，トビケラ（毛翅）目，チョウ（鱗翅）目などである．この分類群は蛹を作るという顕著な性質を共有するほかは，形態はきわめて多彩で，たとえば口器や翅も原始的な特徴を維持するものからきわめて特殊化したものまで存在する．すでに書いたとおりこの群が圧倒的な種数を誇っている．

## 1.3　昆虫学の諸分野

昆虫は多様性が大きく，そのうえ人間生活とのかかわりが深いために，昆虫を対象とする学問分野もまた多様で細分化されている．そのうえ切り口もさまざまな角度があって互いに重複する部分も多々ある．伝統的に昆虫学 entomology は大雑把に基礎昆虫学（fundamental entomology）と応用昆虫学（applied entomology）に分けられ，両者は互いに相補う車輪の両輪のようなものであるとされてきた．現在では基礎分野の成果がただちに応用に結びつく事例が増え，応用分野でも基礎分野の最新の知識や技術が頻繁に要求されることが多くなったので，両者は少なくとも一定距離を保つという関係ではなく，ときに「入れ子」のような関係になるとも言える．昆虫学の中で人間の生活，生産と関係する部分を取り出せば，それが応用昆虫学になるわけではない．昆虫を直接・間接に利用する研究にせよ，害虫対策を講じる研究にせよ，益虫・害虫以外の昆虫（おそらく昆虫の 9 割以上）についての知識や情報も不可欠である．応用昆虫学の教科書でも人と直接かかわりがない基礎的事項を相当取り上げる理由がそこにある．最後に，基礎・応用に関わらず，ほとんどの昆虫学分野で研究進展に遺伝子レベルの研究が必要になってきた状況をあげておかなければならない．

### □ 1.3.1　基礎昆虫学分野

昆虫形態学（insect morphology）と昆虫分類学（insect taxonomy）は他のすべての昆虫学分野に対して最も基礎となる分野である．種数の多い昆虫の分類は伝統的に外部形態（交尾器を含む）に基づいて行われてきた．分子系統学が急速に発展しゲノムレベルでの比較も可能になりつつあるが，外部形態形質の重要性はいまなお低下していない．一方で，形態による識別が困難な害虫の簡便な同定法として遺伝子判定法も試みられている．

昆虫生態学（insect ecology）は個体以上のレベルの現象解明を行う．個体群や生物群集の変動機構を追求する個体群生態学，群集生態学は総合害虫管理（integrated pest management, IPM）の実践の基礎として大きな役割を果たしている．個体間の主要な相互作用の多くに化学物質の関与が必須であることから，関係を物質面から理解するのが昆虫化学生態学（insect chemical ecology）である．中でもフェロモンの研究は害虫防除への応用の観点から活発に行われてきた．

昆虫生理学（insect physiology）は個体以下のレベルの生物現象を解明する．昆虫独自の脱皮・変態や休眠の機構解明が古くから盛んに行われ，それらの成果はホルモンやキチン合成阻害剤など昆虫成長制御剤（insect growth regulators, IGR）の開発にも大きく貢献した．摂食，配偶，産卵のように生存に不可欠な行動の発現機構解明もこの分野の重要課題であり，昆虫神経生理学（insect neurophysiology），昆虫行動学（insect ethology）が発展した．上述の昆虫化学生態学はこの分野でも貢献している．生理的現象の物質的基礎に視点を置くのが昆虫生化学（insect biochemistry）である．この分野は近年昆虫分子生物学（insect molecular biology）と一体となって分子レベルでの生理現象解明に大きな成果を収めてきた．

昆虫遺伝学 insect genetics はもともと養蚕学（sericultural science）の一分野として発達した．一方で，ショウジョウバエが古典的な遺伝学から分子遺伝学まで，遺伝学全体をリードし続けてきたモデル昆虫であるのは言うまでもない．ショウジョウバエに次いで全ゲノム解析をほぼ終えたカイコもチョウ（鱗翅）目のモデル昆虫として地位を固めた．遺伝子レベルの研究ではショウジョウバエやカイコなどの成果がただちにほかの昆虫にも応用されるので，他の分野への貢献度はますます高まっている．

### □ 1.3.2　応用昆虫学分野

害虫学は農林業の害虫と衛生害虫を中心に害虫の生理生態，防除法を研究してきた（それぞれ対象ごとに，農業昆虫学（agricultural entomology），森林昆虫学

(forest entomology)，衛生昆虫学（sanitary entomology）とされることもある）．第2次大戦前からイネ害虫を中心に基礎的な生理生態の研究成果に立脚した防除法（誘蛾灯など）が考えられていたが，戦後は急速な有機合成殺虫剤の台頭によって，とくに前世紀後半には殺虫剤に関する研究が全盛となった．これはひどく偏った研究が行われた印象を与えるが，実際には殺虫剤に関連して昆虫毒物（薬理）学，昆虫神経生理学などの基礎学問も大いに発展した．最近ではIPMの理論・実践研究が大きな研究課題である．養蚕学（sericultural science），養蜂学（apicultural science）はいずれも産業に深く関わる分野である．日本における養蚕学は近年の養蚕業の衰退によって研究内容がそれ以前と大きく変化し，カイコ以外の昆虫も視野に入れ，分子生物学的手法を基盤とした昆虫機能利用学に発展している．昆虫病理学（insect pathology）も養蚕学の一分野であったが，害虫の天敵微生物防除や医科学への貢献も視野に入れた新たな展開がなされている．養蜂学は養蜂が産業的には畜産業に入ることから，他の分野と多少異なる面があるが，何よりもミツバチは社会性昆虫のモデル昆虫でもあり，実用的な研究だけではなく，生理学，生態学など基礎研究分野への貢献も大きい．

### □1.3.3 昆虫学に関連する諸分野

動物学の分野は当然ながら昆虫学と直接間接に関連が深い．なかでもダニ学（acarology）とセンチュウ学（nematology）は対象の一部に重要な農業害虫が存在し，応用昆虫学でも研究対象とすることから，とくに相互に密接な関連がある．農芸化学の分野にも昆虫学と関わりの深い分野がある．有機化学（organic chemistry）では昆虫ホルモンやフェロモンなどの生理活性物質の有機合成法が，関連の生物有機化学（bioorganic chemistry）ではこれら物質の構造決定，生合成機構，作用機構がそれぞれ重要な研究課題とされている．農薬学（pesticide science）は殺虫剤の有機合成，製剤のほか，生物活性，作用機構，代謝・解毒機構なども研究対象とし，昆虫学と共通部分が少なくない．医学分野では医動物学（medical zoology），衛生動物学（sanitary zoology），寄生虫学（parasitology）が，人に寄生したり人の疾病を媒介する昆虫を重要な研究対象としている．特殊な分野としては変死体に発生する昆虫から死亡の時期や場所を推定する法医昆虫学（forensic entomology）がある．

# 2. 昆虫学の基礎

## 2.1 形態

### □ 2.1.1 昆虫の基本形態

六脚類（六脚虫類）あるいは広義の昆虫類は，外骨格で特徴づけられる節足動物門に位置づけられ，節からなる脚をもち，体は基本的に同一構造の節由来の体節構造をとる．節足動物門は現在，六脚亜門，甲殻亜門，多足亜門，鋏角亜門，そして絶滅群である三葉虫亜門に大別され，六脚亜門（広義の昆虫類）の下に，内顎綱（Entognatha）と昆虫綱（Insecta，狭義の昆虫類）を置く分類体系がとられるようになってきた．

節足動物の中で，とりわけ昆虫類が陸上で多様性を高めることに成功した理由の一つは，翅を獲得し，陸上や水中のみならず，生活圏を空中へも拡大させたことであろう．また，体のサイズが小さく，様々な環境に適応し，効率的に資源を利用して生活できたことも，多様性を増大させることに成功した要因であろう．現存の種で最小のものは，成虫で 0.14 mm のホソハネコバチの一種，最大のものでもオオナナフシの体長 30 cm（脚を伸ばせば約 55 cm）程度である．

化石や発生学，解剖学的所見から六脚類の祖先体型を推定すると，21 の体節からなる基本構造が想定される．頭部は，前方の 6 体節と最前方にあった先節（acron；口前葉，prostomium）が融合してできあがり（先節は発生途上で退化），特に，第 1 節の付属肢は一つに融合して上唇となり，第 2 節の付属肢が触角になり，第 3 節の付属肢は退化した．第 4〜6 節は口器となり，第 4 節が大顎に，第 5 節が小顎に，第 6 節が下唇に変化したと推定される．よって，小顎肢は第 5 節の付属肢が，下唇肢は第 6 節の付属肢が変化してできたものであろう．3 節からなる胸部は第 7，8，9 体節を起源とし，脚は大きく発達した．腹部は第 10 体節から 21 体節の 12 節をもつものが祖先型で，付属肢は退化した．祖先型

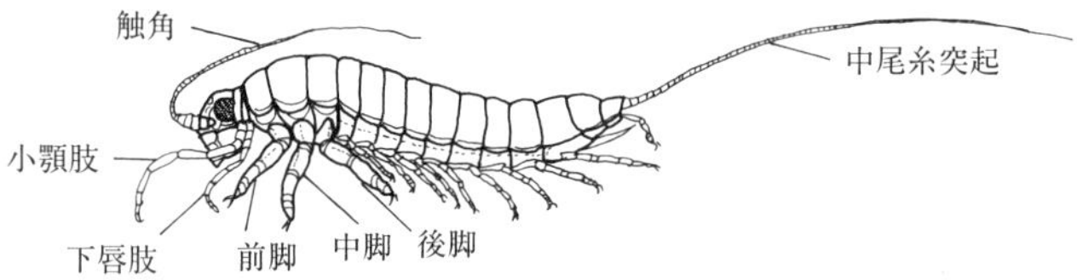


**図 2.1** 昆虫類の祖先形態を示すと考えられる化石目，ムカシシミ目の一種の復元図

石炭紀層か得られたもので，小顎肢，下唇肢が発達し，腹部には脚を持つ．また，脚の転節は 2 節からなっている．(Kukalová–Peck, 1987; Daly et al., 1998 を参考に作図)

では各節に脚が備わっていたと推定される．特にムカシシミ目（Order Monura, 化石群）の中には昆虫の祖先形質をよく表しているものがある（図 2.1）．また，内顎綱のカマアシムシ目とコムシ目では，腹部に腹肢（abdominal appendage, 腹脚）と呼ぶ脚の痕跡が認められる．

### □ 2.1.2 外部形態

成虫の基本形態は以下の通りであるが，多様性に富む昆虫類には，例外が頻出する事にも留意すべきであろう（図 2.2，2.3）．体は頭部，胸部，腹部の 3 部分からなる．頭部には 1 対の触角，1 対の複眼，3 個の単眼をもつ．口器はそれぞれ 1 対の下唇肢と小顎肢，1 対の大顎をもつ．胸部は前胸，中胸，後胸に分けられ，それぞれから前脚，中脚，後脚が生える．有翅のグループでは中胸から前翅が，後胸から後翅が生える．腹部は複数の体節からなり，末端に生殖器がある．

**a. 皮膚**（integument）

昆虫の皮膚は，表皮（角皮あるいはクチクラ，cuticle），真皮（epidermis），基底膜（basement membrane）から構成される．表皮はさらにいくつかの層に細分することができるが，大きくは上表皮（epicuticle）と原表皮（procuticle）に大別される．

上表皮ではセメント層やワックス層，リポタンパク質からなる層があり，原表皮はキチン（chitin）と呼ばれる含窒素多糖類を主成分に種々の硬タンパク質が含まれ，これらは真皮細胞から分泌される．これらの皮膚は硬く，体を外部から守ると同時に，体節構造を維持し，かつ筋肉の支点となり外骨格（exoskerton）の役割を果たす．また，体表からの水分の蒸散を防ぐとともに，斑紋や色彩を表出し，さらに表皮の化学物質によって種や集団の識別やコミュニケーションを可

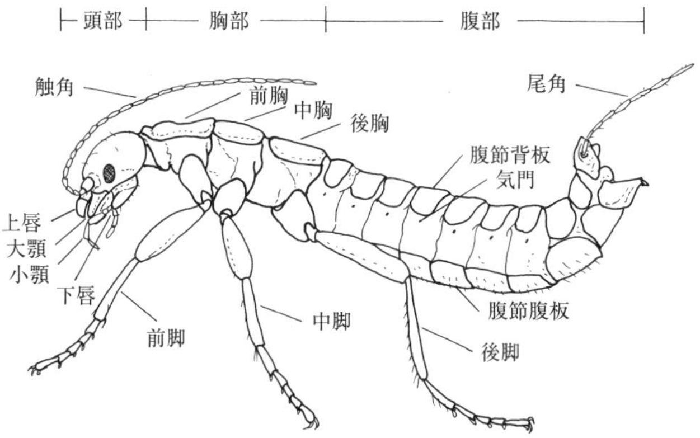


**図 2.2**　昆虫の基本体制

ガロアムシ目．本目の成虫は，二次的に翅が退化消失している．(Grimaldi & Engel, 2005 を参考に作図)

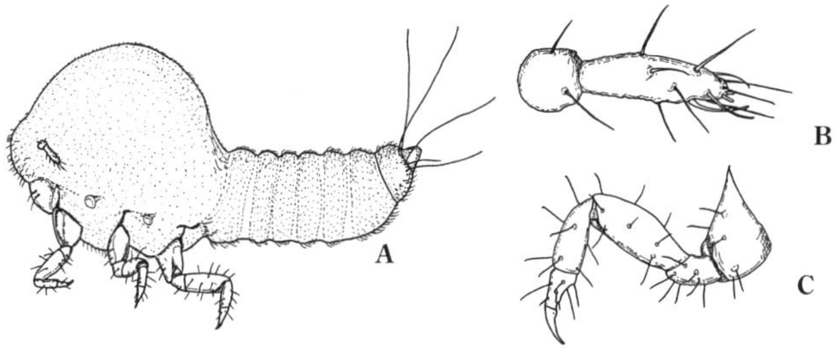


**図 2.3**　外部形態の特殊化が著しい例

カメムシ目のアリノタカラカイガラムシ（A. 体側面；B. 触角；C. 中脚）．頭部と胸部は例外的に融合して，1つの球状の構造となっている．触角は2節のみからなり，複眼も単眼も完全に消失している．脚は短く，付節は1節のみからなるが，その先端に発達した爪をそなえている．

能としている．

昆虫類は硬い表皮をもつことから，脱皮（ecdysis, moulting）によって成長し，形態を変化させる．脱皮の時期が近づくと，真皮細胞が肥大し，ついで真皮から表皮が離れ，その間隙に脱皮膜（ecdysial membrane）が形成される．その後に，古い表皮が離脱して脱皮が完了する（図 2.4）．

**b. 頭部**（head，図 2.5）

頭部の頭蓋（head capsule）には前頭（額；frons, front），頭頂（vertex），頬（gena），後頭（occiput）の部位が認められ，前頭の下部には頭盾（clypeus）が

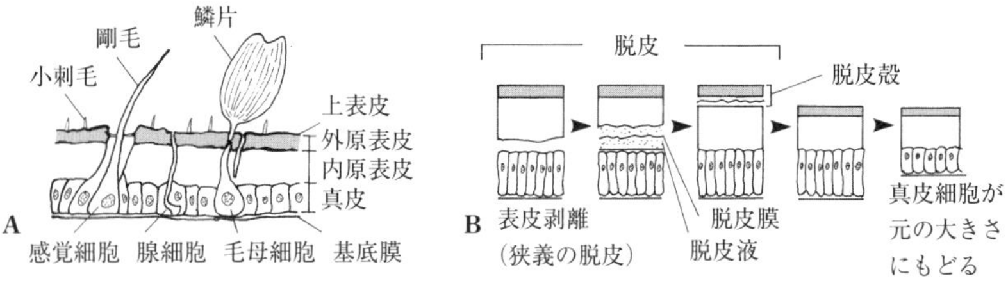


**図 2.4** 皮膚の基本構造（A）と脱皮の過程（B）
（Snodgrass, 1935; Wigglesworth, 1954; Richads & Davies, 1959; Daly et al., 1998 を参考に作図）

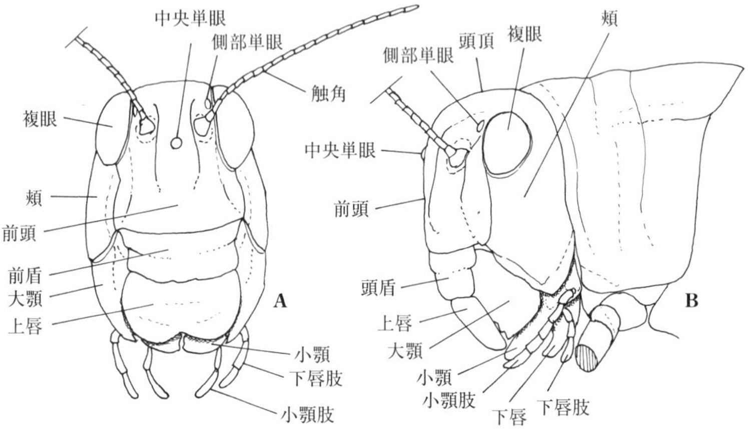


**図 2.5** 頭部の模式図
トノサマバッタ．A．正面；B．側面．

存在する．複眼（compound eye）は独立した光学系である個眼（ommatidium）の集合したもので，発達の度合いは種や分類群によってさまざまである．トンボのように大きく発達し，1 万個以上の個眼からなるものから，完全に消失したものまでがみられる．単眼（ocellus）には 2 個の側部単眼（lateral ocellus）と 1 個の中央単眼（median ocellus）があるが，完全に消失するものも少なくない．触角（antenna）は柄節（scape），梗節（pedicel），鞭節（flagellum）の 3 節が基本数であるが，鞭節は普通多くの節に分割され，節数はまちまちである．また，形態もさまざまなものがみられる（図 2.6）．頭盾の下には葉状の上唇（labrum）があり，その左右に大顎（mandible）がある．大顎の内縁には歯をもち，大きな力で破砕できる形状となるものが多い．大顎の後方には 1 対の小顎（maxilla）と 1 つの下唇（labium）があり，それぞれに小顎肢（maxillary palpus），下唇肢

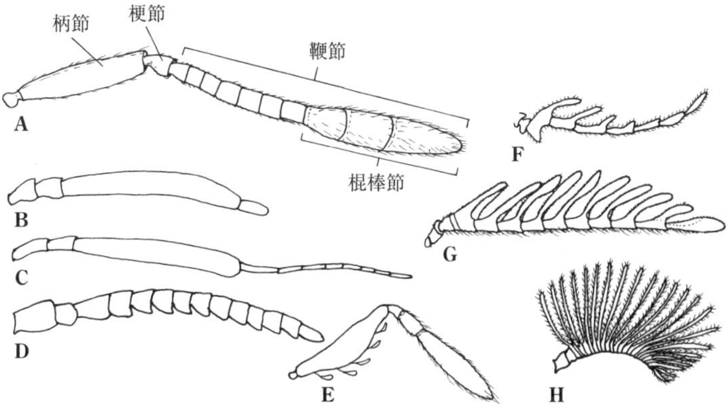


**図 2.6** 触角の模式図

ハチ目の触角．A. アリ科；B. ヨフシハバチ科；C. ナギナタハバチ科；D. ハバチ科；E. アリ科；F. ハバチ科；G. アリガタバチ科；H. マツハバチ科．(F, H: Ross et al., 1982 を参照して作図)

(labial palpus) がある．口器は変化に富み，さまざまな特殊化がみられ，1対の大顎を持つ昆虫類の基本型である咀嚼型のほか，チョウ目にみられる吸収管型，セミ類やカ類にみられる針吸型，ハエ類の舐吸型等のタイプが存在する．

**c. 胸部** (thorax)

前胸 (prothorax)，中胸 (mesothorax)，後胸 (matathorax) の各節は，背板 (notum)，脚の亜基節に由来する側板 (pleuron)，そして腹板 (sternum) からなる．背板も側板も分類群によって幾つかの部分に細分される．中胸と後胸が類似の大きさや形態を示すカワゲラ目やシロアリ目等がある一方，飛翔力が強く，中胸が発達するハエ類や，前胸が発達し，かつ前胸は中胸・後胸と分割されるコウチュウ目等がある．

**d. 脚** (leg)

脚は基方から基節 (coxa)，転節 (trochanter)，腿節 (femur)，脛節 (tibia)，付節 (tarsus) からなる．チョウ目やハエ目では，基節に副基節 (meron) が認められる．トンボ目は，転節が2節からなり，祖先的な形質と考えられている．付節は5節が基本数であるが，退化し，節数が減少したものが多い．通常先端に2つの爪をもつ．爪の間には爪間盤 (arilium) があり，付節の先端に見られるこれらの構造を前付節 (pretarsus) と呼ぶ．脚は機能によってさまざまな形態のものがあり，カマキリやカマキリモドキ，カマバチ類の前脚は，餌となる昆虫を捕らえるために鎌状に特殊化しており，ケラでは地中を掘るための，ゲンゴロウ

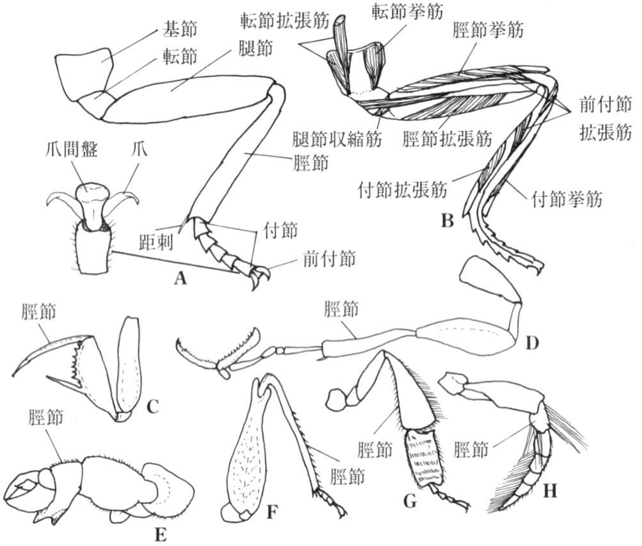


**図 2.7** 脚の模式図

A. 外部形態；B. 筋肉系；C. カマキリモドキの前脚；D. カマバチの前脚；E. ケラの前脚；F. バッタの後脚；G. ミツバチの後脚；H. ゲンゴロウの後脚.（B: Brusca & Brusca, 1990 を参考に作図）

では水中を遊泳するための特殊化がみられる（図 2.7）.

**e. 翅**（wing）

多くの昆虫類は，無脊椎動物唯一の飛行専用器官である翅をそなえている．翅の基本数は中胸から前翅が，後胸から後翅が生えることにより 2 対であるが，ハエ目では後翅が退化し，ネジレバネ目では前翅が退化している．また，コウチュウ目では前翅は身を守る翅鞘となり，飛翔は後翅によるところが大きい．ハサミムシ目も堅い前翅をもつが，短く，腹部の可動性を高める構造となっている（図 2.8）．トンボやカゲロウのような，背中に折り畳めない構造の翅は古いタイプの形状であり，さらに翅脈が多く網目状となるものが祖先的なものである．また，トンボ目のように 2 対の翅が別々に動くものから，ハチ目のように前後の翅が翅鈎（hamuli）によって連結し，連動して動くものまである．ノミ目やシラミ目のように，翅を二次的に退化消失させたグループや種も多い．

**f. 腹部**（abdomen）

頭部や胸部に比べると単純で，通常，背板（tergum）と腹板（sternum）からなる環状の構造となる．側板は通常退化し，膜状となり，上方に気門（spiracle）

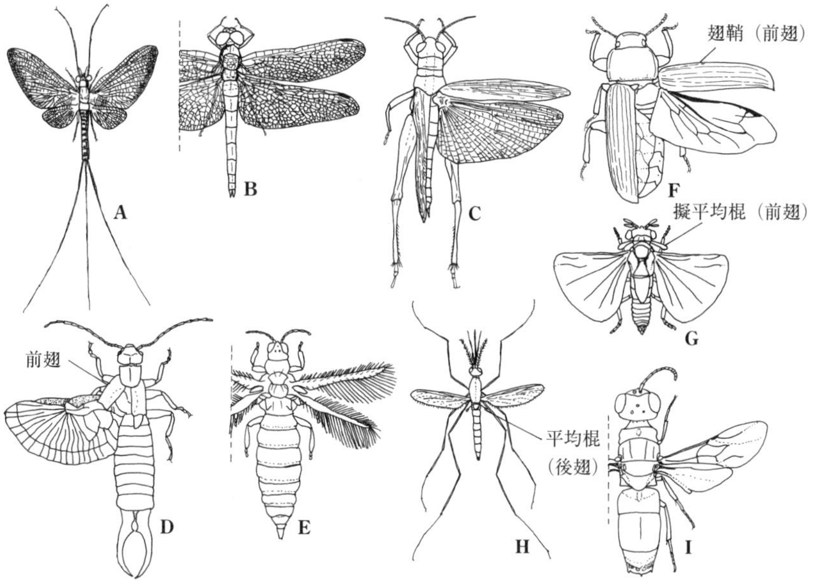


**図 2.8**　翅の模式図

A. カゲロウ目；B. トンボ目；C. バッタ目；D. ハサミムシ目；E. アザミウマ目；F. コウチュウ目；G. ネジレバネ目；H. ハエ目；I. ハチ目．（A: Richards & Davies, 1959; B, D, E, G: Gullan & Cranston, 2005; C, F, H, Daly et al., 1998 を参考に作図）

がある場合が多い．基本数は 12 節であるが，ほとんどの昆虫で，いくつかの節を退化消失させており，12 節をもつものはカマアシムシ目等一部のグループだけである．コウチュウ目ではほとんどの種で第 1 腹板が退化する．また，ハチ目の細腰類では第 1 節が後胸に密着し，一見胸部の一部のような構造となり，特にこの部位を前伸腹節（propodeum）と呼ぶ．

腹端には生殖器がある．また，第 11 節の付属肢に由来する尾角（cercus）がみられるものが多い．メスの生殖器は比較的単純な外部形態のものが多いが，オスの生殖器はグループごとにきわめて変化に富んだ構造となる．

### g. 感覚器官（sense organ）

多くの動物では，体の外側の環境を感知し，その刺激を神経系により情報処理を行い，環境に応じた行動をとる．外部からの環境情報を読みとる器官を感覚器官と呼び，昆虫類では複眼や単眼等さまざまなものが発達する．とりわけ，翅，脚，触角等の表面には物体の接触，空気や水の流れ，音（空気の振動）等を感受する感覚器や感覚子（sensillum）が多くみられる．さらに，食物の臭い，味，フェロモンなどの化学物質を受容する感覚器官が触角，口器，脚の先端等にみられる．カイコガでは，オス成虫がメスからの性フェロモンを触角で感知し，幼虫では口器に食草の臭いをかぎ分け，さらに接触刺激を感じとるそれぞれの感覚器がある．また，チョウやハエでは前脚付節に食物の味を感じとる化学受容器をもつ．

光を受容する視覚器官として，昆虫類は一般に3個の単眼と1対の複眼をもつ．単眼は形の認識ができず，明暗を感知するとされているが，機能はまだ十分に解明されていない．一方，複眼は，形や色彩を感知する．チョウは腹端の交尾器付近にも光受容器をもつことが知られている．ホタルは発光器官をもち，光を放ち，成虫では視覚器官とセットとなって個体間のコミュニケーションに使われる．

昆虫類では，音を受容する聴覚器官をもつとともに，音を発する発音器官をもつものも少なくない．これらは，個体間のコミュニケーションや集団防衛を目的としたものが多い．コミュニケーションをとるために，発音器官に聴覚器官が対応して発達する．キリギリスやコオロギ類では翅をすり合わせて音を発し，バッタ類では後脚腿節と前翅をすり合わせて音を出す．さらに，セミのオスでは腹部の基部に大きな鼓膜があり，それを振動させて大きな音を発する．

### □ 2.1.3　内部形態

昆虫類は，中枢神経系が脳を除き腹側，つまり消化管の下方を走り，背脈管（背管；血管と心臓）が背側，つまり消化管の上方にみられる．気管系は網状となり，体全体に入り組んで呼吸の役割を果たしている．また，腹部には卵巣や精巣等の内部生殖器官がみられる．

中枢神経系は，いわゆるはしご状神経系で，神経節が連なっている．血管は開放血管系で，長い円筒形をした心臓が腹部背面の中央部にみられ，頭部で血体腔に開口する．消化管は1本の長い管で，前胃，胃，中腸，直腸等の膨らんだ部分がみられる．また，排出器官としてマルピーギ管をもつ．マルピーギ管は細長いひも状の管で，体の老廃物がマルピーギ管から直腸経由で体外へ排出される．気管系では，ガス交換を行う出入り口が体表に開口しており，これを気門と呼ぶ．水生の昆虫類では，気管系を変化させた気管鰓（tracheal gill）を発達させ，これで溶存酸素を取り込むものもみられる．

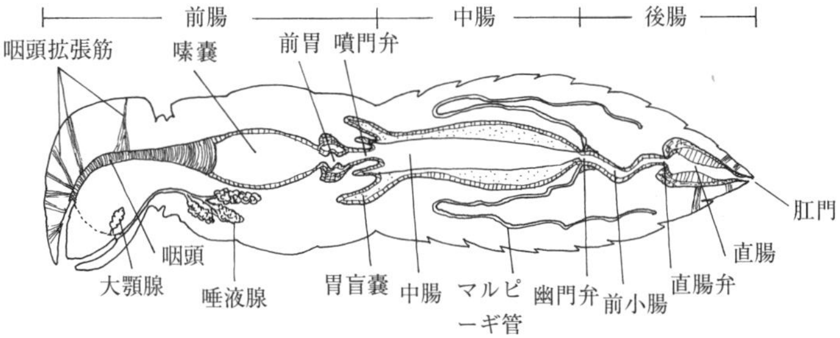


**図 2.9**　消化器官と排出器官の模式図
（Snodgrass, 1935; Wigglesworth, 1972; Ross et al., 1982; Brusca & Brusca, 1990 を参考に作図）

**a. 消化系**（digestive system，図 2.9）

消化管は口腔から肛門に至る１本の管で，前腸（fore gut），中腸（middle gut），後腸（hind gut）の３部分に大別される．所々が膨らんでおり，前から嗉嚢（crop），前胃（proventriculus），中腸（胃），後小腸（hind intestine；直腸，rectum）が目立つ．嗉嚢は食べた食物をためておく袋で，前胃は食物を小さく砕く働きをもつ．植物の蜜や液体成分，動物の血液を吸収する昆虫では，一般に中腸が大きく膨れる．後腸は幽門部（pyloricum），前小腸（fore intestine），後小腸（hind intestine）からなるが，前小腸の形状は変化に富む．シロアリ目の多くの種では，後小腸の前半が肥大し，そこに大量の原生生物を共生させることで植物体のセルロースを分解し，栄養として取り込んでいる．付属物として，口器付近には１対の唾液腺（salivary gland）をもち，中腸には胃盲嚢（gastric caecum）がある．

**b. 排出系**（excretory system，図 2.9）

体の老廃物を体外に捨てる排出器官として，マルピーギ管（Malpighian tubule）をもつ．マルピーギ管は中腸と後腸の境界付近から伸びる細い管状のもので，一方の先は体腔内に遊離するか後小腸の基部に結合する．管の数は，数本のみから 200 本以上をもつものまで種類によってまちまちである．また，アブラムシのように例外的これを欠くものも見られる．マルピーギ管に取り込まれた体内の老廃物は，後小腸（直腸）経由で体外へ排出される．

**c. 神経系**（nervous system）

昆虫類の神経系は，中枢神経系（central nervous system），末梢神経系（peripheral nervous system），そして内臓神経系（visceral nervous system）に区

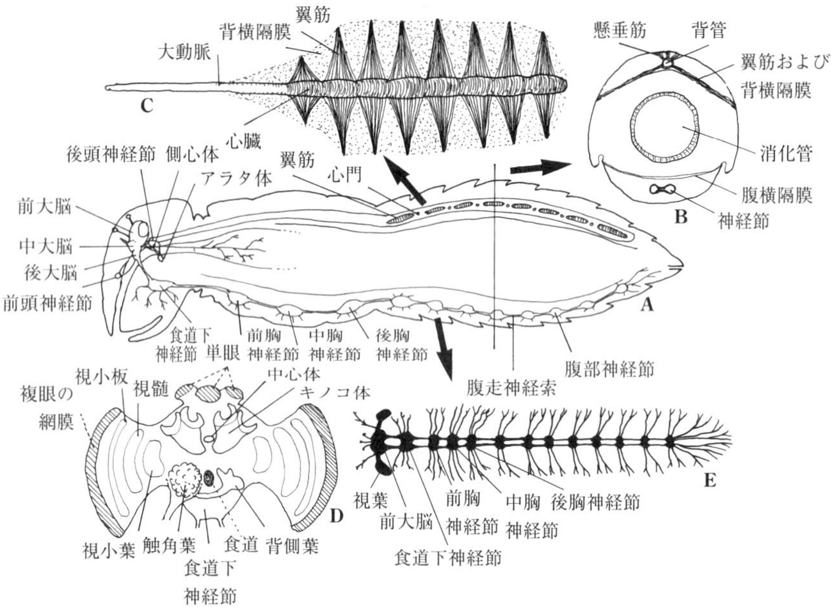


**図 2.10** 神経系と循環系の模式図

A. 縦断面；B. 腹部横断面；C. 心臓；D. 脳；E. 中枢神経系.（Snodgrass, 1935; Wigglesworth, 1972; Richards & Davies, 1959; Chapman, 1971; Bicker et al., 1987; Ross et al., 1982 を参考に作図）

分される．中枢神経系は，腹走神経索（ventral nerve cord）と呼ばれる2本の太い神経が平行して走るはしご状をなし，腹走神経索には，対になったいくつもの神経節（神経球，ganglion）がみられる．口器周辺で神経系と消化管の上下の位置が逆転し，腹走神経索は腹側を走る．神経節の基本数は体節ごとに1対であるが，グループごとに変異が多い．また，神経節からは多くの末梢神経が出ており，末梢神経系を構成する．

中枢神経系の先端には，大きく膨らんだ脳（brain）がある．脳は3つの神経節が融合してできており，最も大きな前大脳（protocerebrum）に続いて，中大脳（deutocerebrum），後大脳（tritocerebrum）があり，前大脳は視葉（optic lobe），キノコ体（mushroom body），中心体（central body）等からなる．さらに脳のすぐ後の神経索と消化管の上下の位置が逆転した部位には，やはり3つの神経節が合わさってできた食道下神経節（suboesophagal ganglion）がみられる．

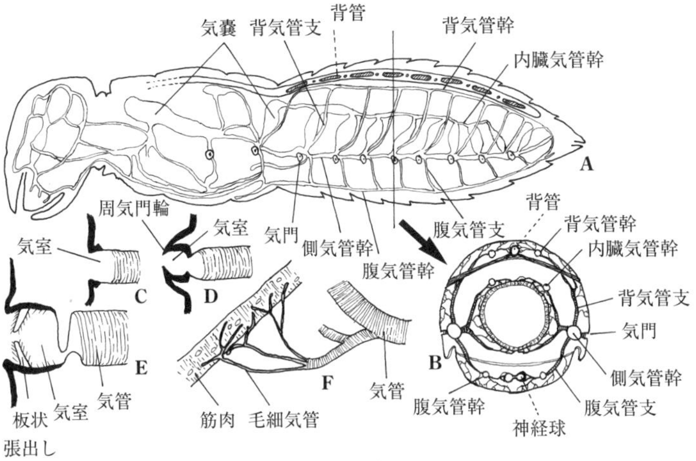


**図 2.11**　呼吸器官の模式図

A. 縦断面；B. 腹部横断面；C–E. 各種気門；F. 毛細気管.（Packard, 1898; Snodgrass, 1935 を参考に作図）

**d. 循環系**（circulatory system）

昆虫類の循環系は，いわゆる開放血管系で，血リンパ（血液，体液）は体の背面中央部を走る１本の管である背脈管または背管（dorsal vessel）から体腔中に送り出され，また背脈管に戻ってくる．ただし背脈管の後端は閉じられており，血リンパは背脈管に複数ある心門（ostium）と呼ばれる開口部から流入する．背脈管の後方部分を心臓，前方部分を大動脈と呼びならわすこともある．体の背側と腹側に横隔膜（diaphragm）があり，これらの波動によって血液の循環がなされる．特に背横隔膜（dorsal diaphragm）は翼筋（aliform muscle）と合わさり，背脈管の下側に位置する．

**e. 呼吸系**（respiratory system）

昆虫の体は，表面が硬い表皮層でおおわれているため，空気を取り込むための穴が胸部や腹部の体側にみられる．これを気門（spiracle）とよぶ．気門の内側は，気管（tracheae）につながって細かく分枝し，さらに最先端は毛細気管（tracheole）となって，体のすみずみに酸素を運搬する．気管の一部は気嚢（air sac）として膨大し，空気を貯える役割を果たす．

**f. 筋肉系**（muscular system）

昆虫の体には複雑な筋肉系があり，体や内蔵の運動等をつかさどっている．昆

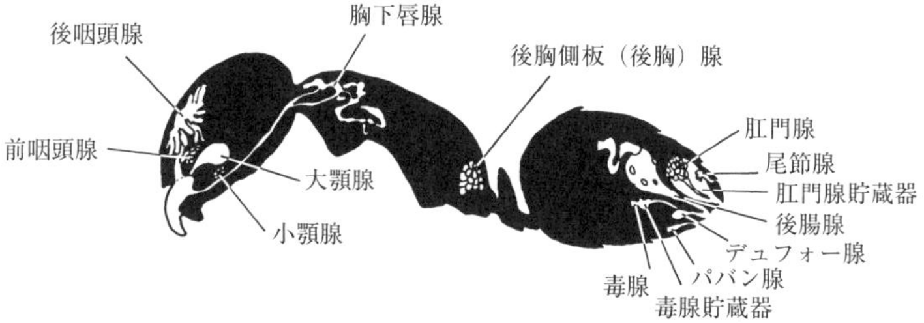


**図 2.12** アリの外分泌腺の模式図
（Wilson, 1971 を参考に作図）

虫の筋肉は内蔵筋も含めてすべてが横紋筋からなり，通常 2000 以上もの筋繊維がまとまった筋肉帯（muscle band）をもつ．機能面からは，関節帯（segmental band），内臓筋（visceral muscle），付属肢筋（muscle of the appendage）に分けられる．関節帯は背板や腹板等に両端が付着し，体全体の運動に関わる筋肉である．胸部では翅を動かすための間節帯が特に発達し，特に飛翔筋（flight muscle）と呼んでいる．内臓筋は消化管などの内臓の運動のための筋肉である．また，口器や触角，脚等にはそれらを滑らかに動かすための付属肢筋がある．

**g. 分泌器官・分泌腺**（secretory organ, gland）

昆虫類では多くの分泌器官や分泌腺が認められ，機能上，外分泌器官（外分泌腺，exocrine organ）と内分泌器官（内分泌腺，endocrine organ）に分けられる．外分泌腺からは，フェロモン（pheromone）やアレロケミカル（allelochemical）を放出するものが多く見られ，特にアリやミツバチ等の社会性昆虫では，多くの種類のフェロモン物質により集団の調節がなされている（図 2.12）．カメムシ類の臭腺やコウチュウ類の防衛腺，シロアリ目の前額腺等からは防御物質が放出される．カイガラムシ類では蠟腺をもち，そこから蠟物質が分泌され体を覆う．唾液を分泌する唾液腺は，チョウ目やトビケラ目の幼虫では絹糸腺に変わっており，中にはこれが大きく発達するものもある．さらに一部のハチ類では，メスの産卵管が刺針に変化し，さらに産卵管の付属腺を毒腺に転化している．

内分泌器官（腺）はホルモン分泌に関係するものが多い．脱皮や変態を調節するホルモンを分泌するアラタ体（corpus allatum）と前胸腺（prothoracic gland）はよく知られている．

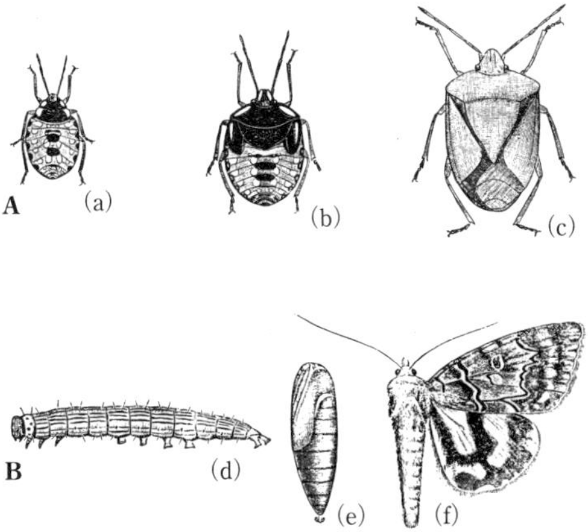


**図 2.13　昆虫の変態様式**

A. アオクサカメムシ（不完全変態）；B. キシタバ（完全変態）．(a)（b）幼虫，(c) 成虫，(d) 幼虫，(e) 蛹，(f) 成虫．（三宅，1919）

### □2.1.4　変態

六脚類は脱皮して成長する．また卵から孵った後，成長に伴って段階的に形態を変える．孵化後に生じる形態の段階的な変化を変態（metamorphosis）と呼ぶ．内顎綱と昆虫綱のシミ目とイシノミ目では，幼虫と成虫の形にほとんど違いがみられず，これを無変態とよぶ．有翅の昆虫類では，顕著な形態の変化が見られ，幼虫と成虫とは形が大きく異なる．このような大きな形態差がみられるものは，蛹の段階のない不完全変態と蛹が見られる完全変態とに大きく分けられる．

**a.　無変態**（ametaboly）

翅をもたない内顎綱と昆虫綱のシミ目，イシノミ目にみられる様式で，発育に伴う変化が非常に小さなもの．特にトビムシ目やシミ目では，成虫になっても脱皮をくりかえす．一方，カマアシムシ目は，1 齢幼虫で 9 節からなる腹部が多足類と同様に脱皮に伴い節数が増え，成虫では 12 節となる「増節変態」をする．

**b.　不完全変態**（hemimetaboly, incomplete matamorphosis）

カゲロウ目やトンボ目，カメムシ目等にみられる変態様式である．カゲロウ目では，成虫によく似た亜成虫（subimago）と呼ぶ独特の段階があり，これが脱皮して成虫となる．カマキリ目やトンボ目では，卵から最初に出てきた幼虫は，口器や脚が運動できない状態にあり，前幼虫（pronymph，前仔虫）とよぶ．前幼虫は数秒から数分で脱皮して，1 齢幼虫となる．カワゲラ目やトンボ目の幼虫は水生で，よく発達した脚をもつ．一方，バッタ目やゴキブリ目，カメムシ目等は，脱皮をくり返す度に幼虫は成虫の形態に近づいていく．アザミウマ目やカメムシ目の一部の種には，幼虫が蛹に似た基本的に不動の形態（擬蛹，pseudopupa）となり，1〜3回の脱皮を経て成虫となる特殊な変態様式が見られ，これを特に擬蛹変態とよぶ場合がある．

**c. 完全変態**（holometaboly, complete metamorphosis）

昆虫綱の11目が蛹期をもつ完全変態を行う．幼虫は脚をもち，盛んに動き回るものから，寄主や餌資源の中で育つことで脚が退化あるいは消失し，活動性の低いものまである．内部寄生性昆虫の中には，カマキリモドキ類やネジレバネ目のように，1齢幼虫は発達した脚をもち盛んに動き回って寄主を探索するが，寄生に成功した後，2齢以降は退化した脚をもつ幼虫となる等，幼虫に明瞭な二型があるものや，ツチハンミョウのように擬蛹の段階があり，幼虫から擬蛹となるが，そこから一旦幼虫にもどり，その後蛹となる複雑な変化を見せるものもある．

### □ 2.1.5 卵，幼虫，蛹の形態

**a. 卵**（egg）

昆虫の卵は，通常，一番外側を堅い卵殻（chorion）が覆い，その内側を卵黄膜（vitelline membrane）が包み内部を乾燥から守っている．卵のタイプ分けによれば，卵黄（yolk）が卵の中央に多くある心黄卵で，卵割は細胞質の外側から進む．

昆虫の受精は，通常，精子の卵への侵入が産卵直前に起こり，受精は産卵後なので，卵殻には精子が侵入するための精孔（micripyle）が1個から複数個，時には数十個見られる．卵の形や大きさは多様である．また，産卵様式も多様で，単独に産み落とされる場合から，多数がまとめて産卵される場合もあり，産卵場所も種によってさまざまである．

**b. 幼虫**（larva）

幼虫は，ごく一部の例外を除いて，幾度かの脱皮をくり返して成長する．不完全変態の幼虫は孵化後から成虫と似た形態をしており，翅はもたないが，成虫と同様の胸脚で動き回り，特に若虫（nymph）とよぶ場合も多い．完全変態類の幼虫は成虫の形態とはまったく異なる多様な形態を示し，脚が退化した無脚型幼虫（apod larva）や，胸脚のみをもつ寡脚型幼虫（oligopod larva），3対の胸脚と複

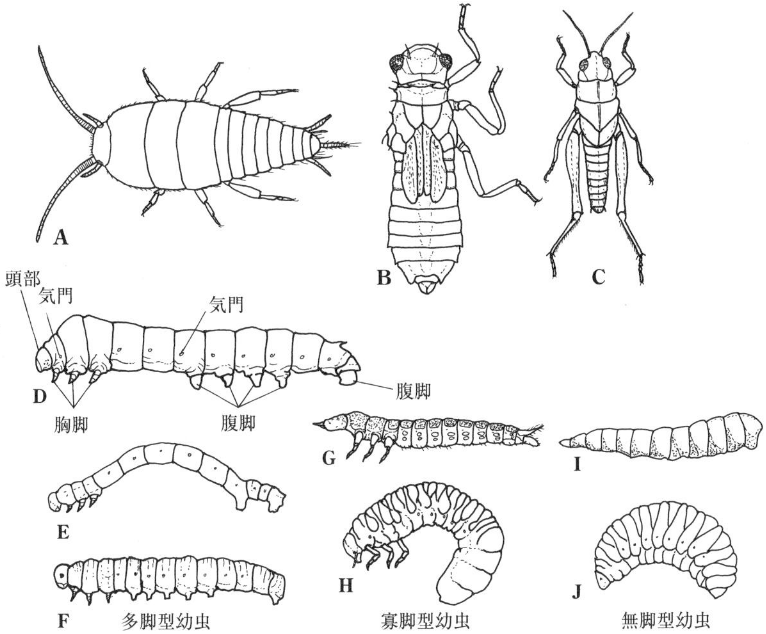


**図 2.14**　昆虫の幼虫

A：無変態類；B, C：不完全変態類；D〜J：完全変態類. A. シミ；B. ムカシトンボ；C. トノサマバッタ；D. カイコガ；E. シャクトリガ；F. ハバチ；G. ゴミムシ；H. コガネムシ；I. ハエ；J. ミツバチ.（E, G, H: Gullan & Cranston, 2005 を参考に作図）

数の腹脚をもち盛んに動き回る多脚型幼虫（poloypod larva）等がある（図 2.14）.

**c. 蛹**（pupa）

蛹は完全変態類にみられ，移動できず，食物もまったくとらない．その体内では組織が一旦崩壊し，そして成虫組織への改変がなされる動的な変化が生じている．アミメカゲロウ目，ヘビトンボ目，シリアゲムシ目等の蛹は大顎を動かすことができ，可動大顎型蛹（decticous pupa）と呼ぶ．一方，大顎が固定していて動かないものを不動大顎型蛹（adecticous pupa）と呼ぶ．不動大顎型蛹はさらに，コウチュウ目やハチ目の蛹のように，脚や翅が体から離れている裸蛹（exarate pupa）と，チョウ目や多くのハエ類の蛹のように，脚や翅が体に密着した被蛹（obtect pupa）とに区分される（図 2.15）.

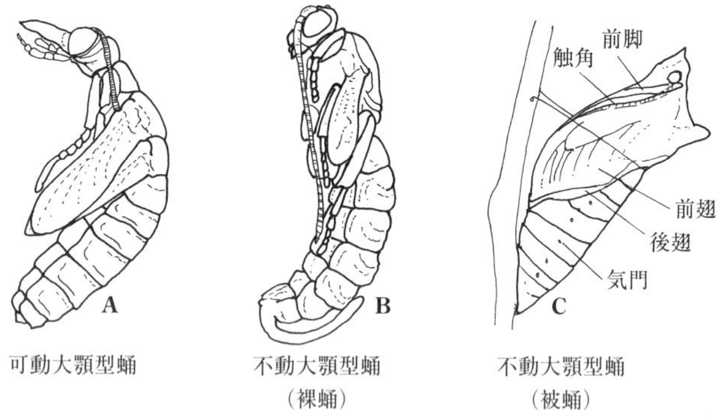


**図 2.15**　昆虫の蛹
A. ウスバカゲロウ；B. ヒメバチ；C. アゲハ.

## 2.2 ゲノムと遺伝子

あらゆる生命現象は多かれ少なかれ遺伝子の支配を受けている．昆虫の形態，生理，行動などの多様性は個々の遺伝子とその間のネットワークの多様性を反映している．本章では，昆虫の遺伝学とゲノム科学の緒論を述べる．

### □ 2.2.1　ゲノム情報

#### a.　ゲノムサイズと染色体数

昆虫の遺伝情報は細胞核とミトコンドリアそれぞれに存在する 2 本鎖 DNA の塩基配列に刻まれている．核ゲノムの大きさの単位は半数体ゲノムであり，そのサイズは既知の昆虫で最も小さいタマバエの一種 *Mayetiola destructor* で約 90 メガベース（Mb, $10^6$ 塩基対），最大はフキバッタの一種 *Podisma pedestris* で 17000 Mb であり，その差は 190 倍である．哺乳類のゲノムサイズは 1730～8400 Mb の範囲であるのに比べて，昆虫ではゲノムサイズの種間差異が大きい．植物や両生類などでは倍数化によってゲノムサイズが大きくなっているが，昆虫では自然状態の倍数体がほとんど存在しないので，ゲノムサイズの変異は別の要因，特に反復配列の多少（後述）によると考えられる．一方，ミトコンドリアゲノムのサイズは昆虫種間に大きな差異はなく，キイロショウジョウバエで 19.5 キロベース（kb）である．

昆虫の核ゲノム DNA は通常，直鎖状であり，複数の染色体に分かれて存在している．半数体ゲノムの染色体数はネッタイシマカでは $n=3$ であるが，ヒメシ

ロチョウでは $n=61$ であり，種による差異が大きい．種内に染色体数の変異が認められる場合もある．

染色体の形態は，動原体が一箇所に限局される単一動原体型（monocentric）染色体と，動原体が複数存在する多動原体型（holocentric）染色体に分類される．ハエ目やハチ目などの昆虫の染色体は単一動原体型であるが，チョウ目やカメムシ目の昆虫は多動原体型染色体を有する．

多くの昆虫では配偶子（卵および精子）が半数体で，それ以外の個体の細胞は 2 倍体である．しかし，ショウジョウバエでは多くの体細胞が倍数体になっていることが知られており，特に唾腺染色体では高度に倍数化し，相同染色体が互いに対合して巨大な「多糸染色体」となる．カイコでも絹糸腺の細胞などでは高度に倍数化し，核が巨大化するが，多糸染色体を形成することはない．また，ミツバチに代表されるハチ目の昆虫では，雌は 2 倍体であるが，雄は通常半数体（1 倍体）である．ハチ目以外では，半数体が幼虫まで成育することはほとんどない．

**b. 性染色体と常染色体**

昆虫は例外なく雌雄異体であり，その性は遺伝的に決定されている．形態的な雌雄差を伴う性染色体をもつ種が多いが，性決定遺伝子の座乗する染色体が形態的雌雄差を示さない場合もある．細胞遺伝学的には，雄特異的または雌特異的な構造を有する染色体が存在する場合に，その染色体，およびそれと対合するパートナーの染色体とを性染色体と呼ぶ．性染色体には性決定機能が存在する場合が多いが，性決定因子が 1 遺伝子であるとは限らない．例えば，ショウジョウバエでは X 染色体の数と常染色体の数の比率が性を決めるが，そこでの X 染色体の計数には *sisterless-a*，*scute*，*unpaired*，*runt* などの遺伝子が関わっている．カイコでは W 染色体に雌性決定遺伝子 *Fem* の存在が仮想されているが，その実体は不明である．

コガタアカイエカでは染色体の形態（核型）に雌雄差はないが，優性の雄性決定遺伝子 *M* が特定の常染色体に存在する．このような場合，当該の常染色体は機能的には性染色体と同じである．したがって，性染色体と呼ぶかどうかは，雌雄での染色体構造の差異の程度によって決まるといえる．

ショウジョウバエの性染色体構成は雌が XX で雄が XY である．ホシカメムシなどでは，雌 XX，雄 XO（X のパートナー染色体がないことを示す）である．このような「雄ヘテロ型」の性染色体が昆虫には多いが，チョウ目昆虫では，雌

ZW，雄ZZという雌ヘテロ型の性染色体（カイコなど）が多く，トビケラ目では，雌ZO，雄ZZという性染色体構成が多い．昆虫には，Y染色体やW染色体に性決定にとって重要な遺伝子が座乗する種（カイコなど）もあるが，そこに性決定のスイッチになる遺伝子が乗っていないキイロショウジョウバエなどの種もある．Y染色体やW染色体が共通に祖先染色体に由来するかどうかは明確になっていないが，ショウジョウバエ属の近縁種の間でさえ，Y染色体には相同性がないことがわかっており，性染色体が共通の祖先染色体から進化したわけではなく，それぞれのグループが独自に性染色体を進化させてきたと考えるべきである．

**c. テロメア，動原体，ヘテロクロマチン**

真核生物の染色体の末端には，テロメアと呼ばれる特殊な構造が存在する．哺乳類のテロメアでは，TTAGGGの6塩基（テロメア反復配列）が多数回繰り返す．カイコのテロメアには哺乳類よりも1塩基短いTTAGGを単位とする反復配列が存在する．一方，ショウジョウバエのテロメアにはテロメア反復配列が存在せず，代わりにレトロトランスポゾン（本項e参照）が高頻度で蓄積した構造になっている．カイコのテロメアにも，$(TTAGG)_n$のリピートの中にSARTやTRASと呼ばれる非LTR型レトロトランスポゾンが挿入されている．このように，昆虫の種によってテロメアの構造には違いがある．DNAの複製の際に染色体の末端を誤りなく複製することは原理的に難しい．テロメアの特殊な構造は細胞分裂のたびに染色体末端が短くなってしまうのを防ぐ役割がある．哺乳動物のテロメア反復配列は，細胞分裂のたびに短くなっても，テロメラーゼ（telomerase）の作用によって修復されることが知られており，カイコなどのテロメアも類似の機構で保護されている可能性がある．

動原体は細胞分裂の際に紡錘糸が染色体に付着する部分で，染色体の維持のために不可欠な構造である．前述のように，キイロショウジョウバエの染色体は単一動原体型であるが，動原体にはAATATなどのサテライトDNAが豊富に存在し，また種々のトランスポゾンが高密度に集積していることも知られている．一方，カイコなどの分散型動原体については構造的な知見がほとんど得られていない．

真核生物の染色体は，領域によって，あるいは細胞によって，真正クロマチンおよびヘテロクロマチンという二通りの状態に区別される．後者ではクロマチンが強く凝集しており，塩基性色素で濃染される．テロメアや動原体はしばしばヘテロクロマチンとして観察される．カイコの体細胞においては，特にW染色体が全域にわたって強く凝集しており，顕微鏡下で性クロマチン（sex heterochromatin body）として観察される．ヘテロクロマチンはヒストンの修飾やヘテロクロマチンタンパク質の作用などによって形成され，近傍の遺伝子発現は抑制された状態になる．遺伝子の発現は主に真正クロマチンで行われている．

**d. 遺伝子の予測と分類**

近年の昆虫ゲノム解析では，ゲノムDNAの断片配列を無作為かつ大量に決定する「全ゲノムショットガン法」か，または長いDNA断片をクローン化できるBACというベクターを用いて部分配列を決定し，それをつなぎ合わせてゆく方法が採用されている．いずれの方法でも，得られる塩基配列だけでは，昆虫の生物機能の研究に利用することが難しい．塩基配列から遺伝子の存在を予測し，その構造などから機能を推定する必要がある．分子生物学的な遺伝子の定義は，RNAとして転写される領域，すなわち転写開始点から転写産物の末端（mRNAの場合はpoly(A) 付加部位）までの一連の配列を指す．遺伝子の予測は，転写を指令・制御するプロモーターの構造的特徴，イントロンの末端付近に存在するスプライシングドナー・アクセプター・調節領域の特徴，およびタンパク質コードの可能性などから推定するものである．遺伝子予測のために，さまざまなアルゴリズムが考案され，それに基づいてFgenesH, GenScanなど多くのソフトウェアが開発されている．いずれも昆虫ゲノムに用いるにはチューニングが必要であり，例えばカイコのWGS解析においては，FgenesHとGenScanを基に開発された新たなソフトウェアが使われている．

昆虫の全ゲノムから遺伝子予測プログラムで予測されたタンパク質コード遺伝子の数は，キイロショウジョウバエで13470，ハマダラカで約14000，ミツバチで約15500，コクヌストモドキで16404，カイコで約16000である．全ゲノムのサイズは，キイロショウジョウバエ（約180 Mb）とカイコ（約470 Mb）では約3倍の開きがあるが，遺伝子の数にはそれほど大きな差異がない．すなわち，昆虫種間のゲノムサイズの差異は，遺伝子以外の部分の差異によるらしい．

各種昆虫におけるゲノム解析の結果は，データベースとしてインターネット上で公開されている．各データベースは少なくともBLAST（Basic Local Alignment Search Tool）によって全ゲノムおよび予測遺伝子に対して相同性検索ができるようになっている．ショウジョウバエでは，統合データベースであるFLYBASE（http://flybase.org/）が公開されており，Gene Ontologyによる機能分類や，

**表 2.1** ショウジョウバエの遺伝子の Gene ontology による分類

同じ遺伝子が，Biological process, Cellular component, Molecular function の 3 つの観点で分類されている．http://www.geneontology.org/ による．

GO: 0008150 : biological_process [7713 gene products]
- GO: 0022610 : biological adhesion [153 gene products]
- GO: 0065007 : biological regulation [1940 gene products]
- GO: 0001906 : cell killing [ gene products]
- GO: 0009987 : cellular process [5141 gene products]
- GO: 0032502 : developmental process [2355 gene products]
- GO: 0051234 : establishment of localization [968 gene products]
- GO: 0040007 : growth [146 gene products]
- GO: 0002376 : immune system process [205 gene products]
- GO: 0051179 : localization [1337 gene products]
- GO: 0040011 : locomotion [300 gene products]
- GO: 0043933 : macromolecular complex subunit organization [336 gene products]
- GO: 0008152 : metabolic process [2910 gene products]
- GO: 0051704 : multi-organism process [219 gene products]
- GO: 0032501 : multicellular organismal process [2605 gene products]
- GO: 0048519 : negative regulation of biological process [492 gene products]
- GO: 0043473 : pigmentation [69 gene products]
- GO: 0048518 : positive regulation of biological process [255 gene products]
- GO: 0050789 : regulation of biological process [1723 gene products]
- GO: 0000003 : reproduction [891 gene products]
- GO: 0022414 : reproductive process [210 gene products]
- GO: 0050896 : response to stimulus [1031 gene products]
- GO: 0048511 : rhythmic process [51 gene products]
- GO: 0016032 : viral reproduction [1 gene product]

GO: 0005575 : cellular_component [6809 gene products]
- GO: 0005623 : cell [4482 gene products]
- GO: 0044464 : cell part [4482 gene products]
- GO: 0031975 : envelope [280 gene products]
- GO: 0044420 : extracellular matrix part [15 gene products]
- GO: 0005576 : extracellular region [300 gene products]
- GO: 0044421 : extracellular region part [88 gene products]
- GO: 0032991 : macromolecular complex [1676 gene products]
- GO: 0031974 : membrane-enclosed lumen [523 gene products]
- GO: 0043226 : organelle [2810 gene products]
- GO: 0044422 : organelle part [1708 gene products]
- GO: 0055044 : symplast [ gene products]
- GO: 0045202 : synapse [28 gene products]
- GO: 0044456 : synapse part [10 gene products]
- GO: 0019012 : virion [ gene products]
- GO: 0044423 : virion part [ gene products]

GO: 0003674 : molecular_function [8591 gene products]
- GO: 0016209 : antioxidant activity [34 gene products]
- GO: 0015457 : auxiliary transport protein activity [6 gene products]
- GO: 0005488 : binding [2558 gene products]
- GO: 0003824 : catalytic activity [2871 gene products]
- GO: 0030188 : chaperone regulator activity [1 gene product]
- GO: 0042056 : chemoattractant activity [ gene products]
- GO: 0045499 : chemorepellent activity [ gene products]
- GO: 0009055 : electron carrier activity [103 gene products]
- GO: 0030234 : enzyme regulator activity [265 gene products]
- GO: 0016530 : metallochaperone activity [3 gene products]
- GO: 0060089 : molecular transducer activity [503 gene products]
- GO: 0003774 : motor activity [72 gene products]
- GO: 0045735 : nutrient reservoir activity [5 gene products]
- GO: 0031386 : protein tag [ gene products]
- GO: 0005198 : structural molecule activity [405 gene products]
- GO: 0030528 : transcription regulator activity [620 gene products]
- GO: 0045182 : translation regulator activity [83 gene products]
- GO: 0005215 : transporter activity [692 gene products]

cDNAや変異体の情報との照合も可能になっている．カイコゲノムについては，日本の農業生物資源研究所DNAバンクがWGS配列やEST（expressed sequence tags; cDNAの末端塩基配列）を集めたウェブサイト「KAIKObase」（http://sgp.dna.affrc.go.jp/KAIKObase/）を公開している．

ゲノムから予測される遺伝子について，機能を予測する作業をアノーテーション（annotation）と呼ぶ．最も単純なアノーテーションはBLASTなどの相同性検索によって他生物の相同遺伝子の機能を仮に充てることである．タンパク質の生化学的機能解析や，変異体の表現型などから直接的に機能が明らかになっている場合は，もちろんそれをアノーテーションするべきである．多くのモデル生物ではgene ontologyデータベースを用いて階層的に遺伝子が分類されている．gene ontologyには，molecular function，cellular components，biological functionの3通りのカテゴリーがあり，各遺伝子がそれぞれのカテゴリーごとにどこか1つ以上のontologyに分類されている（表2.1）．gene ontologyを使うことで，種に固有の言葉ではなく，多くの生物と共通の言葉で遺伝子機能が記述される．

**e.　反復配列**

前項で述べたように，昆虫の種によってゲノムサイズが大きく異なる原因は遺伝子の数の差によるのではなく，遺伝子以外の領域（遺伝子間領域）の大きさや，遺伝子内部のイントロンなど非コード領域の量の差によっている．非コード領域のなかで大きな割合を占めているのは反復配列である．反復配列には直列反復配列と分散型反復配列がある．直列反復配列としては，テロメア反復配列，マイクロサテライトDNAなどがある．分散型反復配列は，主にトランスポゾンから成っており，トランスポゾンはDNAトランスポゾン（Class II転移因子）とレトロトランスポゾン（Class I転移因子）に分けられ，後者はさらにLTR型（long terminal repeat）レトロトランスポゾンと非LTR型レトロトランスポゾンに分類される．全ゲノムが解読された昆虫種では，いずれも多数の反復配列を含んでおり，いずれの昆虫のゲノムでも特に転移因子は主要な構成要素である．

DNAトランスポゾンは，左右両端の逆向き反復配列（inverted terminal repeats）に挟まれた1個の読み枠（ORF）をもつ．そのORFには転移酵素（transposase）がコードされている．DNAトランスポゾンの転移機構の特徴は転移によるコピー数増加がないことである．減数分裂を経て世代が交代すると，ゲノム当たりのコピー数が増減することはあるが，1世代のなかでは，たとえ転移が起きても細胞当たりのコピー数が変わることはない．

**表 2.2** 真核生物の反復配列データベース“Repbase”による反復配列の分類

大きく DNA 型トランスポゾンとレトロトランスポゾンに分け，後者をさらに non–LTR 型と LTR 型に分類している．表中の TSD は Target Site Duplication の略であり，各転移因子が転移先として認識する配列（結果的に転移後には転移因子の左右に重複する）の長さを塩基対で示している．Kapitonov VV, Jurka J.（2008）A universal classification of eukaryotic transposable elements implemented in Repbase. Nat Rev Genet. 9: 411–2)（http://www.girinst.org/server/RepBase/）

UNIVERSAL CLASSIFICATION SCHEME OF TEs

Type 1: DNA transposons

| Superfamily | TSDs bp |
|---|---|
| *Chapaev* | 4 |
| *En/Spm*（*CACTA*） | 3 |
| *hAT* | 5, 6, 8 |
| *Harbinger*（*Pif*） | 3 |
| *ISL2EU*（*IS4EU*） | 2 |
| *Kolobok* | 4 |
| *Mariner* | 2 |
| *Merlin* | 8, 9 |
| *Mirage* | 2 |
| *MuDR*（*MULE*） | 9, 10 |
| *Novosib* | 8 |
| *P* | 7, 8 |
| *PiggyBac* | 4 |
| *Rehavkus* | 9 |
| *Transib* | 5 |
| *Helitron* | — |
| *Polinton*（*Maverick*） | 6 |

Type 2: retrotransposons

Non–LTR retrotransposons

| Superfamily（Clade） | TSDs bp |
|---|---|
| *CRE* | 22–50 |
| *NeSL* | 7–22 |
| *R4* | ～13 |
| *R2* | 0–30 |
| *L1* | ～15 |
| *RTE* | 0–100 |
| *Jockey* | ～10 |
| *CR1* | 0 |
| *Rex1* | 0 |
| *I* | 10–15 |
| *RandI*（*Dualen*） | ～10 |
| *Tx1* | ～15 |
| *SINE1* | * |
| *SINE2* | * |
| *SINE3* | * |
| *Penelope* | 0 |

LTR retrotransposons

| Superfamily（Clade） | TSDs bp |
|---|---|
| *Copia* | 5, 6 |
| *Gypsy* | 3, 5 |
| *BEL* | 4, 5 |
| *ERV1* | 4 |
| *ERV2* | 6 |
| *ERV3* | 5 |
| *DIRS* | — |

これに対してレトロトランスポゾン，すなわち ClassI の転移因子では，転移によってコピー数の増加を伴う場合が多い．いわゆる「コピー・アンド・ペースト」型の転移因子である．レトロトランスポゾンは 3kb から 10kb 程度の比較的長い転移因子であり，いったん RNA として転写され，それを鋳型にして相補的 DNA（cDNA）が合成される．左右の LTR には複数の ORF が存在し，そのうちの一つには逆転写酵素がコードされている．レトロトランスポゾンの転移機構ではオリジナルのコピーは必ず保存されるので，転移に伴ってコピー数が減ることはなく，必ず増加する．LTR の数十～数百塩基対からなる左右の配列はほぼ同一である．

### f. ゲノムの種内変異

全ゲノムの塩基配列が決定されている昆虫種であっても，決定されたゲノムは種を代表する1系統に過ぎない．種の遺伝的多様性は，別の系統や野生集団を調べて初めて明らかになる．種内の変異は，一塩基多型（single nucleotide polymorphism, SNPs），挿入欠失変異（insertion and deletion, InDel），重複，転座などから成っている．一塩基多型は，タンパク質コード領域に生じる場合，アミノ酸配列に影響しない同義置換とアミノ酸配列を変化させる非同義置換に分けられる．同義置換は自然選択の対象になりにくいので中立的な変異となる場合が多いが，コドン利用頻度に偏りがある場合などは必ずしも中立的にはならない．非同義置換はタンパク質の構造の変化を通してその機能に影響する可能性があり，自然選択の対象になりがちである．

昆虫では哺乳類に比べてゲノム変異に占めるInDelの割合が高い傾向にあるが，これは昆虫のゲノムに活性型の転移因子がより多いためと考えられる．実際に，昆虫の形質変異の原因遺伝子を見ると，しばしばタンパク質コード領域やプロモーター領域などに転移因子の挿入あるいは脱落の痕跡を認める．これは実際に転移因子がゲノム上を転移することの証拠である．

染色体の比較的長い領域が重複，欠失，転座などを起こすと部分的異数性と呼ばれる状態になり，これによって生じた遺伝子量の変化が表現型に影響する場合も多い．部分的異数性を有する系統は遺伝子の機能を解明するための貴重な材料である．

### g. 連鎖と組換え

メンデルの法則は，優性の法則，分離の法則，独立の法則の三つから成り立っているが，独立の法則については遺伝子が別々の染色体に座乗する場合にのみ成立し，同一の染色体に座乗する遺伝子は連鎖して遺伝する．形質の変異であれ，塩基配列の多型であれ，染色体あたり複数の座位に変異があれば，雑種個体の減数分裂における交叉価の高低に基づいて遺伝子の配列順序を決めることができ，さらに隣接する遺伝子の間の交叉価から連鎖地図を作成することができる．他の動植物にはない昆虫における連鎖の特徴は，雌雄のどちらか一方でしか染色体の交叉が起きず，その結果逆の性では完全連鎖が成り立つことである．ショウジョウバエでは精母細胞の減数分裂の際にまったく交叉が起きない．カイコでは逆に雌における卵母細胞の減数分裂で染色体の交叉が起きない．この現象は，性染色体をヘテロにもつ細胞で性染色体上の遺伝子の組み換えを抑制することによって性決定システムの変異を防ぐために進化してきたのではないかと想像される．この性特異的な組換えは，連鎖地図の作成の際に注意を要する．昆虫の連鎖解析では，最初に，$F_1$ 雑種において組換えの起きない方の性のみを使って戻し交雑を行い，連鎖群を同定したあとで反対の性の $F_1$ 雑種を使って戻し交雑を行って組換え価を測定する．このような2段階の連鎖解析で効率よく遺伝子をマッピングすることができる．

**h. エピジェネティックス**

遺伝学では，DNAの塩基配列の変異が形質の変異を支配するという基本的な考え方がある．しかし，形質の変異がすべてDNAの塩基配列の差異によるとは限らず，環境の影響やエピジェネティックな機構によっても形質が変化する．エピジェネティックな機構とは，DNAのメチル化やヒストンの化学修飾によって遺伝子発現が変化して，細胞分裂や世代を超えて形質が伝わる機構を指す．キイロショウジョウバエのゲノムDNAにはメチル化がほとんど起きないことが知られているが，他の昆虫，例えばカイコ，エンドウヒゲナガアブラムシ，ミカンコナカイガラムシなどでは，DNA（シトシン残基）の一部がメチル化している．モモアカアブラムシでは，遺伝子座のメチル化によって殺虫剤の解毒に関わるカルボキシルエステラーゼの発現程度が変化することが知られている．ヒストンの修飾による遺伝子発現の調節は，ショウジョウバエを含む多くの昆虫にみられる現象である．例えば，ショウジョウバエのX染色体では雄特異的な遺伝子量補正が行われるが，そこではMOFと呼ばれるアセチル転移酵素によってヒストンがアセチル化される反応が重要な役割を担っている．また，ホメオボックス遺伝子の調節因子として知られる *Polycomb* や *trithorax* がコードするタンパク質は，ヒストンの修飾を支配することによって多くの遺伝子発現に関与することが明らかにされている．

**i. トランスクリプトーム**

ゲノムが遺伝子の集合あるいはDNAの総体であるのに対し，トランスクリプトームは転写産物であるRNAの全体を指す．トランスクリプトームはゲノムよりも生物機能を直接コードする割合が高く，また量的な多寡は転写の亢進などの調節の結果を示している．トランスクリプトームを解析する方法は，DNAマイクロアレイ，EST解析，SAGE（serial analysis of gene expression）などがある．

DNAマイクロアレイはスライドグラス上に多数（通常は数千～数万）の遺伝子の断片配列を碁盤の目のように配列したものであり，蛍光色素によって標識したmRNA（cDNA）とハイブリダイズさせることによって，RNA試料の中に存在するmRNAの量をゲノムワイドに知ることのできる便利な技術である．通常は，2種類の異なる試料，たとえば雄個体と雌個体のRNAを比較し，どちらかの試料に偏って存在するmRNA，すなわち特異的な遺伝子発現を検出する．かつては，cDNAの一部をスライドグラスに貼り付けて作製したcDNAマイクロアレイが使われたが，最近ではスライドグラス上で直接オリゴヌクレオチドを化学合成して作製するオリゴアレイが使われる場合が多い．DNAマイクロアレイを用いると，変態期に時期特異的に発現する遺伝子を探索したり，明暗周期の中で概日時計に従って時刻特異的に発現するような遺伝子を検出したりすることが可能である．

EST解析とSAGEは配列タグを用いた遺伝子発現解析法である．EST解析では多量のcDNAを対象にすれば，同一遺伝子の産物のカウント数が遺伝子発現量を反映するようになる．最近では，新型DNAシークエンサーを用いて数百万のESTタグを一気に収集することができるようになっている．大量のESTを用いて遺伝子発現を量的に把握する方法はデジタル発現プロファイリング（digital expression profiling）と呼ばれている．SAGEは，mRNAの3′側（または5′側）の12bp程度の配列によってトランスクリプトームに含まれるすべてのmRNAの遺伝子を同定しようとする方法である．EST解析やSAGEの結果は，当該組織に存在するmRNAの全体（トランスクリプトーム）を表現することができる．昆虫は同一のゲノムをもつ個体であっても，発育段階による形態や機能に差異があり，また季節型・相変異・カーストなどの表現型多型を示すことが多い．このような多型現象を解析するために，従来はディファレンシャルディスプレイやcDNAサブトラクションが用いられてきたが，ゲノムが解析された昆虫では，上述の手法を用いた解析により，飛躍的に高い精度で差次的に発現する遺伝子を発見することができる．

遺伝子の転写産物は一通りであるとは限らず，多くの遺伝子において複数のRNAを生成しうることが知られている．同一の遺伝子座から転写されるRNAを総称してRNAアイソフォームと呼ぶ．RNAアイソフォームは，異なる転写開始点から転写が始まることによって作られる場合，スプライシングの差異によって生成する場合，およびpoly（A）付加位置の差異によって生じる場合，などがある．RNAアイソフォームには，コードするタンパク質に差異が生じたり，翻訳効率に差異が生じたりすることがあり，その結果，発現する機能にも違いがでる可能性がある．動物のゲノムは従来想像されていたよりもはるかに少ない数のタンパク質遺伝子しかもっておらず，なかでも昆虫は遺伝子数の少ない部類に入る．昆虫には複数のアイソフォームを発現する遺伝子が多く，それらアイソフォームは，発育段階，組織，雌雄，環境などに依存して発現することが多い．

全ゲノムの解読が進んだ2000年以降，真核生物のゲノムでは，通常のタンパク質コード遺伝子，rRNA遺伝子，tRNA遺伝子などだけでなく，非常に多くの非コードRNAが転写されることが明らかになってきた．特に，「small RNA」と呼ばれる20〜30塩基ほどの短いRNAがゲノムの広範な領域から転写されており，それらが生命活動に重要な役割を演じている．昆虫ゲノムからは，small RNA以外にも機能未知の非コードRNAが多数転写されており，トランスクリプトームは従来想像されていたよりも複雑であることがわかってきている．

### j. プロテオームとメタボローム

多くの遺伝子はタンパク質をコードしているので，細胞，組織，あるいは個体におけるタンパク質の全体像，すなわちプロテオームを把握することはゲノムの機能の理解に欠かせない．プロテオームの解析には2次元電気泳動とプロテインシークエンサーの組み合わせや，質量分析法などが使われている．プロテオームの情報をゲノムの塩基配列と照合すれば，どの遺伝子の産物であるかを検索できる．この方法で実際にタンパク質として発現している遺伝子を特定できるだけでなく，リン酸化酵素やタンパク質分解酵素によるタンパク質の翻訳後修飾などの情報も加えて，遺伝子機能を多面的に理解することができる．

ゲノム解析が進展すると，昆虫がもつ生化学的な代謝経路の全体像を推定することが可能になってくる．モデル生物における既知の代謝経路は，KEGG（http://www.genome.jp/kegg/）などのデータベースでタンパク質や遺伝子の情報とリンクされてきているので，これらを使って昆虫ゲノムと代謝経路を対応づけることができる．代謝経路の各ステップを触媒する酵素が，昆虫ゲノムにコードされているか否かを調べれば，当該代謝経路が存在するかどうかを知ることができる．

昆虫には脊椎動物と異なる代謝経路がいくつも存在することが知られている．例えば，昆虫は血糖としてグルコースではなくトレハロースを使っている．昆虫は，トレハロースの合成に必須の酵素であるトレハロース6リン酸合成酵素（TPS）をもっており，それをコードする遺伝子がゲノム上に1コピー以上存在する．グルコースを血糖としてもつ新口動物ではTPS遺伝子を欠如している．生物の代謝経路の全体像をメタボロームという．今後，昆虫のゲノム情報を利用してメタボロームの比較解析を行うことで，昆虫特異的な代謝経路の遺伝子基盤と進化的背景が明らかになってゆくはずである.

### □ 2.2.2 形質変異と遺伝子

#### a. 色彩や斑紋を支配する遺伝子

昆虫は，成虫・幼虫とも豊かな色彩や複雑な斑紋を有しており，それが種や系統ごとに大きく異なってそれぞれの形態的特徴となっている．昆虫の体表色素はオモクローム，メラニン，プテリン，カロテノイド，ビリベルジン，尿酸などである．オモクロームは昆虫に特徴的な色素で，トリプトファンの代謝で生成する3-ヒドロキシキヌレニンから作られる赤色色素キサントマチンをはじめとする色素の総称である．これらの生成や取り込みに関わる遺伝子が変異すると，たとえばショウジョウバエでは赤い眼色が淡い色に変化する．

メラニンは広範囲の動物に存在する色素である．キイロショウジョウバエでは，成虫の腹部や翅の主要な色素がメラニンであり，メラニン沈着量の多少やメラニンによる斑紋パターンに関わる変異体が，*yellow* や *ebony* などいくつか単離され，それを支配する遺伝子も知られている．

#### b. ホメオティック遺伝子

昆虫は節足動物に属し，体節構造が明瞭である．多足類などの同規的な体節とは異なり，昆虫は典型的な異規的体節をもち，各体節の形態に個性がある．それゆえに，昆虫の体制は頭部・胸部・腹部に分けられ，原則として胸部のみに付属肢と翅が発達しており，触角や味覚受容器などは通常頭部に存在する．胚子の前後軸・上下左右は，卵形成の過程で発現する母性の遺伝子によって決定される．キイロショウジョウバエでは，卵形成の過程で卵原細胞から分化した16個の細胞（シストサイト）が卵室を形成し，その中の最も後側の細胞が卵母細胞へ分化する．その後，卵母細胞の細胞質において前後軸と背腹軸が作られる．その過程に関与する遺伝子として *bicoid* や *oskar* などが知られている．ショウジョウバエ以外の昆虫では，生殖細胞の分化機構が詳細にはわかっていない．

昆虫の構造体節の分化は，胚子発生の過程で発現するホメオティック遺伝子群に支配される．ホメオティック遺伝子は，ショウジョウバエでは *Bithorax* 遺伝子群と *Antennapedia* 遺伝子群と呼ばれる二つの染色体領域に集中して存在する．各々の遺伝子はホメオボックス（homeobox）というDNA結合ドメインをもつヘリックスターンヘリックス型のタンパク質をコードしており，これらホメオボックス遺伝子の変異は体節の異常，特に個々の体節のアイデンティティを転換さ

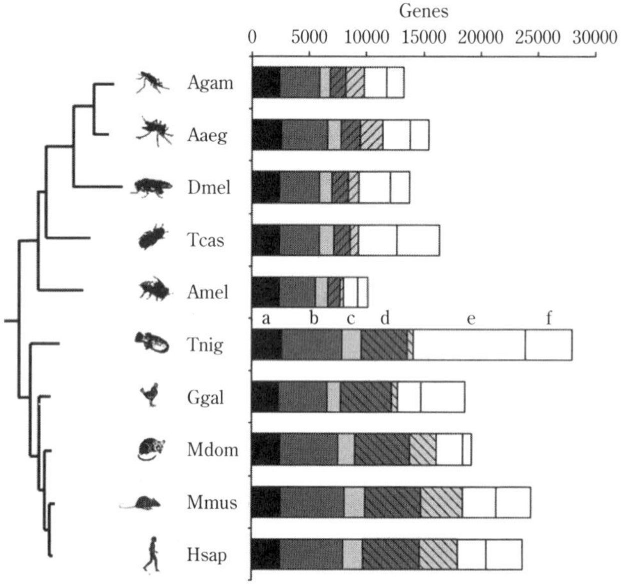


**図 2.16**　オーソロガスな遺伝子の有無に基づく昆虫と脊椎動物のゲノムの比較
a：昆虫と脊椎動物に共通する 1 コピーの遺伝子．b：昆虫または脊椎動物で複数コピーになっている遺伝子．c：昆虫または脊椎動物の一部の種にしかオーソログが見出されないもの．d：昆虫特異的または脊椎動物特異的な遺伝子．e，f：相同性が低いまたはないもの．*Tribolium* Genome Sequencing Consortium（2008）The genome of the model beetle and pest *Tribolium castaneum* Nature **452**：949–955, 2008 より．

せるような変異（ホメオティック変異．例えば触角を肢へ転換させたり，腹部体節を胸部体節へ転換させたりする）を起こす．*Bithorax* 遺伝子群と *Antennapedia* 遺伝子群は，いずれもショウジョウバエの第 3 染色体に存在し，カイコでも両者に相当する遺伝子群は第 6 染色体上に互いに近接して座乗している．ホメオティック遺伝子は遺伝子重複によって多様化してきたと考えられているので，同一染色体に隣接しているのは，その痕跡とも考えられる．昆虫で発見された *Bithorax* や *Antennapedia* に相同な遺伝子は広く動物に存在することが知られるようになり，動物の体節性の進化の観点でも多くの研究が行われている．

体節と並んで昆虫の形態を特徴づける構造は付属肢（appendages）と翅である．付属肢は体節ごとに形成されるので，当然ながらホメオティック遺伝子など体節分化遺伝子の影響下にあるが，特に体節の前後の区画を形成する *wingless* や

*Distal-less* の支配を強く受ける．最終的には *Decapendaplegic* 遺伝子の産物の勾配によって形態形成が行われるとされている．

### c. 外骨格の形成および分解に関わる遺伝子

昆虫の外骨格は，主としてクチクラタンパク質（硬タンパク質）と呼ばれるタンパク質とキチンから構成されている．クチクラタンパク質遺伝子は昆虫ゲノムの上で数百の遺伝子からなる大規模な遺伝子ファミリーを構成しており，互いに多少の相同性を有する．完全変態の昆虫では，幼虫・蛹・成虫のそれぞれに特異的なクチクラタンパク質が存在することが知られており，それが発育段階のクチクラの構造的差異をもたらしていると考えられる．クチクラタンパク質遺伝子の時期特異的な発現は転写レベルの調節によっている．

キチンは昆虫の外骨格の主成分であり，また消化管や気管などにも存在している．キチンの合成に必要なキチン合成酵素は脊椎動物のゲノムには存在しないが，昆虫のゲノムには必ず存在している．また，昆虫が脱皮をする際には古いクチクラを分解しながら新しいクチクラを作る．古いクチクラの分解のためには，キチンを分解するキチナーゼが必要であり，昆虫ゲノムは1個以上のキチナーゼ遺伝子を持っている．クチクラタンパク質遺伝子，キチン合成酵素遺伝子，キチナーゼ遺伝子のいずれも脱皮に連動して正確に発現が調節されないと致命的な結果になる．それぞれの遺伝子は脱皮ホルモン濃度に連動して発現が調節されるが，経時的な発現プロフィールは遺伝子ごとに異なる．

### d. 生理・行動を支配する遺伝子

孵化後の後胚子発生では，脱皮ホルモンと幼若ホルモンによって制御される脱皮と変態を経て成虫へと発育してゆく．この過程では前胸腺刺激ホルモン（PTTH）遺伝子，脱皮ホルモン合成系遺伝子群，幼若ホルモン合成系遺伝子群，脱皮ホルモン受容体遺伝子，および脱皮ホルモン応答の遺伝子カスケードを構成する多くの遺伝子が関与する．

昆虫の行動に関しては，特にショウジョウバエで多くの変異体が得られており，行動を支配する遺伝子の解明が続けられている．例えば，ショウジョウバエの行動の概日周期が本来の約24時間よりも長くなったり短くなったりする変異体の原因が，*period*（*per*）遺伝子であることが解明され，それが動物の生物時計の分子機構解明のきっかけになった．概日時計は，*per*, *timeless*, *clock*, *cycle* などの遺伝子の間の相互作用による転写レベルの振動によって構成されることが知られている．

### e. 性と生殖を支配する遺伝子

昆虫はすべて雌雄異体であり，雌と雄が別々の個体になっている．ナナフシ類の多くの種では，単為発生により雌のみを生成することが知られており，アブラムシ類でも季節によっては単為発生で増殖している．しかし，昆虫全体を見渡せば有性生殖が一般的である．昆虫の雌雄は，普通，遺伝子のみで決定されており，爬虫類のように外部環境（温度）が性に影響したり，哺乳動物のように内部環境（ホルモン）が性決定に関与したりすることはない．昆虫の雄と雌は必ず遺伝的に異なっており，その差異が性を決定している．

キイロショウジョウバエにおいては，性決定の最初のシグナルはX染色体と常染色体の数のバランス（X/A比）である．X/A比が0.67よりも大きい場合のみ，初期胚において性のマスタースイッチ遺伝子Sxlの転写が促進され，その後の後期胚から成虫に至る発育段階で*Sxl*遺伝子の発現状態が雌型になる．ショウジョウバエの体細胞では，*Sxl*→*tra*→*dsx*，または*Sxl*→*tra*→*fru*といった性決定遺伝子のカスケードが存在し，最終的に性特異的な転写因子であるDSX（またはFRU）の作用により卵黄タンパク質などの末端遺伝子の性特異的発現を誘導することが知られている．

カイコの性決定ではW染色体に強力な性決定遺伝子*Fem*が存在することが想定されており，これが1個でもあれば，Z染色体や常染色体の本数に関係なく雌となる．しかし，この*Fem*はまだ同定されていない．

カイコではショウジョウバエの上記4遺伝子のうち*tra*のみが欠けており，他の3遺伝子の相同配列がある．カイコにおける*dsx*のオーソログ*Bmdsx*は性特異的なスプライシングを受けて雌雄で異なるmRNAを生成し，性特異的なタンパク質を翻訳する．ショウジョウバエでは，スプライシング活性化因子であるTRAの存在により*dsx*のスプライシングが雄型から雌型に変化するが，カイコの*Bmdsx*は雄特異的なスプライシングの抑制によって雌雄差が生じている．*Bmdsx*の機能が性決定そのものであることは，トランスジェニック技術を用いて証明された．雄型の*Bmdsx* mRNAを強制発現する遺伝子を生殖細胞系列へ導入した結果，雌成虫において，フェロモン腺の退化，交尾器の雄化，および卵巣形態の部分的な異常が観察され，これら雌特異的形態の形成が*Bmdsx*の支配を受けていることが明らかになった．

ショウジョウバエの神経細胞では，性決定の末端機構として作動する遺伝子は*dsx*の他に*fru*が神経細胞の性分化にとって重要な役割を演じている．*fru*には多くの mRNA アイソフォームが存在し，そのうちの一つは雄特異的である．雄特異的なアイソフォームの形成には TRA が存在しないことが条件である．雄特異的な fru の発現は雄成虫の性行動に必要なローレンス筋という筋肉を形成させる．*fru* の変異体では，雄が神経的にも筋肉的にも雌化してしまい，同性愛的行動が発現することが知られている．

**f. 遺伝子量補正のための遺伝子**

異型の性染色体をもつ個体，例えばショウジョウバエの雄（XY）やカイコの雌（ZW）では，X 染色体または Z 染色体の本数が雌雄で異なる．遺伝子には細胞当たり 2 コピーでも 1 コピーでも形質に影響しない遺伝子も多い．しかし，なかには 1 コピーになると正常に機能できない遺伝子もあり，それらはハプロ不全の遺伝子と呼ばれる．ショウジョウバエの X 染色体にはハプロ不全の遺伝子が相当数含まれているので，それらの発現には遺伝子量を補償する機構（遺伝子量補正）が働いている．ショウジョウバエの X 染色体上には，MSL 複合体と呼ばれる特殊な分子複合体が特異的に存在し，それが遺伝子の転写量をほぼ 2 倍に促進して，細胞当たりの X 染色体の遺伝子発現量が雌雄で等しくなるよう調節している．しかし，カイコの Z 染色体では，遺伝子量補正が行われていないことを示唆する報告がある．

## □ 2.2.3 ゲノム解析の展開

**a. 比較ゲノム解析**

2008 年 7 月の時点で全ゲノムの概要配列が得られ公表されている昆虫は，キイロショウジョウバエを含むショウジョウバエ（*Drosophila*）属 12 種，ガンビアハマダラカ，ネッタイシマカ，セイヨウミツバチ，カイコ，コクヌストモドキ，計 17 種である．これらのゲノム配列と各種ゲノムに存在する 1 万数千の遺伝子を比較すると，ある昆虫には存在して，別の昆虫には存在しないような遺伝子を見つけることができる．このような種特異的な遺伝子が，それぞれの昆虫が持つ特異的な形質，例えば形態，生態，生理の特徴をどの程度説明できるのか，興味深い．また，ゲノム解析の進んでいる他の後生動物，例えば線虫 *C. elegans*，イソギンチャク *Nematostella vectensis*，カタユウレイボヤ *Ciona intestinalis* などの無脊椎動物のゲノムを昆虫と比較することで，他の後生動物とは異なる昆虫の特異性を解明できる可能性がある．

カイコゲノムには，ショウジョウバエに存在しない遺伝子が多数存在する．その一部は他の真核生物のどこにも相同遺伝子がないにもかかわらず，細菌の遺伝子と高い相同性を示す．これらは，チョウ目昆虫の進化の過程で細菌から昆虫へ遺伝子の水平移動が起きた結果であると想像される．その水平移動した遺伝子の一つに β-fructofuranosidase をコードする遺伝子がある．カイコゲノム上には 2 種類の β-fructofuranosidase 遺伝子が存在し，そのうちの一つ *BmSuc1* は主に消化管（中腸）と絹糸腺（中部糸腺）で発現している．昆虫は一般に α-glucosidase によって植物の主要炭水化物であるデンプンおよびショ糖を消化して栄養にしている．しかし，桑の葉には α-glucosidase の阻害剤である 1-deoxynojirimycin が高濃度で含まれていることが知られており，多くの昆虫は桑葉を餌とすることができない．カイコは細菌から獲得した β-fructofuranosidase を利用することで，桑の防御物質を克服しているとも考えられる．

**b. ゲノム情報を用いた進化遺伝学**

昆虫は数百万といわれる多くの種を擁しており，その多様な形態や生態の背景にある進化系統には多くの昆虫学者が関心をもっている．昆虫の系統関係の解析には，様々な遺伝子が使われている．かつては，ミトコンドリア DNA の配列を用いた系統解析が主流だったが，ミトコンドリアゲノムはサイズが小さいことに加えて母性遺伝をすることもあり，万能ではない．最近ではむしろ PEPCK 遺伝子や 18S リボソーム RNA など核の遺伝情報を用いることの有効性が明らかになってきている．

数億年におよぶ昆虫の進化の過程では，単に塩基置換や小さな InDel が蓄積してきただけではなく，染色体レベルあるいはゲノムレベルでも大きな再構成が起きている．その結果として，染色体上の遺伝子の配置は，昆虫の種によって大きく異なっている．したがって，遺伝子の配列順序や距離に染色体の進化の歴史が反映されているはずであり，このような点からの系統解析も必要となろう．

**c. トランスポゾンを用いた遺伝子機能の網羅的解析**

近年，ショウジョウバエを中心にしてトランスポゾンを改変して適当な可視マーカーを連結したコンストラクトを人為的にゲノム上へ転移させ，多数の変異体を一挙に取得する研究が盛んに行われている．それらは目的や方法によって，エンハンサートラップ，ジーントラップ，ジーンサーチなどに分類されるが，ClassII のトランスポゾンの逆位反復配列の間に挿入した配列を，別に供給する転移酵素（トランスポザーゼ）で切り出し，ゲノム上に再転移させる点では共通している．ショウジョウバエでは P 因子が使われてきたが，他の昆虫では P 因子はうまく転移しないので，替わりにpiggyBacが使われている．トランスポゾンの無作為な挿入を適切な方法でモニターすることにより，昆虫ゲノムに存在する遺伝子を発見できるだけでなく，その遺伝子がどこの組織でいつ発現するのかが分かったり，その遺伝子が破壊されたり強制発現したりしたときの表現型が判明したりする．従来，ショウジョウバエで使われてきたこれらの技術が，カイコやコクヌストモドキなどでも使われるようになり，大規模な遺伝子機能解析が展開されようとしている．

P因子やpiggyBacは個別の遺伝子を過剰発現させたり，異所的に発現させたりして，その表現型を観察することで遺伝子機能を解析することにも利用できる．この技術は，必ずしも全ゲノム情報が得られていなくても使えるので，多くの昆虫に適用されている．また，この手法は外来の遺伝子を昆虫に発現させることで有用物質の生産に利用され，また害虫防除にも利用されようとしている．

## 2.3　分類・系統・進化

### □ 2.3.1　分類と系統

生物分類は，18世紀のリネー（リンネ，K. von Linné）の分類体系以降，長く形態的特徴を基準に行われてきた．生物を分類し，記載していくことは，生物学のさまざまな研究領域に関与する必須の基礎的体系を作成する作業である．そして，種の認定を容易に行い得るものとして，外部形態による区分は何と言っても実用的でかつ応用的である．しかし，生物間の系統を推定する段階になると，外部形態には同形現象（homoplasy）が頻繁にみられると同時に，系統解析に使える有効な形態情報も限られ，類縁関係を客観的に示すことが難しい場合が多い．近年，分子生物学の発展と関連技術の著しい進歩により，分子レベルでの研究が容易に行われるようになり，分子データに基づく系統解析の研究も盛んになされつつある．

分類体系は系統を反映させつつ構築すべきもの，つまり生物進化の道筋を推定しつつ，それを反映させた分類を目指すべきとの主張がある一方で，生物分類は生物世界を認知しやすく整備し，認識しやすい単位（例えば種）の設定を行い，生物世界の一般参照体系を構築することにあり，生物の歴史推定，つまり，生物進化の分岐の順番を推定する系統解析とは別のものと考える研究者もいる．

### a. 分類

基本的に，六脚類を含む動物分類では，「種（species）」を類別し，分類体系を構築していく．分類の基本単位は種に置かれ，表示手段として種の学名が与えられる．また，分類学上の生物の集合を分類群（taxon, taxonomic unit）と呼ぶが，分類群には類縁関係にもとづいて，階層的な分類階級が設けられ，種は各分類階級のどこかに位置づけられる．

**学名**（scientific name）：　学名とは，国際的な命名規約に基づき分類群につけられる国際共通名で，種に与えられる学名は，動物では二語名（二名式名，binominal name）で表され，「属名＋種小名」という，人の名字プラス名前に類似した付け方がなされる．亜種の場合は種小名の後に亜種名を付した三語名（三名式名，trinominal name）で表される．属以上の分類階級に与えられる学名は，1単語の一語名式（単名式）で表現される．

ウイルスを除き，命名規約には国際動物命名規約，国際植物命名規約，国際細菌命名規約，さらにこれらとは用途が異なるが，国際栽培植物命名規約がある．これらの命名規約は相互にまったく，あるいはほとんど干渉しない．動物命名規約では，新種や新属を設定する必要が生じた場合，その学名が適用される正統性を示す基準となる担名タイプ標本（name-bearing type）の設定が必要である．学名の発効は，命名規約委員会の強権発動がないかぎり，先に発表したものが有効となる「先取権ルール」に従う．そして，出版物，学名，命名法行為が命名規約に則った適格なものであれば，記載は有効となる．

生物の正式名称である学名以外の生物の名称は，俗名（俗称，verrnacular name）となるが，図鑑等で一般的に用いられている日本語の生物名は，特に標準和名と呼ぶ．標準和名に関する命名規約は存在せず，より適切な使いやすいものが残っていくであろう．例えば「クロオオアリ」は標準和名で，学名は *Camponotus japonicus*，「クロアリ」は特定の地域に限られて使われる俗名である．本種の学名は *Camoponotus japonicus* Mayr や *Camoponotus japonicus* Mayr, 1866 とも表記されるが，学名部分は *Camoponotus japonicus* であって，Mayr, 1866 は命名者名と論文発表年を示す，いわばデータの表示であり，動物命名規約では省略してかまわない．

**分類階級**（Linnean hierarchy）：　多くの生物を共通の特徴ごとにグルーピングしていき，階層構造として示されるものを分類階級と呼ぶ．これによって，生物種の検索が著しく容易になり，かつ類縁関係も容易に把握できるようになった．

**表 2.3** 動物分類階級表

太字は義務単位を示す．他に階級を固定せず，研究者によって必要な状況下で用いられる適宜的なものとして，Legion, Phalanx, Cohort, Division, Section, Branch, Series, Group 等がある．

| | 階級 | 英名 | 語尾 | 例 |
|---|---|---|---|---|
| 国際動物命名規約の先取権に規定を受けない階級 | 超界 | Domain | | Eucarya |
| | **界** | **Kingdom** | | Animalia |
| | **門** | **Phylum** | | Arthropoda |
| | 亜門 | Subphylum | | Hexapoda |
| | 上綱 | Superclass | | |
| | **綱** | **Class** | | Insecta |
| | 亜綱 | Subclass | | Dicondyla |
| | 下綱 | Infraclass | | Pterygota |
| | 上目 | Superorder | | |
| | **目** | **Order** | | Hymenoptera |
| | 亜目 | Suborder | | Apocrita |
| | 下目 | Infraorder | | Aculeata |
| 科階級群 | 上科 | Superfamily | –oidea | Vespoidea |
| | **科** | **Family** | –idea | Formicidea |
| | 亜科 | Subfamily | –inae | Myrmicinae |
| | 上族 | Supertribe | | |
| | 族 | Tribe | –ini | Dacetini |
| | 亜族 | Subtribe | | |
| 属階級群 | **属** | **Genus** | | *Pyramica* |
| | 亜属 | Subgenus | | |
| 種階級群 | **種** | **Species** | | *Pyramica formosimonticola* |
| | 亜種 | Subspecies | | |

現在，表 2.3 に示すような詳細な階級が設定されている．これらのうち，界，門，綱，目，科，属，種は義務単位（obligatory taxa）と呼び，動物では必ず設定する必要のある階級である．それ以外のものは必要に応じて相対的に使用されるもので，各階級を生物学的に定義づける基準は存在しない．

**b. 系統推定**

従来の生物分類では，共通の特徴をもつものは類縁関係が近いという前提に着目して分類が進められ，さらにこれに立脚して系統関係の組み立てがなされてきた．これらは数理的な理論に裏打ちされた解析法を用いないため，主観に陥りやすいものであった．近年，より客観的なさまざまな系統解析法が確立され，さらにコンピュータの性能の向上によって，大量のデータを処理し，解析することが可能となってきた．また，分子生物学の著しい進展によって，分子レベルの情報に基づいた系統推定が盛んになされつつある現状にある．六脚類の系統解析に用いられる手法は，基づく原理と方法から大きく三つに分けることができる．つまり進化分類学，数量分類学，分岐分類学（ここではその発展型としての発展分岐学（変形分岐学）を含めた）である．

**進化分類学**（evolutionary taxonomy）：　慣習的に行われてきた形態形質を重視した分類学の成果に基づき，さらに種々のレベルの成果を取り入れて分類する，いわば古典的分類学に進化概念を取り入れたものである．

**数量分類学**（numerical taxonomy）：　多数の分類形質についての形質状態の分布を調べ，分類群間の全体的類似性の程度に基づいて分類する手法で，解析手法として一般的には多変量解析の群分析と座標化法がとられる．

**分岐分類学と発展分岐学**（cladistic taxonomy & transformed cladistics）：　分岐分類学では，系統分岐の過程と序列を追求し，系統体系の構築を試みる．系統推定の方法として共有新形質（共有派生形質，synapomorphie）のみを用い，さらに分類の表記法として単系統群のみを分類群として認める．しかしながら，分岐分類も客観性は保証されない．共通の分類形質データが与えられていても，研究者によって重要視する形質が異なると，一つの分類群でもさまざまな系統仮説が提唱されてしまうからである．

分岐分類学から派生した発展分岐学では，系統樹の上位概念として，与えられたデータに対して可能なすべての分岐構造を抽出し，系統仮説として設定する．そして，最節約原理を理論背景に，与えられたデータから最良の系統仮説を選ぶ．

## □2.3.2　種と種分化

### a. 種の認識

種は生物分類の基本単位の一つである．しかし，種を生物学的に定義づける段階になると，多くの概念が存在し，統一的な見解は得られていない．しかし，六脚類の種認識の基準として，マイアー（E. Mayer）の種概念である「現実に，または潜在的に，交配が可能な自然集団の全群で，他の同様な集団から生殖的に隔離されているものを種とみなす」が現在最も違和感なく受け入れられているものであろう．ただし，実際の分類作業に入ると多くの困難が伴う．交配可能性，つまり遺伝子交流の有無を逐一確認していく作業ははなはだ困難で，そのために，実際の分類作業ではこれまでに蓄積されてきた情報から，主として形態形質の不連続性をもとに，別種か否かを判断する場合が圧倒的に多い．

種の認識で難しい点は，形態が大きく異なっていても別種であるとは限らないし，形態的に区別不可能であっても，別種である例が少なくない点であろう．正確な分類学的判断を下すためには，個体群を形態的にも多様性をもつ存在として捉え，個体変異や地理的変異等による形態差や多型現象を十分に把握しておくことが重要である．一方，形態的に識別が困難なそれぞれの種を同胞種（sibling species）あるいは隠蔽種（cryptic species）とよんでいる．これらが，種の認定を誤らせる場合が多い．種分化の途上にある二つの個体群が二次的に接触し，交雑帯（hybrid zone）を作ることも知られている．さらに，種分化の間もない段階では，遺伝子の部分的な交流が少なからず生じ得ることも近年指摘されている．

**b. 形態的変異の存在**

形態的変異には，外因による環境変異と遺伝子や染色体の突然変異に基づく遺伝的変異とがあり，これらが複雑に関連する．一個体群中に個体変異があると同時に，個体群間にも変異が認められる．また，変異が相対的に大きく，不連続な場合を多型（polymorphism）と呼び，さまざまな多型現象が見られる．

1）個体変異

六脚類も生物の一員として，体サイズや斑紋の相違が個体ごとに異なり，全体では連続的な変異となることは当然である．遺伝的支配を受けて，いくつかの不連続な型が出現する変異の例として，ナミテントウの斑紋（図 2.17）やミドリシジミのメスの斑紋は有名である．通常の個体変異の幅から大きく外れ，極端な形態を示すものは異常型と呼び，突然変異によるものと，発生上のトラブルによる

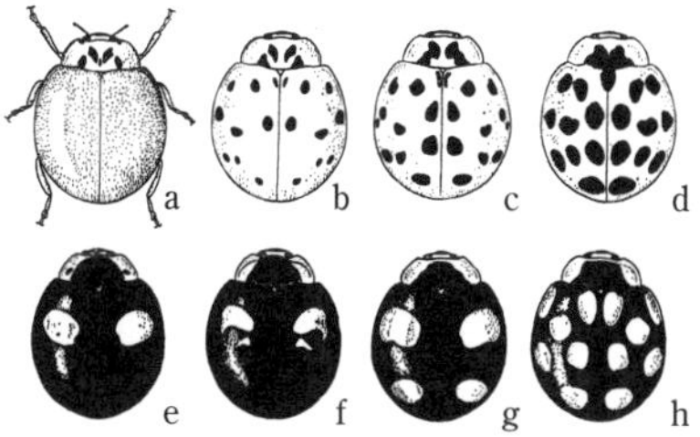


**図 2.17** ナミテントウの斑紋の変異

複対立遺伝子によって支配されることが知られており，4 つの主要型に分けられる（a–d：赤地型，e, f：二紋型，g：四紋型，h：斑紋型）．（石原，1957）

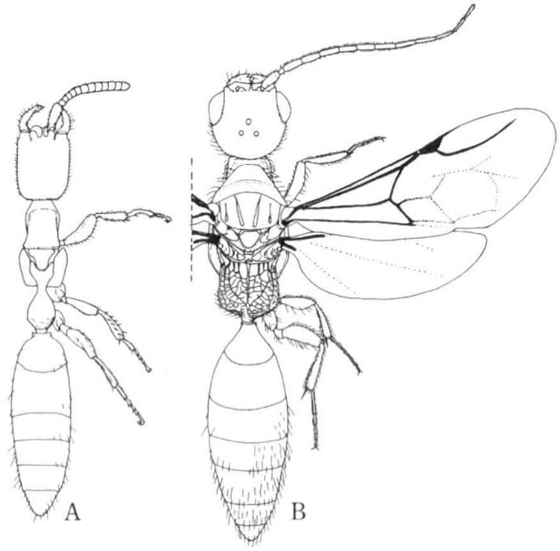


**図 2.18** ムカシアリガタバチの雌雄二型
A. メス；B. オス.

ものが主と考えられる.

2) 地理的変異

異なった地域の個体群は，多少とも異なった形質をもつ場合が一般的である．分類学では，地域的に明確に区別できる個体群を亜種（subspecies）とみなして，分類群によっては盛んにこれらに亜種名を与える記載が行われてきた．これらは，微細な相違を示すにすぎないものから，種分化の途上にある段階のものまでさまざまな段階を含んでいる.

3) 多型現象

**雌雄間の二型**：カブトムシやクワガタ類のように，雄と雌とで形態差が取り分け大きい種や（図 2.18），トリバネアゲハやミドリシジミ類のように雄と雌とで色彩が大きく異なる種も多くみられる.

**季節多型**：年に 2 世代以上を経過する種には，出現する季節によって，形態や色彩が異なるものがある．例えば，カラスアゲハやトラフシジミでは春と夏とで成虫の色彩が大きく異なり，それぞれ春型，夏型と呼ばれる．秋型や冬型が認められる種もある（図 2.19).

**社会性昆虫のカースト多型**：社会性昆虫のシロアリ類では，生殖を担当するメス（女王），オス（王）と生殖に関わらず，もっぱら労働を担う働きシロアリ（職蟻），巣の防衛を主に行う兵シロアリ（兵蟻）の間で形態が大きく異なり，これらをカースト（階級）多型と呼んでいる．さらに，働きシロアリ内でも体サイズ

**図 2.19**　ツマグロキチョウの夏型（A）と秋型（B）のオス

秋型は体サイズが大きく，前翅の先端部は角ばり，翅の黒斑はより明瞭となる．

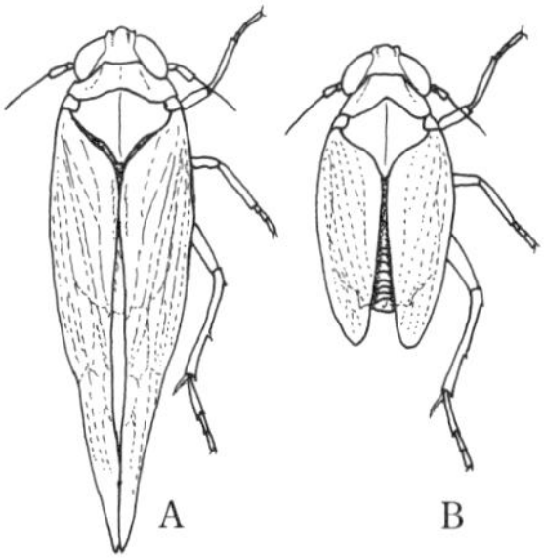


**図 2.20**　ヒメトビウンカの長翅型（A）と短翅型（B）

高密度下で育つと長翅型となり，低密度下で育つと短翅型となる．（石原，1957 をもとに作図）

が多型になっていて，大形の個体（大形職蟻と呼ぶ）から小形の個体（小形職蟻と呼ぶ）までがみられる場合もあり，一つの種内の形態差をさらに大きくしている．

**生態的条件による多型：**　気温や日長等の生息場所の環境要因による季節的多型以外にも，寄生蜂の寄生によって，大きさや形態が異なる場合がある．さらに種によっては，個体群密度によって翅型が異なるものが出現する例も知られている（図 2.20）．

### c.　同胞種の存在

形態形質に基づいて 1 種と思われていたものが，遺伝子の構造，染色体の核型，体表炭化水素の相違のような遺伝学的，生化学的比較や，生息場所や交尾時期の相違，越冬様式の違い等の生態研究から，互いに形態差が認められない複数の種を含む例が次々と発表されている．このような種は「同胞種」と呼ばれる．

平野部の路傍にごく普通にみられるクロヤマアリ *Formica japonica* は，体表炭化水素の組成から 4 分類群が認められ，これらは分布が重なっている地域でも，中間的な組成を示すものは現れない．これらは形態的な区別が困難でも，それぞれが独立した同胞種と判断される（図 2.21）．同様な例として，ヨーロッパで普

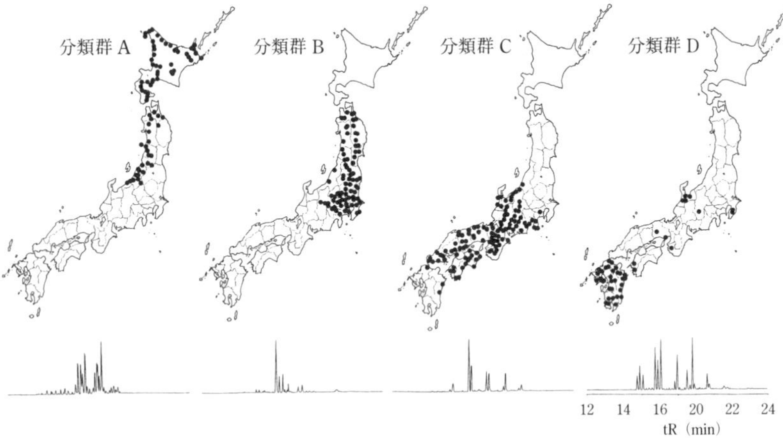


**図 2.21** クロヤマアリの同胞種

分類群 A は北海道と東北地方北部から日本海側に，分類群 B は東北地方から関東・中部地方に，分類群 C は中部から中国・四国地方に見られ，一部九州に生息する．また，分類群 D は九州に見られ，中国，四国，中部にも低密度で生息する．分布図の下は各種の体表炭化水素の組成を示すクロマトグラムを示す（アリ科における構成炭化水素の組成は種特異的である）．クロマトグラムの右方に示されるものほど基本的に炭素鎖数の多い炭化水素である．（Akino et al., 2002 をもとに作図）

通に見られるトビイロシワアリの一種 *Tetramorium caespitum* が挙げられ，ミトコンドリア DNA による分子系統解析と体表炭化水素の組成比較から 7 つの同胞種に区分された．

### d. 種分化

同じ種に属する 2 つの個体群間に，生殖隔離をもたらす遺伝的変化が生じることで種分化が生じる．種分化の多くが，地理的隔離が契機となって生じることは多くの生物種の分布パターンで示されている．特に島嶼において固有種が多い理由として，隔離の効果が大きく働くこと，および少数個体群によることから遺伝的浮動が生じやすくなるからだと考えられている．地理的隔離によって種形成がなされる場合，周辺型種分化も含めて異所的種分化（geographic speciation）と呼ぶ．それに対して，一つの個体群の分布域内でも種分化は生じうる．これには交尾時期が異なる二型が生じる，餌資源が異なる二型が生じる等，同一個体群内で生殖隔離に直結するような遺伝的変異が起こることによって生じる同所的種分化（sympatric speciation）と，分布域の環境傾度に異なった選択圧がかかった結果，集団が分かれる側所的種分化（parapatric speciation）が考えられる．同所的種分化を示唆する例は多いが，他の地域からの移動による混在の可能性を棄却することが難しく，強い証拠を示せる例は多くはない．しかし，六脚類の種分化の重要な要因の一つになっていると考えられる．

### □ 2.3.3 無脊椎動物と節足動物の系統進化

#### a. 無脊椎動物の系統進化

動物を大きく脊椎動物と無脊椎動物とに2大別する分類区分が長く用いられてきた．無脊椎動物の中で陸上で繁栄しているグループは節足動物門であり，その中でもとりわけ六脚類である．

節足動物の系統や分類に関しては19世紀の後半から，さまざまな意見が述べられてきた．しかし，形態形質から系統関係を強く推定することは難しく，有力な系統仮説が提出されるようになったのは，分子系統学が進展したごく近年になってからで，現在も興味深い知見が次々と発表されている．

#### b. ユートロコゾア仮説と脱皮動物群

六脚類に代表される節足動物門と環形動物門は，ともに体の構造が顕著な体節性を示すことから，体節動物群としてまとめられ，系統的に最も近縁であると古くから考えられて来た．ところが比較的近年，18S rDNAやRNAポリメラーゼ遺伝子の部分塩基配列を用いた旧口動物群の系統解析がなされ，その結果，環形動物は節足動物よりも軟体動物に系統的に近く，むしろ環形動物や軟体動物等が姉妹群を形成することが示された．これらの動物群はトロコフォア型の幼生を作ることからユートロコゾア（Eutrochozoa）と名付けられた．

さらに近年，より広範な動物群で18S rDNA遺伝子の塩基配列を比較した解析がなされ，旧口動物は二つの大きな系統群に大別された．一つは上述のユートロコゾアのほか，扁形動物，輪形動物，そして外肛動物や腕足動物を含む触手動物の系統群である．もう一方は節足動物，緩歩動物，有爪動物，線形動物等，脱皮して成長することに特徴付けられる動物群である．前者の群は触手冠－トロコゾア動物群（冠輪動物群，Lophotrochozoans），後者の群は脱皮動物群（Ecdysozoans）と名付けられた．従来の系統仮説と比較すると，まず，節足動物と環形動物は系統的に大きく隔たったグループとなり，節足動物は体節構造をもたない線形動物と系統的に近いことが示された（図2.22）．脱皮動物の中で節足動物に最も近縁なグループは，従来の説と同様に有爪動物門と緩歩動物門であることが示されている．

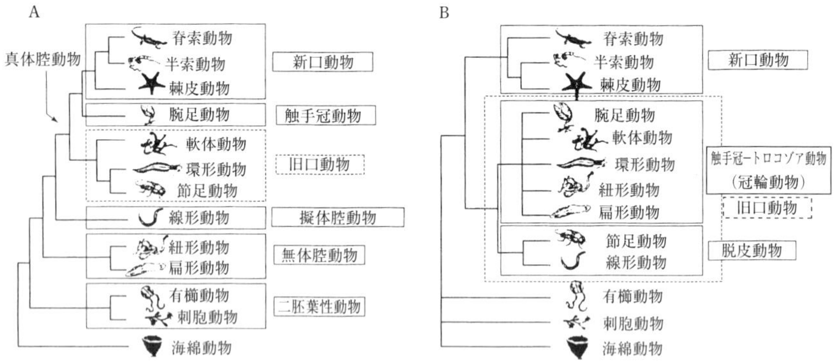


**図 2.22 動物界の系統**

従来の系統樹 (A) と 18S rDNA を用いた分子系統解析の結果により提唱された系統樹 (B). 節足動物門の位置は大きく変わり，線形動物門と姉妹群関係となっている. 同様に無体腔動物類の系統的位置も大きく変わっている. (Adoutte et al., 1999 をもとに作成)

## c. 節足動物の系統進化

節足動物は，表皮（クチクラ）層にキチンを主成分に，硬タンパク質やカルシウム分が付加した堅固な外骨格をもつ特徴から単系統群であるとの考えが主流であった. これに対して，この形質は進化の過程で独立に複数回生じた形質であり，よって節足動物門は系統を反映した自然群（単系統群）ではないと言う見解も根強く存在したが，形態形質から系統関係を高い信頼度で推定することは難しく，この問題に決着をつける研究成果は得られなかった.

しかし，近年の 18S や 28S rDNA の塩基配列による解析や遺伝子の配列順位による系統解析による結果では，節足動物が単系統群であることが示されている.

節足動物門内の系統関係も多くの系統仮説が提出されて来たが，現在は表 2.4 に示されるように現生種については甲殻亜門，多足亜門，六脚亜門，鋏角亜門の 4 亜門に位置づける分類体系が一般的である. しかしながら，六脚類に最も近縁なグループは従来多足類と考えられていたのに対し，近年の分子データによる複数の解析では，六脚類は多足類よりもむしろ甲殻類の一群（鰓脚類など）により近縁であるという結果が得られている. これに基づき，甲殻類と六脚類を合わせた汎甲殻類（Pancrustacea）という名称も提唱されている.

**表 2.4** 節足動物門内の綱レベルまでの高次分類体系の例

| 門 Phylum | 亜門 Subphylum | 上綱 Superclass | 綱 Class |
|---|---|---|---|
| 節足動物門 Arthropoda | 甲殻亜門 Crustacea | | ミジンコ（鰓脚）綱 Branchiopoda<br>アゴアシ（顎脚）綱 Maxillopoda<br>ムカデエビ綱 Remipeida<br>カシラエビ綱 Cephalocarida<br>エビ（軟甲）綱 Malacostraca |
| | 多足亜門 Myriapoda | ムカデ上綱 Opisthogoneata<br>ヤスデ上綱 Progoneata | ムカデ（唇脚）綱 Chilopoda<br>コムカデ（結合）綱 Symphyla<br>エダヒゲムシ（少脚）綱 Pauropoda<br>ヤスデ（倍脚）綱 Diplopoda |
| | 六脚亜門 Hexapoda | | 内顎綱 Entognatha<br>昆虫綱　Insecta（外顎綱 Ectognatha） |
| | 鋏角亜門 Chelicerata | ウミグモ上綱 Pycnogonida<br>カブトガニ上綱 Xiphosurida<br>クモ上綱 Cryptopneustida | ウミグモ綱 Pycnogonida<br>カブトガニ（剣尾）綱 Xiphosura<br>クモ（蛛形）綱 Arachnilda<br>ウミサソリ綱（化石）Eurypteria |
| | 三葉虫亜門（化石） Trilobitomorpha | | 三葉虫綱 Trilobita |

## □ 2.3.4 昆虫の系統進化と分類体系

### a. 昆虫の出現

最古の六脚類化石としては，トビムシ目がスコットランドにある 3 億 9500 万年前の古生代デボン期前期の地層から発見されている．狭義の昆虫類の化石も同一の地層から発見されていることから，内顎類の起源も，昆虫類の起源もさらに遡ることになる．今日，六脚類の姉妹群が甲殻類の鰓脚類である可能性が高まっており，六脚類の出現について，新しいシナリオを必要としている．昆虫類の翅の起源についても，従来から胸部背板が側方に伸長して翅となったとする側背板起源説（paranotal theory）と，気管鰓が水面の滑空のための装置として翅へと進化したとする鰓起源説（gill theory）があり，前者による説明が一般的であった．しかし最近，鰓脚類の脚の基部の節にあって鰓として機能する副肢（epipod）と，昆虫類の翅を形成する遺伝子で相同なものが複数発見されたことから，翅の起源は副肢である可能性が指摘されている．

現生の目のうち，11 目は古生代には出現している．少なくとも出現後早い内に翅を獲得し，石炭紀には目レベルでの多様化が始まり，適応放散を遂げ，形態的に高度に多様化したと考えられる．

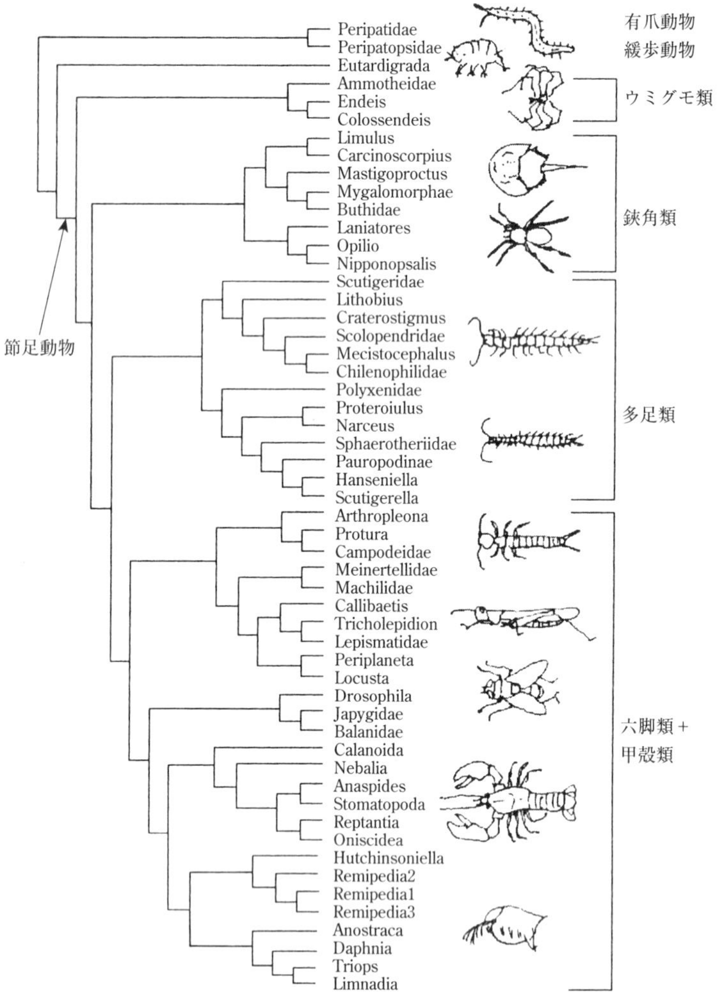


**図 2.23**　8 遺伝子座の塩基配列（18S rDNA, 28S rDNA, Histone H3, Small nuclear rRNA U2, Elongation Factor 1$\alpha$, RNA polymerase II, Cytochrome c oxidase I, 16s rDNA）に形態学的情報を加えたデータに基づく節足動物の系統樹

ウミグモ類は鋏角類と姉妹群関係となる解析結果も発表されている．（Giribet et al., 2001 をもとに作成）

### b. 昆虫の大量絶滅と進化

化石資料を整理していくと，古生代から現在まで，少なくとも生物世界は5回の大量絶滅を経験していることがわかる．その中で，2億5000万年前のペルム（二畳）紀から三畳紀にかけての大量絶滅は熾烈で，地球上の生物は史上最も激しい打撃を被ったようである．海洋では80～95%の種が滅び，陸上では78%のハ虫類の科，67%の両生類の科が絶滅したとされている．六脚類の中の昆虫類は，小形でかつ移動能力に長けており，大量絶滅の影響をそれほど受けていないが，その昆虫類ですらここでは約30%の目が滅んでいる．ペルム紀に少なくとも27目が存在していた内，8目が絶滅，4目が激しく消耗して種数を減じ，3目はかろうじて三畳紀まで生き残ったがその後絶滅した．化石資料によると，昆虫類の科レベルの多様化は大量絶滅後の2億4000万年前に始まり，口器等の基本構造の多様化が認められる．特に，コウチュウ目，ハエ目，ハチ目が顕著に多様性を増した．また，白亜紀の段階で現生のほとんどの目が出そろっている．白亜紀前期には被子植物が出現し，白亜紀後期から新生代にかけて適応放散を遂げ，これに対応して昆虫類の様々なグループが被子植物と密接な関係を結んで共進化してきた．白亜紀末期に起こった大量絶滅（約6500万年前）でも，陸上，海中ともに多くの動物が滅んでいるが，化石資料からみると，昆虫では目レベルで絶滅したものはなかった．

### c. 六脚類の系統と分類体系

六脚亜門（Hexapoda）の綱レベルでの高次系統や分類にも，これまでにいくつもの見解がみられる．その原因は，情報の扱いや分類手法の相違を受けた，六脚類の根幹部分の系統や分類の扱いの相違といえる．従来の一般的な分類は，六脚類（広義の昆虫類）を終生翅をもたない（二次的な無翅を除く）無翅亜綱（Apterygota）と成虫が翅をもつ有翅亜綱（Pterygota）に大別する分類体系である．これによると，無翅亜綱にカマアシムシ目，トビムシ目，コムシ目（コムシ目とハサミコムシ目に分割する見解もある），シミ目，イシノミ目（シミ目とイシノミ目を一つの目とみなす見解もある）が所属する．今日，六脚類の系統は未確定で，図2.24に示すようにさまざまな仮説があるが，本書では内顎綱（Class Entognatha：カマアシムシ目，トビムシ目，コムシ目）と昆虫綱（Class Insecta: イシノミ目，シミ目，他有翅の昆虫目）の2綱に分ける立場に立って以下の説明を行う．

形態的には内顎綱は大顎が頭蓋内に入り込んだ内顎化を示し，触角は均一な節

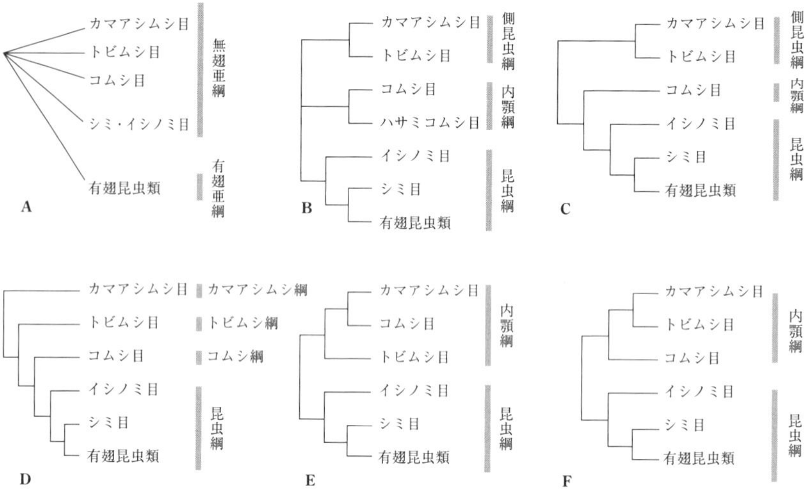


**図 2.24** 六脚類の系統仮説と高次分類体系

A. 伝統的な高次分類体系，B–F. 近年の系統仮説と分類体系（B: Kristensen, 1991; C: Wheeler, et al., 2001; D: Gullan & Cranston, 2004; E: Kjer, 2004; F: Grimardi & Engel, 2005）．異論が多いのは，とりわけコムシ目の系統的位置が確定していないことによる．仮説 D では内顎綱が単系統でないことを主張している．

で成り立つ．一方，昆虫綱は，大顎が頭蓋と関節接合して外側に位置し，触角は柄節，梗節，鞭節の 3 部分からなり，かつ筋肉が柄節のみにみられ，さらに，脚の付節が分節する点等が特徴となる．

内顎綱の**カマアシムシ目**は，体長 0.5〜2 mm の細長い体をしている．前脚が鎌状となり，触角，複眼，単眼をともに欠く．**トビムシ目**は通常体長 0.5〜5 mm 程度の小型種で，腹部は 6 節からなり，腹側に腹管，保体，跳躍器をもつ．頭部に通常 4 節からなる触角と，片側 8 個からなる小眼をもち，複眼や単眼はない．**コムシ目**はナガコムシ亜目とハサミコムシ亜目に大別され，ナガコムシ亜目では腹端に 1 対の尾角があり，ハサミコムシ亜目では小動物を捕らえる尾鋏がある．これらの内顎類は，森林や草地の腐葉土中に多くみられる．

### d. 昆虫綱の系統と分類体系

昆虫綱（Insecta）の目間の系統は，基幹部分でイシノミ目が分枝し，さらにシミ目が分かれるという結果がいくつかの系統解析から得られている．それ以外の目は，成虫時に翅をもつ典型的な昆虫類（有翅昆虫）で単系統群を構成する．本書では分類階級として，イシノミ目を単丘亜綱（Monocondyla）に所属させ，

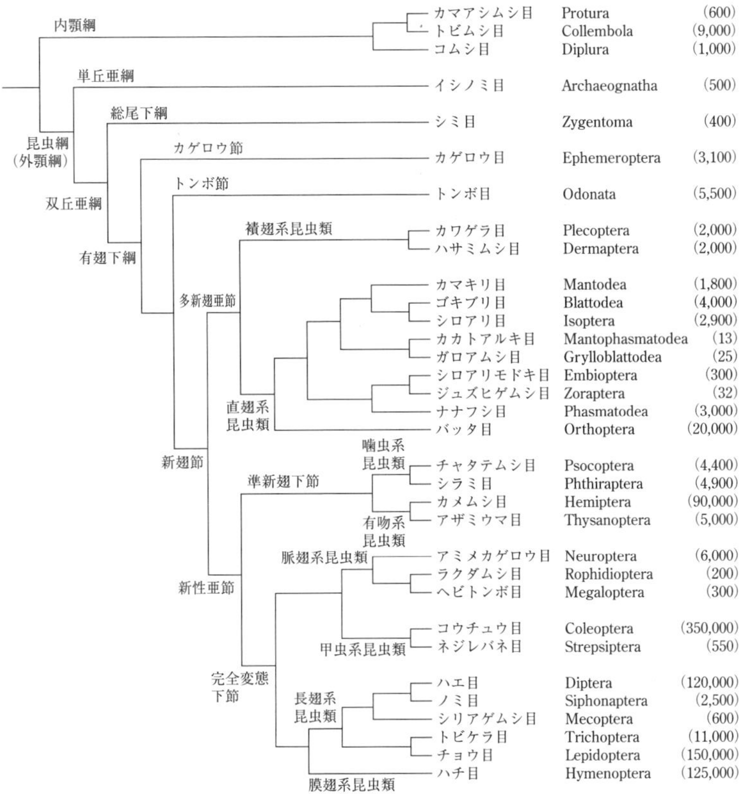


**図 2.25** 六脚類の目レベルの系統関係

表 2.5 と対照しやすくするために高次分類群の名称を分岐群（クレード）に記入した．カッコ内の数字は各目の世界の既記載種数．(Wheeler et al., 2001, Grimardi & Engel, 2005 を基準に，Maekawa et al., 1999, Bitsch & Bitsch, 2000, Gullan & Cranston, 2005, Terry & Whiting, 2005 を参照して作成)

シミ目とそれ以外の昆虫類を双丘亜綱（Dicondyla）に所属させた．そして，双丘亜綱中ではシミ目を総尾下綱（Zygentoma）に，それ以外を有翅下綱（Pterygota）に位置づけた（図 2.25）．

有翅の昆虫類で，系統樹の基幹部分に位置するのがカゲロウ目とトンボ目で，これらは翅を背面に折りたためない（旧翅類）．これらを除いたものは翅を折りたたむことができ，新翅類（新翅節，Neoptera）と呼ぶ．新翅類は，基本的に前翅，後翅ともに網目状の翅脈をもち，後翅が前翅より大きな多新翅類（多新翅亜節，Polyneoptera）と，交尾器の形態が特殊化した新性類（新性亜節，

**表 2.5** 六脚亜門の目レベルまでの分類階級による分類体系

主に Grimaldi & Engel（2005）に準拠した．綱と目の間に分類階級として節（Section）を置いた．また，Grimaldi & Engel（2005）の上目（Superorder）を，ここでは目群（order groups）として位置づけた．ネジレバネ目を暫定的に甲虫系昆虫類に所属させ，嚙虫系昆虫類に暫定的に2目を置いた．

| 綱 Class | 亜綱 Subclass | 下綱 Infraclass | 節 Section | 亜節 Subsection | 下節 Infrasection | 目群 Order group・目 Order |
|---|---|---|---|---|---|---|
| **内顎綱** Entognatha | | | | | | カマアシムシ（原尾）目，トビムシ（粘管）目，コムシ（双尾）目 |
| **昆虫綱** Insecta（外顎綱 Ectognatha） | | | | | | |
| | **旧顎亜綱** Monocondyla | | | | | イシノミ（古顎）目 |
| | **双丘亜綱** Dicondyla | | | | | |
| | | **総尾下綱** Zygentoma | | | | シミ（総尾）目 |
| | | **有翅下綱** Pterygota | | | | |
| | | | **カゲロウ節** Ephemerata | | | カゲロウ（蜉蝣）目 |
| | | | **トンボ節** Odonatoptera | | | トンボ（蜻蛉）目 |
| | | | **新翅節** Neoptera | | | |
| | | | | **多新翅亜節** Polyneoptera | | |
| | | | | | | **積翅系昆虫類** Plecopteroid orders |
| | | | | | | カワゲラ（積翅）目，ハサミムシ（革翅）目 |
| | | | | | | **直翅系昆虫類** Orthopteroid orders |
| | | | | | | シロアリ（等翅）目，ゴキブリ（蜚蠊）目，カマキリ（蟷螂）目，ジュズヒゲムシ（絶翅）目，ナナフシ（竹節虫）目，バッタ（直翅）目，ガロアムシ（擬蟋蟀）目，カカトアルキ（踵行）目，シロアリモドキ（紡脚）目 |
| | | | | **新性亜節** Phalloneoptera | | |
| | | | | | **準新翅下節** Paraneoptera | |
| | | | | | | **嚙虫系昆虫類** Psocoid orders |
| | | | | | | チャタテムシ（嚙虫）目，シラミ（虱）目 |
| | | | | | | **有吻系昆虫類** Ondylognathidoid orders |
| | | | | | | アザミウマ（総翅）目，カメムシ（半翅）目 |
| | | | | | **完全変態下節** Holometabola（内翅下節，Endopterygota） | |
| | | | | | | **脈翅系昆虫類** Neuropteroid orders |
| | | | | | | アミメカゲロウ（脈翅）目，ラクダムシ（駱駝虫）目，ヘビトンボ（広翅）目 |
| | | | | | | **甲虫系昆虫類** Coleopteroid orders |
| | | | | | | コウチュウ（鞘翅）目，ネジレバネ（撚翅）目 |
| | | | | | | **長翅系昆虫類** Mecopteroid orders |

シリアゲムシ（長翅）目，ハエ（双翅）目，ノミ（隠翅）目，トビケラ（毛翅）目，チョウ（鱗翅）目

**膜翅系昆虫**

Hymenopteroid order

ハチ（膜翅）目

---

Phalloneoptera）とに大別される．新性類はさらに，不完全変態で，口器が吸汁型に特殊化したものを含む準新翅類（準新翅下節，Paraneoptera）と，完全変態類（完全変態下節，Holometabola）とに大別される．

**A. イシノミ目とシミ目**

イシノミ目とシミ目は，ともにで成虫が無翅であり，一見類似の形態をしているが，系統的には大きく隔たった関係にあり互いに異なる亜綱に分類される．

**イシノミ目**は最も原始的な形態を多くもつと考えられる昆虫で，特に大顎の基部が1箇所のみで関節接合している．ただし，複眼は大きく発達し，頭部背面で相互に接する．また，小顎肢は7節からなる．乾燥した場所を好み，寿命は通常2〜3年である．

**シミ目**はイシノミ目と異なり，大顎の基部が2カ所で関節接合するという他の有翅昆虫類と共有する新形質をもつ．また，複眼は退化しており数個の個眼からなり，小顎肢は5節からなる．寿命は種によっては7〜8年と長く，成虫になっても脱皮を繰りかえし，60回以上も行われる．

**B. カゲロウ目，トンボ目，旧翅類**

有翅のグループの中で，最も系統的に古いと考えられているものがカゲロウ目とトンボ目である．これらは特に翅脈が複雑な古い形態の翅をもち，かつその翅は翅底骨が一列に並ぶことから，背に翅を折りたたむことのできない形状となっている．トンボ目，カゲロウ目と新翅類間の系統関係は未解決の状態にあり，カゲロウ目とトンボ目を旧翅類と一括して呼ぶ場合もある．本書では，カゲロウ節（Ephemerata），トンボ節（Odonatoptera），新翅節（Neoptera）の3群に区分する分類学的措置をとる．

**カゲロウ目**は，網目状の大きな前翅と小さな後翅をもち，腹端には糸状の長い尾毛が2〜3本みられる．複眼は大きく，特に雄の複眼は上下に分かれるものが多い．大顎，小顎ともに退化しており食物をとらない．幼虫は水生生活を行い，藻等を食べて成長する．

**トンボ目**は細長い体に4枚の発達した翅をもち，頭部には大きな複眼がある．

雄は第2，3腹節に副生殖器をもつ．幼虫は「ヤゴ」と呼ばれ，水中生活し，昆虫類や魚類等を捕らえて餌とする．

**C. 新翅類**

第3翅底骨の位置が変化することで，翅が旋回し，背に折り畳めるグループが新翅類である．新翅類は多新翅類と新性類に二大別される．

**D. 多新翅類**（Polyneoptera）

多新翅類は系統関係の未解決部分が多いが，ここでは積翅系昆虫類と直翅系昆虫類とに大別した．積翅系昆虫類に，カワゲラ目とハサミムシ目を位置づけ，直翅系昆虫類に9目を含めた．

1）積翅系昆虫類（Plecopteroid orders）

カワゲラ目の系統的位置には，かつて諸説があったが，近年の分子系統解析の結果を参照すると，少なくとも直翅系昆虫類の姉妹群ということになる．ハサミムシ目の他に，シロアリモドキ目とジュズヒゲムシ目を本グループに位置付ける見解もある．

**カワゲラ目**は多少とも扁平な体をもち，止まる時には前翅よりも大きな後翅を折りたたみ，その上に前翅を重ねる．触角は長く，腹部末端に2本の尾毛をもつ．幼虫は水生で，他の水生昆虫を捕らえて餌とする．

**ハサミムシ目**は腹部の末端に尾角の変化した尾鋏をもつ．前翅は短く，翅脈は不明瞭で，その下に後翅が折り畳まれている．夜行性の種が多く，石，倒木，落葉下等にみられる．

2）直翅系昆虫類（Orthopteroid orders）

従来の分類では，コオロギ型群（Grylliformida）とゴキブリ型群（Blattiformida）にしばしば大別されて来たが，この区分は今日の分子系統解析の結果からは支持されない．2002年に，六脚類の中で88年ぶりの新目としてカカトアルキ目（マントファスマ目，Mantophasmatodea）が発表された．本目は，分子系統学的研究や比較発生学的研究から所属位置が不明で論議を呼んできたガロアムシ目との類縁性が指摘されている．

ゴキブリ目，シロアリ目，カマキリ目は古くからともに近縁な目と判断され，これらを網翅群 Dictyoptera と特に呼んでいる．この3目間の系統関係は論争を呼んだが，今日，真社会性を進化させたシロアリ目は，いくつかの系統解析の結果から，ゴキブリ目に吸収される可能性が示されており，新たな論争が生じている．ジュズヒゲムシ目も系統関係の未解決な群であるが，近年，シロアリモドキ目が姉妹群となる可能性が指摘されている．

**ゴキブリ目**は扁平な体で，頭部は前胸背板の下に隠れており，背面からはほとんど見えない．触角は長く，脚は発達する．夜行性で家屋害虫として有名であるが，ほとんどの種は森林等の野外に生息する．

**シロアリ目**はすべての種が真社会性の生活をする．木材を食物とするものと，落葉や落枝を集めて巣中に貯蔵し，菌類を育て，これを餌にするものとがある．

**カマキリ目**は前脚が鎌状となり，他の昆虫を捕らえて餌とする．頭部は逆三角形状で複眼がよく発達する．熱帯に多くの種が見られ，落葉や花，枝に擬態する種も少なくない．

**カカトアルキ目**は体長 1.5〜3 cm 程度のやや小形の昆虫で，翅を欠くが複眼は発達する．前付節を持ち上げて歩行する．アフリカの乾燥地帯，半乾燥地帯にのみ生息し，動物食性で，小形の昆虫等に素早く飛びつき，口器と前脚で押さえ込んで捕らえる．

**ガロアムシ目**はやや扁平な体型をしており，翅を欠き複眼も小さく退化する．湿度の高い土中や石下にみられ，動物食性であるが植物質も食べる．

**ジュズヒゲムシ目**は体長 3 mm 以下の小形の昆虫で，触角が数珠状で 9 節からなる．翅脈数が少なく，前翅が後翅よりも大きい．腐朽木中や樹皮下にみられる．日本からは本目は未知．

**シロアリモドキ目**は細長い体型で，通常雄は翅を持ち，雌は翅を欠く．前脚第 1 付節が膨らんでおり，ここに絹糸腺がある．絹糸腺から出す糸で樹木の葉や樹皮の表面にトンネル状の巣を作り，産卵もそこで行い，孵った幼虫は巣中で育つ．

**ナナフシ目**は大形の種が多く，細長い棒状のナナフシ類や扁平なコノハムシ類等が見られる．夜行性のものが多く，移動はゆっくりとしている．植食性で幼虫も成虫も樹木の葉や草本類を食べて生活する．

**バッタ目**は縦長の体で短い触角をもつバッタ亜目と，体はやや扁平あるいは縦長で，長い触角と腹部先端の産卵管をもつキリギリス亜目に大別される．バッタ亜目は昼行性のものが多く，植食性だが，キリギリス亜目は昼行性，夜行性ともにみられ，雑食性のものが多く，特にキリギリス類は動物食性の傾向が強い．

**E.　新性類**（Phalloneoptera）

雄の交尾器が複雑化した群で，第 10 腹節由来の派生的な形態の交尾器をもち，特に多新翅類にみられる交尾節は陰茎に変化している．不完全変態の準新翅類と完全変態類（内翅類）が認められる．

**F. 準新翅類**（Paraneoptera）

口器が特殊化し，尾角を欠く群である．嚙虫系昆虫類と有吻系昆虫類に大別される．

1）嚙虫系昆虫類（Psocoid orders）

チャタテムシ目とシラミ目が含まれる．ただし近年，シラミ目がチャタテムシ目の中に包含される系統解析の結果も得られている．

**チャタテムシ目**は体長2〜3 mmのものが多い小形の昆虫で，大顎は内葉が細長く伸びて，咬口型と吸収型の中間的な形態となる．

**シラミ目**も体長1 mm弱から数mmの小形の昆虫で，体は扁平で，翅を欠く．大顎は認められる段階から完全に退化した段階までがみられ，恒温動物の鳥類や哺乳類に外部寄生する．

2）有吻系昆虫類（Ondylognathidoid orders）

アザミウマ目とカメムシ目が位置づけられる．

**アザミウマ目**は体長2〜3 mmの小形の種が多い．完成度の比較的低い吸収型の口器をもち，かつそれが左右不対称となる興味深い形態を示す．翅は翅脈がほとんど退化し，ふちにフリンジと呼ばれる長い毛列がある．植食性の種が多いが，菌食性のものや昆虫の卵を食べるものも知られている．

**カメムシ目**は不完全変態類中最も種類が多く，繁栄したグループである．針状の完成度の高い吸収型口器をもち，それを使って植物や動物の体液を取り込み生活しているものが多い．セミ，ウンカ，ヨコバイ，アブラムシ，カイガラムシ，サシガメ等が含まれる大きなグループで，形態も生活様式も多様である．

**G. 完全変態類**（Holometabola；内翅類，Endopterygota）

完全変態類は，成長過程に蛹の時期があり，幼虫は側単眼（stemma）をもち，成虫段階で複眼が新たに形成されるグループである．本群の単系統性はいくつかの系統解析から強く支持されているが，各目間の系統関係については複数の仮説がある．

完全変態類は全世界の昆虫の85%，動物種の半分以上を占めるほど種多様性に富んでいる．昆虫綱30目で比較すると，コウチュウ目（38%），チョウ目（16%），ハチ目（13%），ハエ目（12%）の種数がとりわけ多く，これらだけで昆虫類全体の約80%にもなる．ここでは，完全変態類を脈翅系昆虫類，長翅系昆虫類，甲虫系昆虫類そして膜翅系昆虫類の4群に大別する見解を採用した．脈翅系昆虫類に3目が，長翅系昆虫類に5目が，甲虫系昆虫類には系統的な位置付けに議論のあるネジレバネ目を暫定的に加えて2目が，膜翅系昆虫類にハチ目の1目が位置づけられる．

1）脈翅系昆虫類（Neuropteroid orders）

完全変態類の中では祖先的な形質を多くもっている．アミメカゲロウ目，ラクダムシ目，ヘビトンボ目からなり，これらの成虫は，比較的類似した編目状の翅脈をもつが，幼虫の形態はそれぞれ特徴的で，そのために独立した目とみなされている．

**アミメカゲロウ目**は，柔らかい体をしているが，大顎は発達し，小昆虫を捕らえて餌とする．幼虫は陸上に生活し，ウスバカゲロウやクサカゲロウ，ツノトンボ等が本目に含まれる．

**ラクダムシ目**は前胸が長く前方に突き出ており，雌の腹端には糸状の長い産卵管がある．幼虫は扁平で，樹皮下に生活し，小昆虫類等を捕らえて餌としている．

**ヘビトンボ目**は大形の種が多く，大顎が発達する．幼虫は水中生活を行い，やはり発達した大顎をもち動物食性である．

2）甲虫系昆虫類（Coleopteroid orders）

ネジレバネ目の位置は，昆虫の目レベルの系統関係の中でも最も不可解なものとされ，ネジレバネ問題（Strepsiptera problem）として有名である．現在，コウチュウ目の姉妹群となる仮説と，ハエ目と姉妹群関係になる仮説が有力である．

**コウチュウ目**は最も種多様性に富んだ目で，オサムシ亜目，ナガヒラタムシ亜目，ツブミズムシ亜目，カブトムシ亜目の4つのグループに大別される．前翅は堅く翅鞘と呼ばれ，飛翔時以外は中胸から腹部全体を覆い体を保護している．生活様式は多様である．

**ネジレバネ目**は小形の昆虫で，他の昆虫へ内部寄生をする．雌はウジムシ型で一生寄主の体から離れない．雄には翅があり，雌を探して飛び回る．前翅は退化して痕跡的となるが，後翅は扇型に発達する．

3）長翅系昆虫類（Mecopteroid orders）

この類はさらに長翅群と毛翅群の二群に区分される．長翅群にシリアゲムシ目，ハエ目，ノミ目の3目が，毛翅群にトビケラ目とチョウ目の2目が位置づけられる．

**シリアゲムシ目**は中形の昆虫で，細長い体をもち，頭部が下方に細長く伸びる．雄は腹部の後方が背方に反り，先端部は前方を向く．動物食であるが，果実等の植物も食べる．幼虫は土中に穴を掘って生活する．

**ハエ目**にはハエ，アブ，カ，ガガンボ等が含まれ，触角が糸状で長いカ亜目と，短いハエ亜目に分けられる．後翅は退化し，飛翔時にバランスを取るための器官（平均棍）となっており，前翅の2枚で飛翔する．複眼は通常大きく発達するが，口器は吸収型から刺吸型まで多様である．多くの種を含み様々な環境に適応して生息する．

**ノミ目**は通常体長1〜3 mmの小形の種で，体は左右に扁平，翅はなく，触角はひどく短い特殊な形態をもつ．哺乳類や鳥類に外部寄生をして吸血する．後脚は発達し，大きく跳躍することができる．幼虫は細長いウジムシ状で，鳥の巣や哺乳類の生活する地表面にみられる．

**トビケラ目**は多数の節からなる長い触角をもち，口器は多くの種で退化する．膜状の翅を持ち，細かい毛で覆われる．幼虫は水生で，糸を吐いて葉や小枝，小石をつなぎ合わせて筒巣を作り，川底で生活する．

**チョウ目**はチョウ・ガの仲間である．大きく広がった翅をもち，翅には粉のような鱗粉が付いていて独特の色彩や模様を作り出している．口器は口吻と呼ぶ細い管となっているが，一部咀嚼型の口器をもつ原始的なグループ（コバネガ科など）や口吻が退化して，成虫では何も食べないものもいる．幼虫は一部の例外を除き植食性で，食草や食樹が限定されているものから広く餌として利用するものまで様々である．

4）膜翅系昆虫類（Hymenopteroid order）

**ハチ目**はハチ・アリの仲間で，飛翔に適した膜状の翅と咀嚼型の口器をもつ種が多い．また，社会性を発達させた種が多いのも特徴．長翅系昆虫類と姉妹群関係にあるとする見解が現在一般的である．従来，ハバチ亜目とハチ亜目の2群に大別されてきたが，今日の系統解析の結果は，ハバチ亜目の単系統性を支持していない．系統関係と分類体系を一致させる立場をとるのならば，ハバチ亜目を複数の分類群に区分する必要があろう．

## 2.4　生活史と生活環

### 2.4.1　胚子発生と後胚子発生

生物が胚から発育し，親になることを発生という．昆虫の場合，発生は二つの段階に分けられる．まず，第一段階は，受精した卵が発育し，幼虫となって孵化するまでの過程で胚子発生（embryonic development）という．また，次の幼虫が成虫になるまでの過程を後胚子発生（post emryonic development）という．

### a. 胚子発生

昆虫の多くは，雄と雌の成虫がそれぞれ関わる両生生殖であるが，アブラムシの単為生殖世代やナナフシムシ類などのように雄を必要としない単為発生をするものもある．単為発生はほとんどの目で確認されている．

交尾を経て，卵子と精子とが合一する受精が行われると，受精卵では直ちに受精核の分裂が始まる．昆虫の卵割は，ウニのように卵全体が分裂する全割ではなく，受精核の分裂は核とその周囲の卵黄にとどまる．このような，卵全体に分裂が起こらず，分裂した核が卵の表面に移動する，いわゆる表割は昆虫を含む節足動物に共通している．

核の分裂が進むと，その後胚盤葉（blastderm）が形成され，内胚葉（endoderm），外胚葉（ectoderm），さらには中胚葉（mesoderm）に分化し，最終的に胚子となる．それぞれの胚葉からどんな幼虫器官ができるかは，昆虫種によって多少異なっている．胚発生が詳しく調べられているのはチョウ目カイコである．多くの器官は外胚葉由来であり，皮膚，付属肢，単眼，唾液腺，アラタ体，絹糸腺，前腸，後腸，マルピーギ管，呼吸器官，神経，外部生殖器などがあげられる．また，中胚葉に由来する器官は，背脈管，内部生殖器，筋肉，脂肪組織，食道下腺，血球などである．内胚葉からできる器官は中腸だけである（表2.6）．

### b. 後胚子発生

昆虫には，ほとんど目立った変態をしないシミのような無翅昆虫もいるが，有翅昆虫は完全変態昆虫と不完全変態昆虫に大きく分けられる．完全変態昆虫は，卵（胚子）→幼虫→蛹→成虫というように，成虫になるまでに，蛹という発育段階を持っている．チョウ目，ハエ目，コウチュウ目などの多くがこの変態様式を

**表 2.6** カイコにおける各胚葉から形成されるおもな器官

| 胚葉 | 器官名 |
|---|---|
| 外胚葉 | 皮膚，付属肢，単眼，唾液腺，アラタ体，前胸腺，絹糸腺，前腸，後腸，マルピーギ管，呼吸器官，外部生殖器，神経系 |
| 中胚葉 | 背脈管，内部生殖器，筋肉，脂肪組織，食道下腺，血球 |
| 内胚葉 | 中腸 |

もっており，昆虫種全体の85%を占めている．これに対して，不完全変態昆虫は，バッタやナナフシのバッタ目，カメムシ，ウンカなどのカメムシ目の昆虫群にみられ，蛹期を経ないで成虫になる．これらの昆虫群では，幼虫期の形態が成虫期のものと大きく変わらない．

変態を含めた後胚子発生で脱皮は必須かつ重要な生理現象である．無脊椎動物の昆虫は，われわれヒトが体の内部に骨格をもつ内骨格生物であるのとは異なり，体の外部が固いクチクラで覆われている外骨格生物である．そのため，成長の過程で体が増大すると，外形を固定している外骨格をより大きなものに交換しなければならない．これが脱皮である．

### c. 脱皮（ecdysis, molting）

脱皮は脱皮ホルモン（エクジステロイド）によって誘導される．脱皮ホルモンは，ステロイド骨格をもった化合物である（2.6.5 項参照）．脱皮ホルモンの主要な役割は脱皮・変態期において新しいクチクラの分泌を誘導することである．クチクラの生成など新たな遺伝子の発現が誘導される作用メカニズムの基本は，哺乳類におけるステロイドホルモンと同様のもので，細胞の核内にある受容体に脱皮ホルモンが結合することである．近年，哺乳類におけるステロイドホルモンの作用機構をもとに，脱皮ホルモンの作用機構の解明は大きく進んでいる．

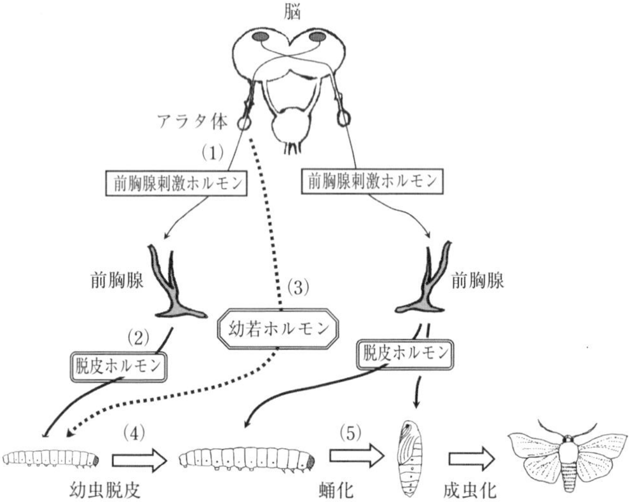


**図 2.26** 脱皮・変態におけるホルモンの相互作用

**d. 変態（metamorphosis）**

完全変態昆虫では，最終齢の幼虫から蛹，そして成虫に脱皮する過程を変態を呼び，不完全変態昆虫では最終齢幼虫から成虫になることを変態と言う．変態には摂食・栄養的成長の段階から生殖成長へという生理的な転換が伴っている．不完全変態では，何回かの幼虫脱皮ごとに少しずつ成虫に向かって形態が変化していくが，完全変態昆虫では，幼虫期まで原基として静止状態であった卵巣，精巣の生殖巣や翅などの成虫器官が，蛹の段階になって分化・発育し始める．

変態における幼虫形質から蛹・成虫形質への切り替えをコミットメント（committement）というが，これに関与しているのが，幼若ホルモン（juvenile hormone, JH と略す）である．最終齢の前の齢まで，JH は高い濃度で維持され幼虫脱皮となるが，最終齢幼虫では JH の分泌が抑制され，血中の JH 量が下り変態に切り替わる（図 2.26）．

### □ 2.4.2 休眠と移動

ヒト・マウスなど哺乳類が恒温動物であるのに対し，変温動物である昆虫は周囲の温度変化の影響を強く受ける．また，昆虫によっては季節的に餌が制限されたり，天敵の圧力を受けたりする．そのため，昆虫は冬季の低温や夏季の高温，乾燥，餌不足など昆虫の活動に不適な環境を巧妙に回避する手段を獲得してきた．

不適環境を時間的に回避する手段が休眠（diapause）であり，不適な季節や期間には発育や活動を停止させ，好適な時期がくるのを待つ．一方，空間的に回避するのが移動（migration）である．ほとんどの昆虫は大なり小なり不適な環境，地域を離れて，好適な場所に移動する習性をもつ．

**a. 休眠**

温帯地方に生息する昆虫のほとんどがその生活史の中に休眠を繰り入れている．休眠は昆虫が約 3 億 6 千万年という長い進化と適応の歴史の中で獲得してきたもので，昆虫が寒冷地や砂漠にいたるまで生息圏を拡大することができた一つの要因である．昆虫の休眠は，遺伝的に支配され，環境条件の適否にかかわらず休眠が起こる絶対休眠（強制休眠，obligatory diapause）と，環境条件を指標にして休眠状態に入るか否かを決定する随意休眠（facultative diapause）とに大別される．

随意休眠を行う昆虫は光，低温，高温，乾燥，餌食物の水分低下・生化学的変化などさまざまな環境情報を利用して休眠を遂行する．それらの要因のうちで，

**表 2.7** 昆虫における休眠の種類と関与しているホルモン

| 休眠の種類 | 代表的種と分類群 | 関与しているホルモン |
|---|---|---|
| 卵休眠（胚休眠） | チョウ目：カイコ，クワコ，テンサン・マイマイガ（前幼虫態休眠）<br>バッタ目：スズムシ，カマキリ類，トノサマバッタ | 休眠ホルモン（カイコ） |
| 幼虫休眠 | チョウ目：アワノメイガ，ニカメイガ | JH（アワノメイガ，ニカメイガ） |
| 蛹休眠 | チョウ目：ナミアゲハ，モンシロチョウ，サクサン，ヨトウガ<br>ハエ目：ニクバエ | 脱皮ホルモン，PTTH |
| 成虫休眠 | コウチョウ目：コロラドハムシ<br>カメムシ目：カメムシ類<br>チョウ目：タテハチョウ類 | JH，アラトトロピン，脱皮ホルモン |

もっとも一般的で主要な役割をもっているのが日長である．日長は温度，乾燥，食物の質などの要因が直接，昆虫の日常の生活，行動に影響するのに対し，基本的な生活活動に必要なものではない．しかし，日長は，光周期として安定した信号の役割を持ち，昆虫に不適当な時期の到来を予測させる決定的な要因となっている．

休眠を代謝生理という面からみると，哺乳類の冬眠や昆虫にみられる低温による単なる不活化とは明らかに異なっている．その根本的な違いは，休眠には休眠間発達（diapause development）と呼ばれる特異的な代謝系が備わっていることである．つまり休眠間発達においては，代謝の低下は低温，乾燥などの不適環境により強制的に引き起こされるものではなく，あらかじめゲノムにプログラムされた自発的なものである．

昆虫がどの発育段階で休眠するかはさまざまであり（表 2.7），たとえばチョウ目を例にとっても，カイコは卵の時期に休眠する卵休眠，アワノメイガは最終齢の幼虫で休眠する幼虫休眠，アゲハチョウやモンシロチョウは蛹休眠，タテハチョウ類は成虫休眠をする．

### b. 休眠の内分泌的制御

日長，温度など休眠を誘導する要因の情報は，眼，皮膚などの感覚器官から脳に伝えられ，そこで処理される．その結果，特定の代謝が引き起こされ，休眠に特有な生理状態が生みだされる．その制御に関わっているのがホルモンであり，それぞれの休眠の様態により関わっているホルモンが異なる．わが国でもっとも精力的に研究が進められてきたのがカイコの卵休眠であり，休眠ホルモンというペプチド性のホルモンが誘導することがわかっている．

1）卵休眠

卵休眠といっても，発育が停止している胚子発育の時期は種によって異なる．カイコは胚発育の非常に早い初期に休眠する．また，テンサン（ヤママユガ）は卵態で休眠するが，卵内では，すっかり幼虫の体ができあがった状態にある（図2.27）．これを前幼虫態休眠といい，厳密には卵休眠と区別している．マイマイガも同じく前幼虫態休眠をする昆虫である．

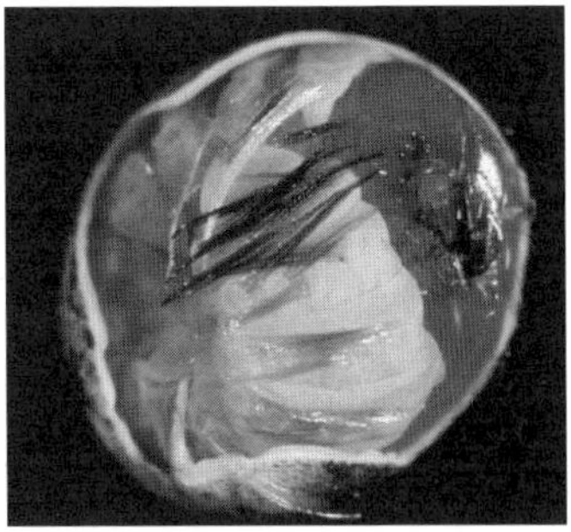

**図2.27** 前幼虫態で休眠しているテンサン

手前側の卵殻を剥いで内部を見たもの．右上が頭部，中央に腹部が丸められて収まっている．（岩手大学，鈴木幸一氏提供）

カイコの卵休眠は，休眠ホルモン（diapause hormone, DH）によって誘導される．DHは，食道下神経節から分泌されることが1950年代前半にわかっていたが，その構造が明らかにされたのは1990年代に入ってからである．DHの標的器官は蛹の時期に発達する卵巣で，DHは糖代謝に関わる酵素トレハラーゼを活性化し，卵巣へのグリコーゲンの蓄積を促進させる．休眠卵では，蓄積したグリコーゲンが休眠に特異的な代謝を行うことで，休眠の誘導，維持，そして覚醒に主導的な役割を果たしている．

テンサンの前幼虫態休眠に関与しているホルモンはまだ明らかにされていないが，休眠の覚醒を抑え，休眠を維持する機能をもった因子“抑制因子”が想定されている．近年，その因子の候補としてアミノ酸6個のペプチドが単離・同定されている．テンサンの前幼虫態休眠で興味ある現象は，イミダゾール系化合物によって覚醒されることである．イミダゾール系化合物は，カイコにおいて早熟変態を引き起こす化合物であることから，テンサンでもホルモン系に何らかの作用をしていると推察される．そのことは，同じ前幼虫態休眠のマイマイガで高濃度の脱皮ホルモンが休眠維持に関与していることからも示唆される．

2）幼虫休眠

幼虫休眠の内分泌制御について研究が進んでいるのはチョウ目のニカメイガ，アワノメイガである．これらの種の休眠は終齢期幼虫で起こり，幼若ホルモン（JH）が関与している．非休眠の終齢幼虫は齢の前半から血液中のJH濃度は下がり，後半では消失しているので，そのまま変態脱皮して蛹になり，さらに成虫になる．一方，休眠タイプでは齢の後半になってもJH濃度が下がらない．そのため，脱皮が起こらないか，脱皮が起こっても蛹への変態脱皮ではなく，幼虫態のままで脱皮を繰り返すことになる．また，一部の寄生蜂やハエでは脱皮ホルモンの欠如が休眠を誘導する要因とされている．

3）蛹休眠

蛹期に休眠する昆虫は多い．内分泌制御については古くから調べられ，1940～1950年代にはすでに先駆的な研究が行われている．蛹休眠が脱皮ホルモンの欠如によって引き起こされることは，大型蛾類セクロピアサンで明らかにされた．非休眠の蛹において，蛹化直後に脳を摘出することによって発育が停止し，休眠状態になる．これは，前胸腺における脱皮ホルモンの生産，分泌を支配している脳が除去されたため，脱皮ホルモンが分泌されなくなったためである．逆に休眠している蛹に脱皮ホルモンを注射することによって成虫発育が始まる．また，自然状態で休眠の覚醒刺激となる低温や日長などの情報は，脳へ伝えられそこで処理されることによって，脱皮ホルモンの分泌促進につながる．一般的に蛹休眠にはJHは関わっていないとされる．

4）成虫休眠

成虫休眠は，アラタ体でのJHの合成・分泌が抑制されることによって引き起こされる．卵巣や精巣を含めた雌雄生殖器官の発達や，生殖に関わるさまざまな生理事象が，JHの分泌停止により抑制される．この点から，成虫休眠は生殖休眠とも言われている．成虫休眠は，コウチュウ目コロラドハムシやカメムシ目カメムシ類でよく調べられている．休眠している虫に，アラタ体を移植したり，JH活性物質を注射したりすることによって休眠を終了させることができる．逆に非休眠の虫からアラタ体を摘出してしまうと休眠状態に入る．

成虫休眠する昆虫においてアラタ体のJH合成・分泌活性は，脳によって神経あるいは血液を介して制御されている．また，血中の脱皮ホルモンもその制御に，直接あるいは間接的に関わっているとされる．

**c. 移動（migration）**

昆虫は日常的に，餌を探したり，交尾相手を求めたりなど自分の生息地の周辺を動き回っているが，そのことを普通は移動とはいわない．移動とは，やや規模の大きく，集団として方向性をもった動きのことをいう．移動距離を伸ばすために多くは飛翔という手段を用い，その目的も，不適となる場所，環境からの脱出・回避というものである．

昆虫の移動に関するもっとも古い記述は，紀元前1500年頃に書かれた旧約聖書の「出エジプト記」にあるトビバッタに関するものである．西アフリカをはじめ，世界の各大陸にみられるトビバッタ類の移動はもっとも規模が大きく，経済的な被害も甚大であることから世界的に知られている．トビバッタ類には，「群生相（gregarious phase）」と「孤独相（solitary phase）」という，外見的だけでなく生理的にも異なる2つのタイプがある（3.1.2項参照）．大発生，大移動することによって被害をもたらすのは，このうち群生相のバッタである．アフリカで大発生したバッタは東から西に吹く貿易風を利用し，大西洋を越えて約5000 km離れたカリブ海沿岸まで到着した例も記録されている．

北米大陸のオオカバマダラは，チョウの仲間でもっとも顕著な移動をするものとして有名である．オオカバマダラは，夏季にはアメリカ合衆国全域に生息しているが，秋季には休眠に入った成虫が越冬のため群をなしてメキシコ，カリフォルニア南部まで移動する．そして，春の到来とともに，世代を繰り返しながら北上して全米に広がる．このチョウは最長3600 kmを超える大移動に際して，太陽コンパスを利用しているとされる．わが国でもオオカバマダラの近縁種アサギマダラが日本列島を南北に2000 kmにもわたり往復移動していることがアマチュア昆虫愛好家グループによって確認されている．

日本，東南アジア稲作地帯の大害虫トビイロウンカや，セジロウンカの移動も知られている．これらウンカは，1960年代の後半まで，わが国では冬季にイネ科雑草などを寄主として越冬するとされていた．ところが，1967年，南方定点の気象観測船が空中を大群で移動しているウンカを発見，採集したことが契機となって，わが国で被害をもたらす2種のウンカは毎年，海外から飛来することが明らかにされた．体の小さいウンカは下層ジェット気流に乗って，中国大陸から日本に飛来する（3.2.2項も参照）．

### □ 2.4.3 生活環と変異

昆虫が一年を単位に，生息している環境の中で，どのように発育，成長し，次世代を残し，また翌年，発育を開始するかを生活環という．たとえば，卵，幼虫，蛹，成虫という4つの発育段階を経る場合，それぞれの発育時期が一年のどんな季節にあたるのかは重要である．餌となる植物の発育や，寄生・捕食する昆虫の発育に合わせることは種の存続と関わるからである．生活環はそれぞれの種によって異なり多様で，アブラムシの複雑な生活環は特に知られている（寄主転換の項参照).

**a. 多型**（polymorphism）

昆虫を含め生物には同一種においても，個体間で形態，形質などに多様性がみられ，これを多型という．多型には遺伝的多型と非遺伝的多型があり，表現型もさまざまであるが，斑紋や色彩などは目立ちやすい形質といえる．遺伝的多型のうち，性的二型（sexual dimorphism）は，カブトムシの角やクワガタのはさみのように雄と雌で外見的にもはっきり異なるものが多い．シロアリ，アリなど社会性昆虫では，働きアリ，兵隊アリ，生殖にたずさわる女王アリなどカーストが形成される社会的多型（social polymorphism）が普通である．また，アゲハやキチョウの春型，夏型などにみられる季節的多型（seasonal polymorphism），テントウムシの斑紋のように色，形が複数の要因や遺伝子のバランスで決められる平衡多型（balanced polymorphism）などもある．また，非遺伝的多型には，前項で触れたように，ウンカ類の長翅型，短翅型も生息密度という環境条件に支配される多型がある．

**b. 相変異**（phasevariation）

相変異は，一つの昆虫種において個体の形態，色彩，生理，行動などの特性が，個体群の密度によって著しく変化する現象で，ロシアの昆虫学者ウバロフによりトビバッタ類で1920年代に初めて発見された．トビバッタ類の移動は相変異にともなう現象である．相変異は不規則に生じる連続的な変異である．生息密度が通常の低い生息密度では孤独相となり，生息密度が高くなった状態では群生相とよばれる形態に変化していく．また，形態だけでなく行動的にも両者は異なっている．群生相においては孤独相に比べ，翅が長い，脚が短い，頭幅が大きいなどの形態的特徴をもち，また，生殖生理においても，産卵前期間の延長，羽化後の生存日数の減少，雌1匹あたりの産卵数の低下などの特性をもっている．つまり，群生相は飛翔して移動するのに適した型であり，孤独相は定着して繁殖をくり返すのに適した型である．孤独相から群生相への転移には，

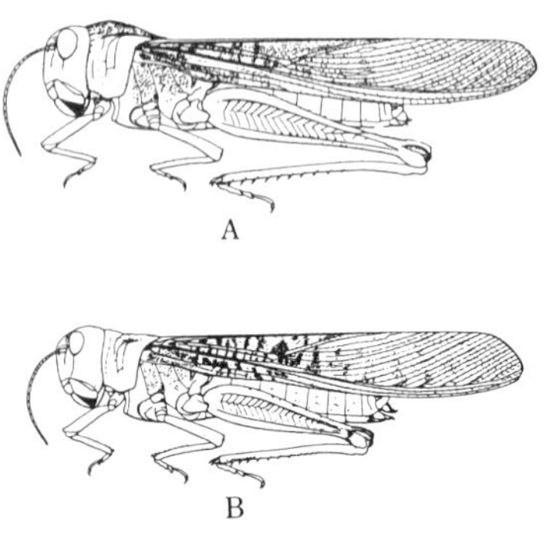


**図 2.28**　トノサマバッタ（アフリカワタリバッタ）の孤独相（A）と群居相（B）の形態比較（Uvarov, 1966）
胸部背面の隆起と後脚腿節の相違が顕著である．

数世代が必要とされ，両者の中間型である転移相というタイプも存在している．孤独相を群生相へ転換させる制御機構の詳細は未解明だが，群生相の体色黒化にはコラゾニンというペプチドホルモンが関与していることが分かっている．

チョウ目ヨトウムシ類も相変異を起こす．アワヨトウでは，高密度で飼育すると，低密度時に比べて幼虫表皮の黒化が増す，行動が素早くなる，幼虫や蛹の期間が短くなる，成虫が小型化するなどの変化が起こる．幼虫表皮の黒化を誘導するペプチドホルモンMRCHはすでに単離されている（2.6.5項参照）．

**c. 寄主転換**（host alteration）

アブラムシ類は，非常に複雑な生活環をもっており，その生活環の中で季節的に寄主となる植物を変えることで知られている．まず，越冬する受精卵から孵化した幹母（stem mother）から以後の世代はすべて雌であり，通常，胎生の単為生殖が繰り返されて繁殖する．この間に越冬時の寄主（冬寄主）からまったく異なる植物（夏寄主）に寄主転換（host alteration）する．そして，秋になると，有性世代があらわれ，雄雌が交尾することによって，冬寄主上に幹母となる越冬卵を産む．寄主転換の際や生息密度が高くなると有翅型があらわれて移動するが，それ以外では無翅型が定着して世代をくり返す．このように，環境の変化に応じて，単為生殖と両性生殖，胎生と卵生，無翅型と有翅型などが複雑に絡み合って繁殖することで，増殖能力も高くなっている．季節的に寄主を変える寄主転換の例として，モモアカアブラムシでは，春先はモモ，スモモなどについているが，夏季になるとダイコン，ハクサイ，トマト，ジャガイモなどの野菜類につくようになる．

## 2.5 生態・行動

動物の生態を理解するうえで各種の行動（behavior）を理解することは不可欠である．ここで行動とは，個体の生活に意味をもつ，つまり一定の目的のある運動で．摂食行動，配偶行動，産卵行動，防衛行動などがある．このような行動は細かく見ると異なる複数の行動要素が一定の順序で段階的に進行することによって成り立っているのが普通である．行動は通常抑制された状態にあり，行動が開始から完結するまでにはさまざまな条件が満たされる必要がある．まず生理的に「動機付け」と言われる一定の内的条件（成熟の度合い，内的リズム，ホルモンのバランス，など）が満たされていなければならない．ついで，一定の外部環境条件（温湿度や照度など）にあることが必要である．以上が満足された状態で特定の信号刺激（単一とは限らない）が与えられると，それに対応した行動要素が解発される．具体例として本項で寄主選択を，次項で配偶行動をとりあげて説明する．

各行動要素における行動のパターンとそれを開発する信号刺激がともに遺伝的（生得的）に決まっていて，同種であればどの個体も同じ信号刺激によって定型的な行動パターンが生じる場合，その行動は「本能行動」，信号刺激は「リリーサー（解発因）」あるいは「鍵刺激」と呼ばれる．行動パターンと行動を引き起こす信号刺激の組合せが個体の経験によって決まる行動は「学習行動」と呼ばれる．生存に不可欠な，摂食，配偶，産卵，防衛のような行動は基本的に本能行動であるが，これらにも学習による部分もあり，ある程度の可塑性がみられることが多い．小型で一生が短い昆虫が示す行動は本能行動が占める割合が高いが，真社会性昆虫では高い学習能力をもつことがよく知られているほか，それ以外の昆虫でも例えば寄主選択行動などでは学習の役割が小さくない．

本能行動の定型性は自然選択あるいは性選択を通して種が進化的に獲得してきたものであり，通常自然界ではきわめて適応的である．しかし，「作りつけ」となった行動発現の仕組みには意外な脆さも存在する．たとえば合成性フェロモンという人工の信号刺激によって害虫を誘引したり配偶行動を撹乱したりすることができるように，信号刺激を応用した行動制御はIPMにおける重要な害虫制御手段になっている．

昆虫に限らず，生物個体間の多彩な生物現象の多くには化学物質の関与があることが前世紀後半以来次々と明らかにされ，化学生態学（chemical ecology）が発展した．個体間の相互作用に関わる物質のうち，とくに重要なのが信号の機能をもつ物質（セミオケミカル，semiochemicals）であり，さまざまな行動や生理状態の発現，形態形成などに深く関わっている．セミオケミカルは相互作用が同種内か異種間のどちらであるか，および作用のしかたから次のように整理される．具体例を表2.8に示す．

**フェロモン**（pheromones）　同種の個体間で作用するもので，このうち，受容個体の内分泌系に作用して特定の生理状態，形態を誘導するものをプライマー（起動または引き金）フェロモン（primer pheromones），受容個体の本能行動を解発するものをリリーサー（解発）フェロモン（releaser pheromones）と呼ぶ．

**アレロケミカル**（allelochemicals）　異種個体間で作用するもので，物質を放出する個体と受容する個体の利害関係を重視して，放出者に利益があり受容者

**表 2.8** 昆虫類の生理生態活性物質

| | |
|---|---|
| セミオケミカル（semiochemical） | 同種あるいは異種の生物個体間に作用する．信号物質，情報（化学）物質ともいう |
| 1. フェロモン（pheromone） | 生物の体内で生産され体外に排出されて同種の他個体に作用する |
| a. 解発フェロモン（releaser pheromone） | 同種の他個体に特定の行動を解発させる |
| 性フェロモン（sex pheromone） | 配偶行動などにおいて雌雄の交信に関与する．雄が分泌し，雌の近傍でなだめの効果を持つ性フェロモンを催淫物質と呼ぶ |
| 警報フェロモン（alarm pheromone） | 社会性昆虫やアブラムシ類・カメムシ類など集合生活する昆虫において，外敵の侵入を自分の集団に知らせる |
| 道しるべフェロモン（trail pheromone） | 社会性昆虫などにおいて，巣から食物のある場所への道筋を自分の集団に知らせる |
| 集合フェロモン（aggregation pheromone） | ゴキブリ類やキクイムシ類など集合生活をする昆虫類において集団の形成に関与する．キクイムシ類の集合フェロモンは高濃度になると抗集合フェロモン（antiaggregation pheromone）として働く |
| 密度調整フェロモン（spacing pheromone） | 適当な密度を維持するのに関与する．キクイムシ類の抗集合フェロモンやアズキマメゾウムシなどの雌が産卵部位に付着させ他の雌の産卵を抑制する分泌物など |
| b. 起動フェロモン（primer pheromone） | 同種の他個体に特定の生理的形質を誘導し，形態的・行動的な変化をもたらす |
| 階級分化フェロモン（caste pheromone） | 社会性昆虫における階級の分化と維持に関与する<br>例：ミツバチの女王物質（queen substance）やシロアリの王・女王の分化阻害物質（inhibitory substance）・分化刺激物質（stimulating substance） |
| 2. アレロケミカル（allelochemical） | 食物以外の供給源で異種間に作用する．他感（作用）物質ともいう |
| a. アロモン（allomone） | その物質の生産者に他種との関係で有利な生理反応・行動を引き起こす．例：カメムシ類などの放つ防衛物質（defence substance） |
| b. カイロモン（kairomone） | その物質の受容者に有利な生理反応・行動を引き起こす．例：植食者や寄生者によって利用される寄主由来の活性物質 |
| c. シノモン（cynomone） | その物質の生産者・受容者双方に有利な生理反応・行動を引き起こす．例：花粉媒介者を呼ぶ花の香り（花粉媒介者が蜜や花粉などの報酬を得られる場合） |
| d. アニュモン（apneumone） | 受容者に有利な生理反応・行動を引き起こす非生物由来または死亡生物由来の活性物質．例：腐肉食昆虫を呼ぶ動物死体の腐敗臭 |

（石井，2000 を改変）

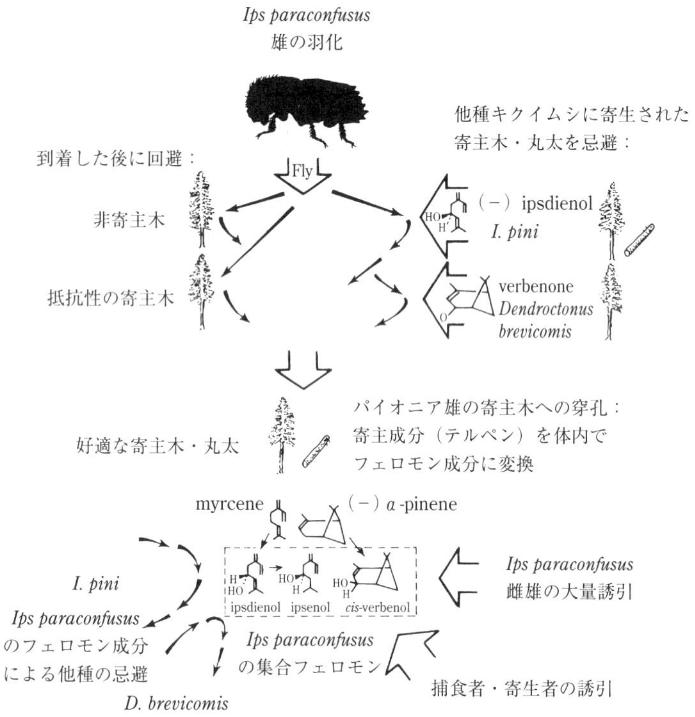


**図 2.29** 北米でマツに寄生するキクイムシの 1 種 *Ips paraconfusus* の集合現象および競争者の排除，天敵の誘引に関与するセミオケミカル

キクイムシは少数の雄（パイオニア）により寄主木を発見，定着，集合フェロモンを放出して同種雌雄を大量誘引する．その過程でフェロモン成分が他種のキクイムシ（競争者）を排除（アロモンとしての作用）するが，天敵を誘引してしまう（カイロモンとしての作用）．(Birch，1984 を改変)

には利益がないか不利益があるものをアロモン（allomones），その逆に，受容者には利益があるが放出者には利益がないか不利益があるものをカイロモン（kairomones）という．さらに，放出者，受容者ともに利益を受けるものはシノモン（synomones）である．ただし，利益・不利益の評価は必ずしも容易ではない場合が多く，この判断には恣意性が入りやすいことを考慮する必要がある．また，同一の化学物質が種内ではフェロモンとして，異種間ではアロモンやカイロモンとして機能する例も多数ある（図 2.29）．

## □ 2.5.1 寄主選択／摂食／産卵

### a. 寄主選択

昆虫が摂食し産卵することは個体と子孫の維持にとって不可欠な行動である．昆虫の食性は大きく，生きた植物を食べる植食性（herbivory, phytophagy），生きた動物を食べる肉食性（carnivory, sarcophagy；捕食と寄生がある），動物の遺骸，糞，植物の落葉・落枝，腐植を食べる腐食性（saprophagy），および雑食性（omniphagy）に分けられる．このうちとくに植食性と肉食性の昆虫は食性の範囲が限られ，寄主・餌の範囲が1種またはごく近縁の同属種に限られるものを単食性 monophagy，同じ科に属すものに限られるものを狭食性（寡食性，oligophagy），複数の科にまたがるものを広食性（多食性，polyphagy）と呼ぶ．

植食性および肉食性の昆虫が複雑な生態系の中で摂食あるいは産卵に好適な対象を発見するには巧妙な仕組みがなければならない．これが寄主選択 host selection であり，先に述べたように段階的に進行する行動要素の連鎖を経て適切な寄主・餌を獲得することができる．基本的には本能行動であるが，食性や寄生性の幅が広くなるほど学習の役割が増大する傾向が認められる．以下に各段階の行動要素とそこで機能する感覚とリリーサーを示す．なお，すべての段階がどの昆虫にも存在するわけではない．

### b. 寄主選択のステップ

〈第1段階〉寄主・餌の生息環境の探索　移動性の高い昆虫では寄主・餌の存在する可能性が高い場所をまず探索する．おもに視覚（景観，植生のパターン，色など）が作用する．

〈第2段階〉寄主・餌の存在の確認　嗅覚（寄主・餌のにおい＝カイロモン［誘引物質］，アロモン［忌避物質］，寄主・餌の寄主の生産物＝シノモン［誘引物質］；）の作用が大きい．

〈第3段階〉寄主・餌の探索・確認　嗅覚（第2段階と同様）に加えて接触化学感覚（寄主・餌に含まれる接触化学物質＝カイロモン［刺激物質］，アロモン［阻害物質］），視覚（寄主・餌の形，色彩とそのパターン），触覚（寄主・餌のテクスチャ）を総合して探索・確認する．

〈第4段階〉寄主・餌の容認／摂食行動・産卵行動の解発　触覚，味覚または接触化学感覚（寄主・餌に含まれる味覚物質＝カイロモン［刺激物質］，アロモン［阻害物質］）．

以上の行動段階が進行するには各段階でさまざまな信号刺激（リリーサー）が

必要である．それぞれの段階で複数の刺激が総合して行動を促進するか阻害するかを決めるが，なかでも化学的刺激が重要である．化学的刺激に限れば，各段階でカイロモンとして働けば次の行動段階に進むが，アロモンとして働けば寄主選択行動はストップする．したがって，摂食行動や産卵行動が開始されるためには誘引物質と刺激物質が存在することが必須であり，同時に忌避物質や阻害物質が含まれないか，含まれたとしてもそれらの活性が誘引物質，刺激物質よりも弱くなければならない．こうして摂食や産卵の対象がはじめて容認されることになるが，これらの行動がその後必ずしも自動的に進むわけではない．カイコガ *Bombyx mori* 幼虫の摂食行動では，クワの葉に存在する誘引因子（青葉アルコールなど）と噛みつかせる因子（$\beta$-シトステロールなど）によって摂食行動が開始されるが，そのうえでセルロースなどが「飲み込ます因子」として機能することで摂食行動が完結される．コマユバチ科の寄主蜂ハマキコウラコマユバチ *Ascogaster reticulatus* は寄主であるチャノコカクモンハマキ *Adoxophyes honmai* の卵塊を見つけて卵内部に産卵する．寄主卵塊を発見して産卵管を刺入するまでには寄主成虫が残した鱗粉および卵塊表面にそれぞれ存在する2種のカイロモンが必要である．しかし寄主卵内に卵を産下するにはさらに寄主卵内に存在する別のカイロモン（アミノ酸の混合物）がなくてはならない．

以上の例に示されるように，寄主選択は何段階ものステップごとに厳密な吟味をしつつ昆虫を正しい寄主・餌に導き，摂食や産卵が行なわれるようにする巧妙な仕組みである．ただし，以上のどのステップでも獲得する寄主・餌の総合的な吟味はなされておらず，ステップごとで抽出された特殊な属性が重要な意味をもっていることに留意してほしい．

**c. 学習の要素**

寄主選択では食性や寄生性の幅が広くなると学習の役割が増大することを述べた．上に紹介したハマキコウラコマユバチの寄主発見行動においても学習が機能する場面が知られている．寄生蜂は繰り返し同じ植物上で寄主卵を発見すると，その植物のにおいを連合学習して寄主卵がなくても植物のにおいに反応して探索行動をするようになることがわかった．この寄生蜂の寄主ハマキガは広食性なのでハマキガの寄生する植物は一定しない．学習能力は複数の植物が混じっている場所でハマキガが特定の植物に産卵すれば効果を発揮すると思われる．

**d. 「三者系」**

近年，植食性昆虫に食害を受けた植物が発する揮発性物質に加害昆虫の天敵が誘引される現象が広く知られるようになった．このように植物–植食者–捕食者／寄生者という3つの栄養段階にまたがる相互作用系（三者系）において，直接「食う–食われる」の関係にない者同士の情報交換が注目されている．コナガ *Plutella xylostella* はキャベツの害虫である．この種に食害を受けたキャベツが発散する物質にはコナガの幼虫に寄生する天敵コナガコマユバチ *Cotesia plutellae* が誘引される．両者の関係においてキャベツの発するにおいはシノモンである．別のキャベツ害虫モンシロチョウ *Pieris rapae* に食害を受けるとキャベツはコナガの場合とは異なる揮発性物質を出し，モンシロチョウの幼虫寄生蜂アオムシコマユバチ *C. glomelata* を誘引するという．このように三者系における化学情報交換の複雑性が明らかになってくると，生態系ネットワークにおける化学情報交換の様相はますます興味深い．

### □ 2.5.2 配偶行動

#### a. 昆虫の配偶行動

ほとんどの昆虫は有性生殖を行い，交尾により雄から雌に精子が受け渡される．雄と雌が互いに出会い，交尾にいたるまでの一連の過程を配偶行動（mating behavior）といい，複数の行動要素が段階的に進行して成立する．配偶行動は次世代の生産にとって不可欠の重要な行動であり，高度に種特異的であることから，寄主選択と比べると本能の占める割合がはるかに高い．配偶行動の成立には雌雄の出会いが必須であるが，出会いの難易は生息密度と生活様式によって大きく異なり，例えば群を形成して生活するような昆虫では雌雄の出会いのためのコストはほとんど不要である．一方，単独性の昆虫で活動範囲が広いものでは，寄主選択と同様に複雑な生態系の中で配偶者を発見するための巧妙な仕組みが発達しており，そこでは性フェロモン，鳴き声，光や色彩のパターンなど，遠距離から嗅覚，視覚，聴覚に作用しうる信号刺激が重要なリリーサーとして機能している．ここまでが配偶行動の前段階である．同種異性であることを認知した後交尾にいたるまで，すなわち求愛の過程では至近距離あるいは接触した状態で触覚，聴覚，嗅覚，接触化学感覚などを総動員して互いに配偶者の最終確認を行なう．この段階ではひとつの行動要素の中に異性の次の行動要素を引き起こす信号刺激が含まれ，そのようにして両性の間で順序良く段階的に行動が進行していくことが多い．こうして互いに相手を容認できれば，最終段階で雄が交尾を試みる行動をとり，雌がそれを受容すれば交尾が成立する．ごく最近，アワノメイガ

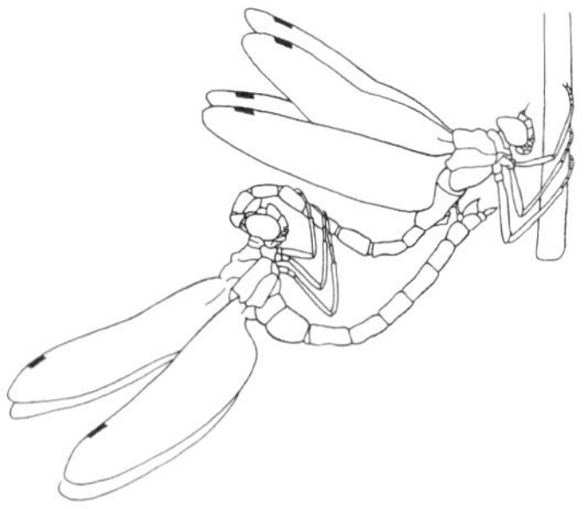

**図 2.30** トンボ目の交尾姿勢
雄が腹部先端の生殖器から腹部第 2, 第 3 節腹面にある副生殖器に精子を移しておき，雄に連結した雌は腹部を曲げてその部分から精子を受けとる．（石川良輔（1996）昆虫の誕生，中公新書）

*Ostrinia furnacalis* において，至近距離（1～2 cm）で雄から発信されるごく微弱な超音波が雌の受入れを促進しているという興味深い事実が見出された．

**d. 多様な媒精の様式**

昆虫の受精は産卵の前後に行われるので，交尾のおもな機能は精子の受け渡し（媒精）である．昆虫の大部分を占める有翅昆虫は交尾によって雄から雌に直接精子が渡される．一方，原始的な無翅の昆虫では交尾は行なわず間接的な媒精を行う．内顎型の口器をもつトビムシ類では雄は柄の付いた精包を基質上に立て，それをメスが生殖口から取り入れる．この様式に近い媒精法は多足類に広く見られるという．有翅昆虫と共通の外顎型口器をもつイシノミ類では，雌雄が出会うと雄が糸を張って自分の精子滴をそこに不着させた後に雌を誘導して産卵管で精子滴を受け取らせる．シミ類もよく似た方法をとるが，精包を作ることと，それを糸に付着させるのではなく基質上に置くところが異なるという．旧翅類に属すトンボ目は雄が精子を腹部先端の生殖器から腹部第 2，第 3 節腹面にある副生殖器に移す．雄に連結した雌は腹部を曲げて雄の副生殖器から精子を受け取る（図 2.30）．これは精子の受け渡しからみると無翅昆虫に近い方法と言える．トンボ目と同じ旧翅類のカゲロウ目は他の有翅昆虫と同様の交尾を行う．

**c. 出会いに導く各種リリーサー**

配偶行動の前段階，雌雄の出会いに機能するリリーサーは昆虫の進化的な制約と生活パターンによってきわめて多様である．おおざっぱに言えば，昼光性昆虫では視覚的なものが多く，夜行性昆虫では嗅覚的，聴覚的なものが主導的である．多くは雄が活発に雌を探索し，リリーサーは雌から発信される．チョウやガはこのタイプだが，昼光性のチョウでは雌の翅の色彩やパターンが視覚的リリーサーとなるのに対し，夜行性種が多いガでは雌の誘引性性フェロモン（後に詳述）が嗅覚的リリーサーである．ただし，昼光性のガ類でも雄が性フェロモンに誘引されて雌に近づくし，昼間結婚飛行するミツバチも空中で性フェロモンを放出して多数の雄バチの追飛を誘導する．視覚的リリーサーでも夜行性のホタルでは発光は雄が種特異的なパルスを発し，それに対して雌が応答して発光する．発音により異性を誘引するセミ，コオロギ，キリギリスなどの場合は雄からの発信が一般的である．これは発音には他の信号刺激より大きなエネルギーを要することと関係すると思われる．雌は産卵に大きなエネルギーを振り分ける必要がある．いっぽう，ウンカ類やヨコバイ類では雌雄がそれぞれ腹部を振動させ，基質（植物体）を介して振動シグナルを相手に送って配偶行動が進行する．

### d. 性フェロモン

1）誘引性性フェロモン

性フェロモンは配偶行動を開発するリリーサーフェロモンであるが，なかでも誘引性の性フェロモン（多くは雌が生産，放出する）は異性を遠方から誘引するので作用が顕著であり，また同種異性の出会いを保証するきわめて重要な機能をもつので，以下これについて述べる．ガ類を筆頭に夜行性種で多く知られるが昼行性種にもみられる．誘引性性フェロモンは至近距離では求愛行動も解発するので配偶行動全体を通して不可欠なフェロモンであり，多くの分類群に存在する．

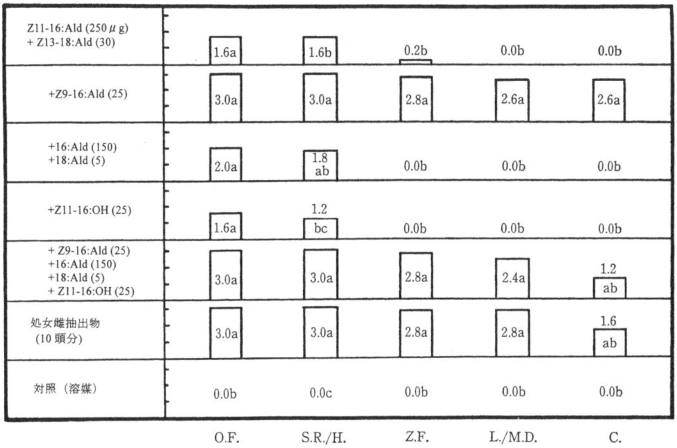


**図 2.31** ニカメイガ雌性フェロモン腺中の 6 成分の種々の組み合わせおよび処女雌性フェロモン腺抽出物に対する雄成虫の室内風洞における行動反応

既知成分（Z11–16: Ald と Z13–18:Ald は必須成分であることが既知）を除く 4 成分中 Z9–16: Ald だけがフェロモン活性を増強することがわかる．行動反応のステップ（左から右に進行する）；O.F.: 風上への定位飛翔　S.R./H.：減速／滞空飛翔　Z.F.: ジグザグ飛翔　L./M.D.：着地／メーティングダンス　C.：誘引源への接触．

数値は 1 分間の反応スコア（5 反復の平均値）．“3”：同時に 2 頭以上の雄が反応．“2”：2 頭以上の雄が反応．“1”: 1 頭の雄が反応．各行動段階で同じアルファベットのついた数値の間には有意差なし．（p = 0.05，DMRT）（Tatsuki et al., 1983 を改変）

最も研究実績が豊富なガ類雌性フェロモンでは約600種以上で構造が解明されているが，比較的限定された化合物が使われており，炭素数が10から18の直鎖の脂肪族で不飽和結合を1ないし2個もち，末端の官能基がアルコール，アセテート，アルデヒドが大半を占める．その他では不飽和結合を数個もつ炭化水素，メチル鎖やエポキシ基をもった炭化水素が知られる．一方，コウチュウ目では，フェノール類，有機酸，テルペン類，アミノ酸など多彩な化合物が知られている．性フェロモンは多くの場合複数成分のブレンドからなり，種特異性は成分の組成とブレンド比の両方で決まる．ブレンドから構成成分が欠けると活性が低下するか全く活性が失われてしまう（図2.31）．

2）作用機構

性フェロモンによる誘引機構の骨子は，性フェロモンを受容すると風上に向かう定位飛翔が解発されることである．フェロモンから外れると前進を止めて風向と直角な往復飛翔に変る．再びフェロモンを受容するとまた風上に向かう．こうしてフェロモン源に到達できる．至近距離では他のリリーサーも加わって求愛行動が解発されて交尾に至る．以上は行動レベルでの機構である．性フェロモンを受容してから行動が発現するまでの神経レベルの機構も解明が進みつつある．また，長く困難とされていた性フェロモン受容体の解明が2004年日本人研究者の手によりカイコガを使って世界に先駆けて成功し，分子レベルでの受容機構解明が期待される．

3）生合成

ガ類雌性フェロモンを中心に生合成の経路，関与する酵素が生化学的および分子生物学的研究から解明が進んでいる．とくに，種特異性に関わる組成比の厳密な制御が生合成のどの過程でどのように行なわれているかに大きな関心がもたれ，現在も研究が進められている．

4）利用

ガ類害虫を中心に合成性フェロモンによる直接・間接防除が実用化されている．直接防除で性フェロモン本来の誘引性を利用する方法は「大量捕獲（誘殺）法」と呼ばれ，大量のフェロモントラップに大量の雄ガを誘引して野外の性比を大きく雌に偏らせて交尾率を下げる方法であるが，実用的にはあまり用いられていない．いっぽう，害虫の生息地に高濃度の合成性フェロモンなどを揮発させて雌雄間のフェロモンコミュニケーションを妨害する「交信攪乱法」は高い防除効果が認められて世界的に実用化されている．日本でも果樹，茶樹，野菜の主要害虫で農薬登録が取得されてIPMの基幹技術として使われている（3.2.3bを参照）．最近，静岡県下の茶樹害虫チャノコカクモンハマキにおいて世界で初の交信撹乱剤抵抗性が見出され，フェロモン剤利用における新たな問題点として注目されている．間接的な利用では，合成性フェロモンを用いたルアーが発生調査用として防除対象種よりもはるかに多くの種で使われている．

## □ 2.5.3 個体群

### a. 個体群とは

個体群は，群れや種とはどのように区別されるのだろう？　種はほぼ同一のゲノム情報をもち，交配したときに繁殖可能な子孫を生産しうる個体の全集合をさす（Mayerの生物的種概念）．同じ種に属する生物は，どの個体も生活場所，えさや養分のとり方，繁殖期などが共通しており，個体同士は密接な関係をもちながら生活している．ある地域にすむこのような同種の生物集団を個体群とよぶ．生活の中で相互作用の及ぶ範囲の同種個体の集合である．同種であっても，山脈や大きな河，あるいは生活に適さない場所などによって行き来がないほど隔てられた地域にすむ個体同士は，生活上の直接の関係はないので別々の個体群に属する（図2.32）．マイクロサテライトなどの遺伝マーカーを使うことで，個体群間の遺伝的交流の低下などで個体群の境界（範囲）を把握することができる．

個体群は，自然界においてその生活に必要な環境条件（気温や降水量などの無機的条件だけでなく，生息場所やえさなども含めて）の分布に依存する．そこで，個体群の性質を調べるときは，ある範囲の区画や地域を設定し，その中にい

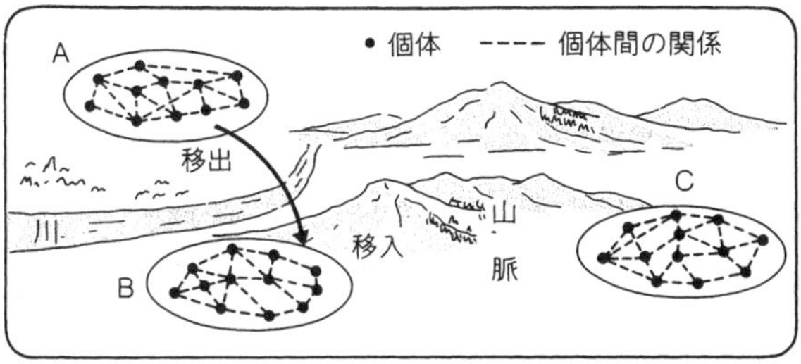


**図2.32** 個体群の概念図

個体群内の各個体は密接に相互作用している．それに対して，山脈や大きな河川で隔てられた個体群どうしは，相互作用し合っていないために別々の個体群に含まれる．まれに個体の移住がある．（嶋田正和原図）

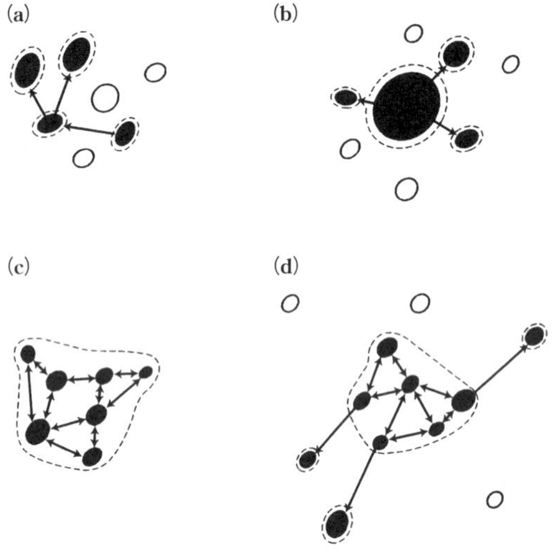


**図 2.33** さまざまなメタ個体群

(a) 散在した多くの局所個体群からなるタイプ．(b) 中央に大きな個体群があり，周辺にたくさんの小さな局所個体群が散在する大陸-島関係のタイプ．(c) パッチ状環境．動物の相互作用の範囲は系全体に及ぶので，Harrison はこれをメタ個体群の範疇からは外した．(d) a と b を混合したタイプ．(嶋田正和ほか：動物生態学―新版，海游舎，1992)

る同種個体の集まりを，操作的に一つの個体群と見なすことが多い．設定する調査区域の大きさは，その中のグループがその種の個体群の特性（資源の利用の仕方，個体の分布，年齢構成，密度など）を反映したものでなければならない．また，実験室で維持される飼育容器の中の集団も実験個体群と呼ばれている．

**b. メタ個体群**

動物は，連続して広がる生態系の中に一様に分布しているわけではない．一般には，広い生態系に多様な環境要素をもつ多数の生息地がモザイク状に分布し，個々の生息地で局所個体群が増減し，その間をたまに個体が移動分散している状況が現実的であろう．このように，多数の局所個体群がまれな移動分散で結ばれたその全体をメタ個体群という．

Harrison（1991）は，このような構造化された個体群を図 2.33 のようにタイプ分けした．(a) は同程度のサイズを持つ局所個体群が多数散在している場合である．生物間の相互作用は個々の局所個体群の中に閉じており，まれな移住によって局所個体群の間が緩くつながっている．(b) は大きな個体群が中央に位置し，そこから周辺の小さな生息地に移住個体が飛来するような大陸-島関係の方

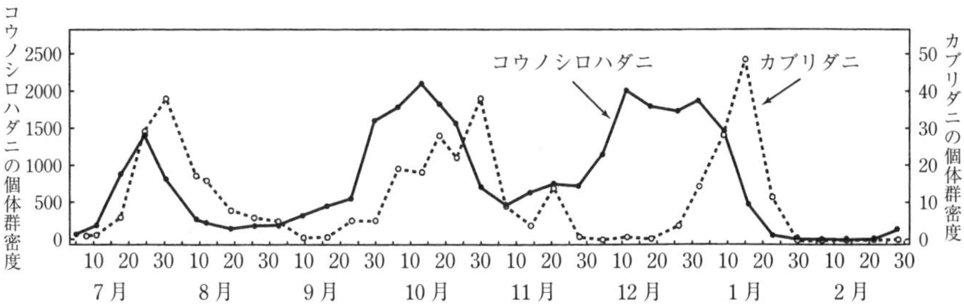


**図 2.34** コウノシロハダニとカブリダニを用いたオレンジ 120 個からなるメタ個体群実験系
Huffaker (1958) による. (嶋田正和ほか：動物生態学—新版, 海游舎, 1992)

向性をもつ移住パターンのメタ個体群である. (c) は生息場所が小さく分かれて散在はしているものの, 生物間相互作用の及ぶ範囲は全体をすっぽりカバーしている. Harrison によると, こういう状況は「パッチ状環境」と呼ぶべきもので, メタ個体群ではないとしている. その例としては, 畑でたくさんの野菜の株に幼虫がかたまってついており, 寄生蜂が株間を飛び回って寄生している場合などが想定できる. 宿主幼虫の集団は個々の株にパッチ状に分かれてはいるが, 寄生蜂は多数の株の間を苦もなく飛び回っている. 生物間相互作用の及ぶ範囲があくまでも個々の局所個体群内に限定されていることが, Harrison によるメタ個体群の条件といえる. しかし, この例でも畑がいくつかあってそれらが互いに離れていれば, 畑間の移動は容易ではなくなるので, 図 2.33 (a) と (c) の差異は程度の問題であるといえる. 最後の図 2.33 (d) は, (a) から (c) までを混合した状況であり, これも現実の生物によく見られそうだ.

メタ個体群の事例として被食者コウノシロハダニと天敵カブリダニからなる Huffaker (1958) の有名な実験系がある. 120 個のオレンジを並べ (表面が 1/20 だけ露出してあり, 残りはパラフィンで覆ってある), 間にワセリンの迷路を設ける. 所々に棒を立て扇風機で空気を撹拌しているので, ハダニはその棒に上って, 糸を吐いて風に乗り空中を浮遊できる. それができないカブリダニは, 迷路が障害となって簡単には隣のオレンジに移れない. 一つのオレンジの上では, カブリダニが侵入するとハダニが瞬く間に食い尽くされてしまう. しかしハダニが消滅すると, 餌がいなくなるのでカブリダニも別のオレンジに移らざるを得ない. このような空間を介した相互作用の結果, 図 2.34 のように, メタ個体群全体では両者の個体数が少し位相のずれた周期振動となって長期間持続する.

自然界では, Hanski グループによるオーランド諸島におけるグランヴィルヒョウモンモドキのメタ個体群の研究が有名である.

## □ 2.5.4　群集

### a.　生物群集の成り立ち

自然界では多数の種が一つの生息場所に共存しているのがふつうである. 生物種間の相互作用によって結ばれた関係の総体を生物群集と呼ぶ. 生物群集では, 植物が光合成によって無機物から有機物を合成し, その植物は一部の動物にえさとして食べられる. 植物を食べる動物は植食性動物と呼ばれ, さらにそれを食べる肉食性動物がいる. このような食う–食われるの被食–捕食関係がある一方で, 同じようなえさや生活場所を必要とする生物種同士の間には種間競争が生じる. よって, 生物群集内の相互作用を, 関係する種ごとに結んでみると複雑な網目状の構造を示す.

研究する際には, 同じ地域に生息するすべての生物種を対象とするよりも, 似たような餌や生活場所（これを総称してニッチと呼ぶ）を共通して利用する一群の生物種（ギルドという）と, それらと密接に関係しあう被食者や捕食者に対象

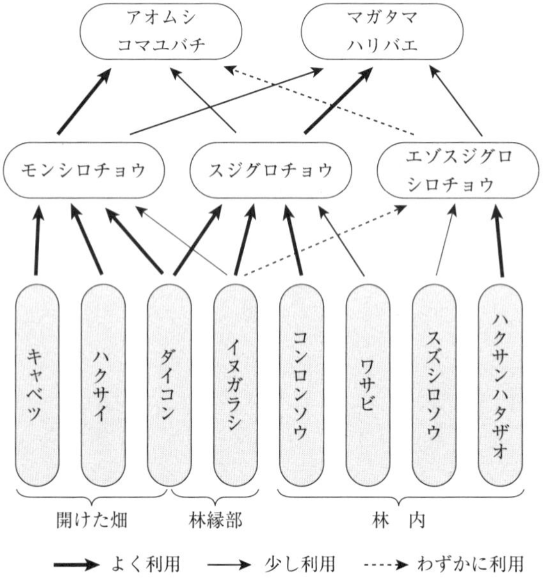


**図 2.35**　アブラナ科植物上のシロチョウ属（*Pieris*）3 種と, その捕食寄生者（ハチとハエ 2 種）からなるコンパクトな生物群集（石川統編：生物学, 東京化学同人, 1994）

を絞って，それを群集と呼ぶことが多い．例えば，アブラナ科の植物とそれを利用するシロチョウ属3種のチョウ，そして天敵としてそれらを食べる捕食寄生者（ハチとハエ2種）のコンパクトな生物群集が図2.35に挙げられている．チョウ3種は開かれた明るい畑から薄暗い林内に至るまで，アブラナ科植物が生えている環境条件に応じて，餌となる食草を食い分けている．これをニッチ分化と呼ぶ．

**b. 間接効果**

昆虫を材料とした競争や捕食の直接的な効果は，行動の観察や個体数の増減などで調べることができ，古典的な実験個体群の研究が多くの結果を提供している．これについてはBegon and Mortimer（1986）の学部生向けの教科書に詳しく載っている．ここでは，間接効果を説明する．

間接効果では，主として見かけの競争と間接共生の研究に興味が集中している．見かけの競争とは，直接的な競争が起こらなくても，共通の捕食者を介した間接効果により，被食者間に負の関係が生じる現象を指す．捕食者がいない場合には競争は起きない．見かけの競争の一例として，Bonsall and Hassell（1997）の実験研究がある．大きなケージに共通の捕食寄生蜂であるヒメバチ科のコクガヤドリチビアメバチ *Venturia canescens* を入れ，ノシノマダラメイガ *Plodia interpunctella* とスジコナマダラメイガ *Ephestia kuehniella* を別々の区画に導入して飼料を与える．区画間を目の粗い網で仕切ると，寄生蜂はこの網を潜り抜けて

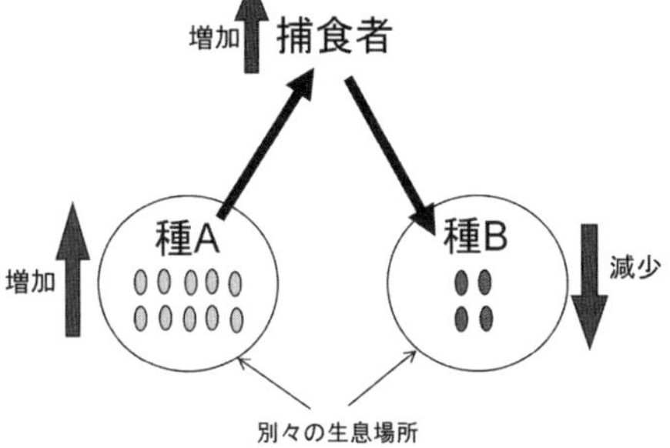


**図2.36** みかけの競争

共通の捕食者を介して，被食者の種Aと種Bの各個体が別々の生息場所に生活している．捕食者が不在のときには種Aと種Bが競争することはない．たまたま種Aが増える条件では，それを餌とする捕食者が増え，そのために種Bが減少して，消滅に追いやられることもある．

自由に移動できるが，2種のマダラメイガはくぐれないので空間的に隔離されている．その結果，寄生蜂の存在下では，スジコナマダラメイガは急速に数を減らして消滅する（図2.36）．

一方，間接共生としては，季節の早い時期に植物体上にある種の昆虫が作った構造物（例：アブラムシのゴール（虫えい），ハマキガの巻いた葉）を，その持ち主が利用し終えて去った後，別の季節に遅れて他の多くの昆虫がその構造物を棲みかにすることがある．この場合，構造物を最初に作った昆虫種は，後から来た他の昆虫から恩恵は受けることはないので，相利共生ではない．むしろ，構造物を作ることで周囲の昆虫種にとって生息場所を提供し，偏利共生になっている．こういう構造物形成者を，最近ではエコシステム・エンジニアと総称することもある．

### c. 内部共生

昆虫の体内では多くの微生物が生活している．その中でも，相手の微生物の存在が必須なものが見られる．たとえば，シロアリと木の繊維質を分解する腸内細菌や原生動物の関係は代表的な例である．このような微生物にはただシロアリに寄生しているだけのものもいるが，中にはセルロース分解酵素を出すことによりシロアリのセルロース消化を助けている共生者もいる．そしてシロアリの体内はそれらの微生物に生息場所を提供している．

また，マルカメムシの腸内細菌は産卵するときは褐色のカプセルとなって卵塊の間にいっしょに産み落とされる（図2.37）．1齢若虫は孵化したらまずカプセルの腸内細菌を吸汁し，中腸後部の組織で住まわせる．2齢以降は中腸後部と前中部は断絶するが，マルカメムシは植物の師管液を吸汁するので，中腸後部はも

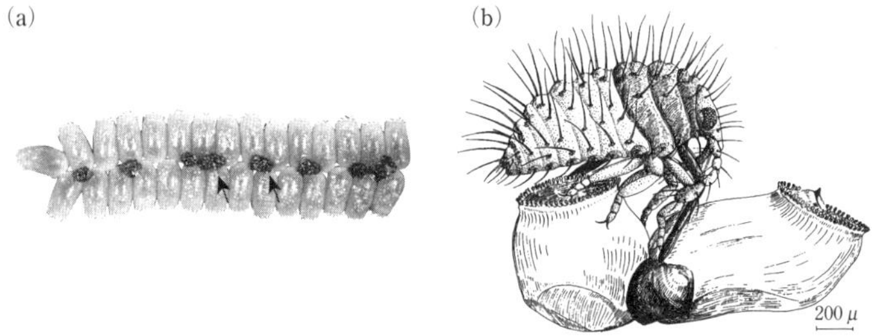


**図2.37**　マルカメムシの卵塊と褐色の共生細菌のカプセル［写真］(a) と，孵化した一齢若虫がカプセルに口吻を刺して吸汁している様子 (b)（(a) 写真提供：細川貴弘氏，(b) Schneider, 1940 より）

はや菌組織のようになる．人為的に，産み落とされた腸内細菌のカプセルをマルカメムシの種間で交換すると，利用できる食草が入れ替わってしまう．腸内細菌がマルカメムシの利用できる食草を決めているのである．

細胞内共生では，アブラムシは菌細胞に一次共生細菌ブフネラ（*Buchnera*）を住まわせているが，抗生物質処理するとブフネラがいなくなるために生きていけない．アブラムシは体内を生息場所としてブフネラに提供する代わりに，ブフネラはアブラムシの成長に必須なシンビオニンを合成し宿主に与えている．

細胞内共生細菌の中には，ボルバキア（*Wolbachia*）のように昆虫の生殖や性表現を操るものもいる．宿主の生殖を雌性単為発生に変えたり，染色体としては雄の個体を表現型では雌化することや，感染雄が非感染の雌と交尾すると細胞性不和合性を起こして孵化しないなど，いろいろな作用をもたらす．アズキゾウムシでは，日本全国にボルバキアの３つの系統が同一宿主に同時に90％以上もの高頻度で三重感染しており，そのうちの１系統はもはや細菌としての実体をなくして，宿主アズキゾウムシのＸ染色体に遺伝子水平転移していることがわかった．

### d. 共進化（1）——相利共生

植物とそれを利用する昆虫には，互いに相手を必要として相利共生を示す事例

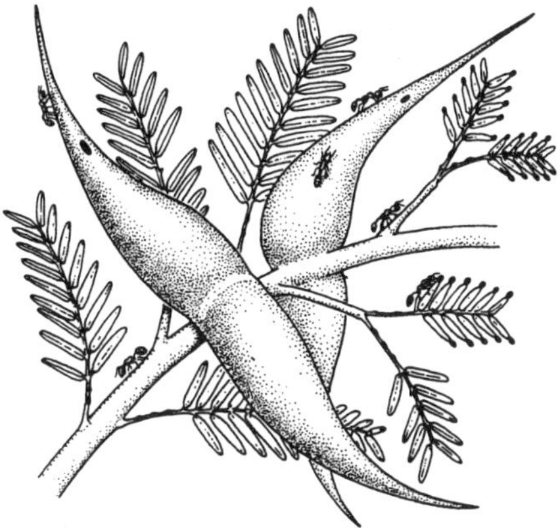

**図 2.38** アカシアの大きな棘の中を巣に利用するナガフシアリ
アカシアは各小葉の先の花外蜜腺から密を分泌し，ナガフシアリを誘引するとともに，アカシアの棘を巣の生息場所として貸している．見返りにナガフシアリは，アカシアを食べに来る草食動物を排除する（D. J. Futuyma: Evolutionary Biology 2nd ed., 1986）

がいくつかみられる．たとえば，中米のマメ科木本アカシアの1種には，葉柄が膨らんで棘状の空洞になり，その中をナガフシアリの一種が巣として利用する．さらにアカシアは葉の先から蜜を分泌し，アリがそれを採餌する（図2.38）．このアリは噛まれると大変痛いことで知られており，他の草食性動物や昆虫を近づけないため，アカシアは植物食者による食害を免れている．このようにアリとともに生活したり，アリを利用して生活している植物はアリ植物と呼ばれ，多くの例が知られている．

また，イヌビワ（クワ科イチジク類）とイヌビワコバチの共生は，実に巧妙で興味深い．イヌビワ類は雄花と雌花が一つの花嚢（直径約2 cm）の中に分かれて存在する（図2.39）．イヌビワコバチの雌蜂（図2.39（a））は，他の花嚢から花粉を脚に付けて飛来し，未熟な花嚢の先端の隙間から内部に侵入する．そして，たくさんある雌花のめしべに花粉をつけて回る．イヌビワの雌花にはめしべ

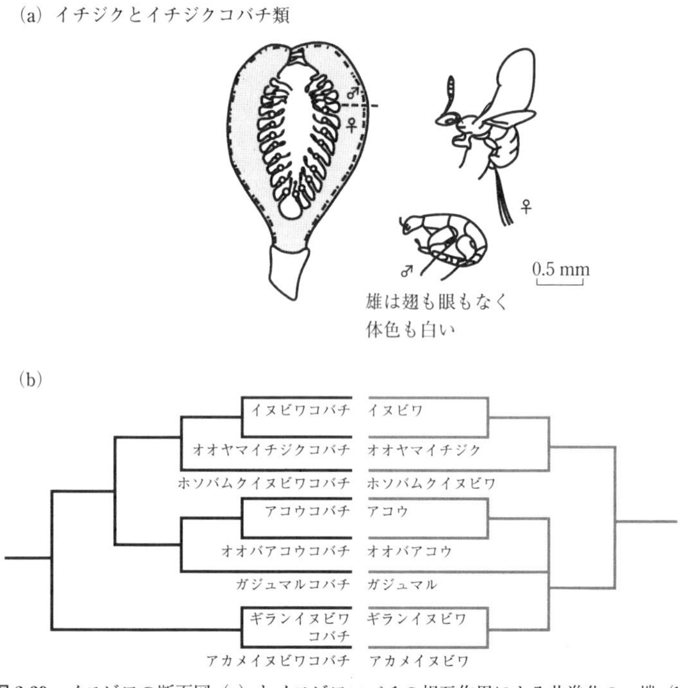


**図2.39**　イヌビワの断面図（a）とイヌビワコバチの相互作用による共進化の一端（b）
各イヌビワコバチ類の分子系統樹と，それが利用するイヌビワ類と分子系統樹を比較．共種分化の現象がよく現れている有名な事例．（日本生態学会編：生態学入門，東京化学同人，2004）

(花柱) の短いものと長いもの2タイプが存在し，雌蜂は短いめしべの子房には産卵管が届くので卵を産みつけるが，長いめしべの子房には産卵できない．卵が孵ると，幼虫は受精して成長する胚珠を食べて育つ．やがて，翅も眼もなく体色も白い雄が先に羽化し，遅れて羽化してくる雌蜂（ふつうの蜂のように翅も複眼もある）を認識して交尾する．交尾がすんだ雌蜂は，花嚢の壁に開けた穴から外に出ることになる．そのとき成熟している雄花から花粉を取って自分の脚に付けて外界に出て行く．雄蜂は，花嚢の中で一生を終える．これを，遅れて咲く別の花嚢でも繰り返すのである．

ある特定のイヌビワ類から花粉をつけて羽化してきたイヌビワコバチは，それと同種のイヌビワ類の花嚢に入らないと胚珠を受精できず，子孫を残すことができないしくみである．巧妙な相利共生といえよう．図2.39 (b) は，イヌビワ類とイヌビワコバチ類の双方の系統樹の対応関係を調べたものである．このように，利用し利用される関係の中で同形の系統樹になるように進化が進むことを，共種分化による系統樹マッチングという．

### e. 共進化 (2) ――軍拡競争

植物とそれを利用する昆虫の共進化は，相利共生の関係とは限らない．食う–食われるの激しい軍拡競争をもたらすことがある．例えば，日本産マメゾウムシ科昆虫が利用する寄主植物のマメ科は表2.9のようにおおむね1対1の関係になっている．このマメゾウムシ科での食う–食われるのパターンはメキシコでも調べられており，やはり単食性ないしは狭食性のマメゾウムシ種が非常に多かった．マメ科の種子はタンパク質に富み，サイズも大きいので，種子捕食性昆虫にとっては格好の食物である．しかし，マメ科の種子には毒性物質が多く含まれ，サポニン，アルカロイド系，アントシアニン系，$\alpha$アミラーゼインヒビター，カナバリンなど100種類以上もある．よって，あるマメゾウムシ種は，マメ科種子

**表2.9**　日本産野生マメゾウムシ科の食草
食う–食われる関係がおおむね1：1対応になっている。(嶋田，1994)

| | |
|---|---|
| シャープマメゾウムシ | クララ |
| ネムノキマメゾウムシ | ネムノキ，ニセアカシア |
| シリアカマメゾウムシ | ネムノキ，ニセアカシア |
| サイカチマメゾウムシ | サイカチ |
| チャバラマメゾウムシ | クズ |
| ザウテルマメゾウムシ | ジャケツイバラ |
| ヒゲナガマメゾウムシ | クサフジ |
| クロマメゾウムシ | ハマエンドウ，ナンテンハギ |

ならどれでも食べられるわけではなく，毒物質を解毒できる特定のマメ科種子しか利用できない．そのため，マメ科植物はますます強い毒物質を蓄積し，マメゾウムシ類は解毒しないことには成虫が育たない．この軍拡競争の結果として，1：1の食う–食われるのパターンが生じたと考えられる．

ただし，これには例外がある．新大陸の *Stator limbatus* と *S. pruinius* は，前者が70種以上ものマメ科種子を利用し，後者も50種類以上を利用するきわめて広食性のマメゾウムシ種である．この2種の場合は，解毒機構が圧倒的に勝利している事例といえよう．

## □ 2.5.5　社会性

### a. 昆虫やクモ，ダニの社会性

昆虫の社会性の段階は，おおまかには前社会性，亜社会性，真社会性に区別される．前社会性（単独性ともいう）とは親が卵を産みっぱなしにするもので，親子世代の重複や子の養育などいっさいみられない．チョウやガ，単独性のハバチやキバチ，トンボ，カブトムシなどが典型例である．

亜社会性とは親が一定期間産んだ子や卵のもとにとどまり世話をするもので，次に紹介する真社会性にみられるような階級（カスト）分化は生じていない段階である．朽ち木食性の昆虫に多くの例があり（クロツヤムシ，クチキゴキブリ），いずれも親と子（幼虫や若虫）はともに朽ち木に掘った孔道の中で生活し，親は捕食者のムカデなどから子を防衛する．また孵った子はセルロースを分解する微生物の混じった吐戻しやふんを最初に親から受けないと生きていけない．そのため子が親とともに生活する期間が長く，ときには発育段階の異なる子同士が何年も親と一緒に生活していることもあり，兄弟姉妹関係も生じている．

亜社会性の昆虫としては，他にも水生カメムシ類で，背中に卵を背負って孵化するまで世話をするコオイムシや，水面近くの茎に卵塊を産みつけ，孵化するまで母親が防衛するタガメなどが該当する．また，最近では共同で巣をつくり集団生活する（その血縁集団をコロニーという）ハダニやクモなどが発見されて注目を浴びている（図2.40）．この場合，餌不足などで生殖巣が十分に発達していない成虫が混じっており，繁殖せずにコロニーの他個体の世話をして一生を過ごすものもある．このような繁殖力の偏りは，これが常態化すると，やがて以下のような真社会性の階級分化につながっていく可能性が考えられる．

真社会性は親子世代が重複し，生殖虫と不妊虫とにカースト（階級）分化が見

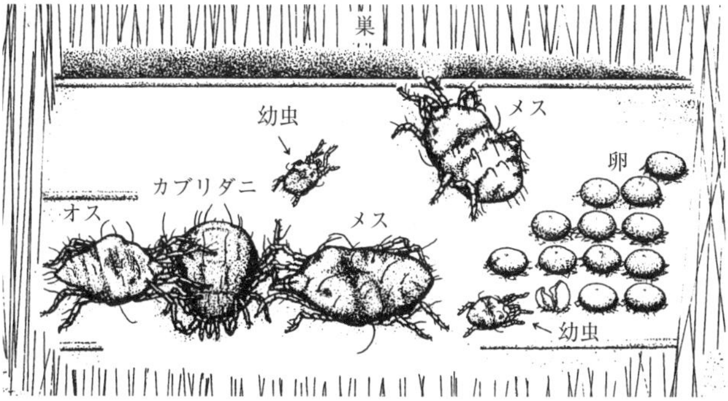


**図 2.40**　タケスゴモリハダニのコロニー内の様子

コロニー内には，雄成虫 1 匹と雌成虫数匹，卵および孵化した若虫がコロニーを形成する．天敵がコロニーに侵入した場合は，巣を防衛する．（伊藤嘉昭：動物の社会，東海大学出版会，1987，原図は斎藤裕）

られ，子が親を世話するようになったものである．典型例はミツバチやアリで，その社会は一部の生殖虫（女王）と不妊カーストである働きアリ，働きバチ（ワーカー）そしてアリの場合はさらに兵隊（ソルジャー）から構成される．他にスズメバチ，アシナガバチなどの狩りバチ系統のハチ，マルハナバチ，コハナバチなどハナバチ系統のハチ，シロアリなどが真社会性である．いずれの場合もコロニーは血縁者（親子，兄弟姉妹）の集団から成る．また，社会性アブラムシにも兵隊を生じるものがあるが，アブラムシの場合は単為生殖によって子が生まれるので，親子は同一の遺伝子セットをもっており，クローンと言われている．

**b. 利他行動の進化——血縁選択説**

血縁者扶養と利他行動の進化に関して，現代の社会生物学が基本としているのが，Hamilton（1964）の血縁選択説である．一言でいうなら，“血縁関係の濃い集団では相手を扶助する利他行動が進化しやすい”ということである．これを説明するには，適応度と血縁度の理解が必要である．

適応度：　次世代に残すと期待される子の数，すなわち残せると期待される自分の遺伝子セット数．

血縁度：　同一遺伝子を共有する率．二倍体生物の場合，自分から見て親と子，兄弟間なら 1/2，叔父叔母，甥姪の間なら 1/4，いとこ間なら 1/8 など．もちろん自分自身に対しては 1 である．

交尾した個体は自分ひとりで繁殖することもできるが，協力する相手と共同繁殖することも可能であるとする．もし自分が自らの繁殖力を減らしても相手の繁殖を世話し，その適応度を上げてやると，その増加分の何割かは自分の適応度の見返りとなるであろう．なぜなら血縁者の子は自分と何割かの遺伝子を共有しているからである．このような自分の適応度の減少分と血縁者の子を通しての適応度の見返りのコスト・ベネフィットを考慮するため，Hamilton は包括適応度（inclusive fitness）という概念を次の式で定義した．

包括適応度＝(他者を世話しないときの適応度)
－(血縁者を世話することによる自己適応度の減少分)
＋(血縁者の適応度の増加分)×(両者間の血縁度)

各項をそのまま順に数式に書き換えると，

$$W_A = W_0 - C + Br$$

この式から $Br > C$ ならば，自己の適応度を犠牲にしてでも血縁者を世話する方が，独立生活よりも包括適応度がより高くなり（$W_A > W_0$），有利になる．これが血縁者扶助の進化条件である．そして血縁度 $r$ の高い集団ほど，この不等式は満たされやすくなる．

### c. 多女王制とスーパーコロニー：外来種問題

血縁選択説は昆虫の社会生物学の基本的で重要な理論であるが，一方で，例外も見つかり始めた．まず，ワーカーは交尾ができないが，その変わり半数体で雄を産むことはできる．そのため，ワーカーどうしでしばしば相互監視（ポリシング）がみられ，産卵を阻止し合い，もし卵が産まれたときには卵を壊し食べることをする（ワーカーポリシング）．

もう一方の例外は，さまざまな多女王制アリが存在していることである．多数の女王をもつコロニーは，その分，コロニーの個体間の血縁度が下がる可能性が高いと思われるが，実は，累代的な巣内交尾を繰り返し，女王の居残り，分巣繁殖をすることで，血縁度はあまり低下していない．その典型的なものが，スーパーコロニーをもつことで世界に蔓延する汎世界種（パンデミック）のカタアリ亜科アルゼンチンアリ（*Linepithema humile*）である（5.6 節参照）．原産地のアルゼンチンではパラナ川流域の氾濫原に生息し，大被害は出ていない．しかし，全世界に飛び火して，広食性で何でも餌にし，果樹を食害し，人間を含む多くの動物の棲みかに侵入してそこから追い出し，絶滅に追いやる．1 巣に数百～数千の女王が生息している．体表炭化水素の成分比で個体間どうしを識別し，成分比が同じならば敵対性を示さない．世界中に飛び火しているものの一つは，広島県・山口県・愛知県に入ったコロニーで，地中海地方スペイン西部～南部～東部・フランス南部に至るまで広がっているコロニーとは敵対性を示さない点で，巨大なスーパーコロニーであることがわかった.

## 2.6 生理

### □2.6.1 消化，吸収，排泄

昆虫類がきわめて多くの種を擁している理由の一つとして，さまざまな環境に適応を遂げて種分化が進んだことが挙げられる．その背後には，多様な資源を食物として利用する能力を獲得したことがある．この能力を支えている消化・吸収・排泄の生理機能は，どのような仕組みに裏打ちされているのだろうか．これが本節のテーマである.

#### a. 消化

消化器官は口から肛門に向かって，前腸，中腸，後腸の順に並ぶ（p.16）．中腸は胚の前部と後部の内胚葉が陥入して形成され，前腸と後腸は続いて胚内部に陥入する外胚葉性の細胞から作られる．ただし，中腸前部の盲嚢は外胚葉性である.

前腸は口腔，咽頭，食道，そ嚢，前胃から構成される．後腸はマルピーギ管の開口部から肛門までを指す．前腸と後腸の細胞は内側にクチクラを分泌するが，中腸にはクチクラ層はなく，この部分で栄養物の消化吸収が起こる.

1）唾腺

口腔には，唾腺の開口部があり，唾液が分泌される．腺細胞は末梢細胞と中心細胞の二種類からなる（図 2.41A）．末梢細胞は多数のミトコンドリアを含み，その頂部の形質膜はおびただしい襞を形成している．末梢細胞の頂部形質膜は消化管に開いたルーメンに面しており，ここから $Na^+$，$Cl^-$ および $K^+$ を放出する．これが非タンパク性唾液の主な成分であり，その浸透圧効果によって唾液の基質となる水分がルーメンにたまる.

一方，中心細胞には粗面小胞体とゴルジ体が目立ち，さらに直径 2 μm 程の大きな顆粒を含む．この顆粒にアミラーゼなどの消化酵素が入っており，顆粒の膜と中心細胞の形質膜とが融合することによって，消化酵素を含んだタンパク性唾液が分泌される（開口放出，exocytosis）.

唾液分泌は食道下神経節から伸びる遠心性神経によって制御されている．末梢細胞を支配する神経の伝達物質はドーパミン，中心細胞を支配する神経の伝達物

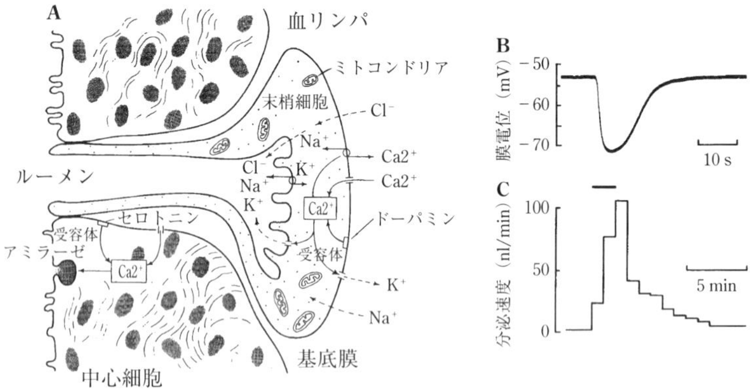


**図 2.41**　ゴキブリ唾腺細胞の唾液分泌の仕組み

A. 構造と物質の動き．B. 支配神経刺激によって唾腺細胞に生じた過分極応答の細胞内記録．C. 分泌された唾液量．（House and Ginsborg (1982), *Neuropharmacology of Insects*, Pitman 所収の総説による）

質はセロトニンである．神経末端から分泌されたこれらの伝達物質は，腺細胞に細胞内 $Ca^{2+}$ 濃度上昇とサイクリック AMP の濃度上昇を引き起こすとともに，過分極性の膜電位変化を発生させる（図 2.41B, C）．

腺細胞の細胞内 $Ca^{2+}$ 濃度上昇は，次のプロセスを経て生じる．細胞外のモノアミンが形質膜上の受容体に作用する結果，受容体の細胞内側に結合していた G タンパク質がサブユニットに解離する．解離した G タンパク質サブユニットはホスホリパーゼ C に結合してそれを活性化，このホスホリパーゼ C が細胞膜を構成するイノシトールリン脂質を分解する．イノシトールリン脂質はイノシトール三リン酸（$IP_3$）とジアシルグリセロール（DG）に分解され，このうちの $IP_3$ が小胞体膜の $IP_3$ 受容体に結合する．$IP_3$ 受容体は $Ca^{2+}$ 透過チャンネルとしての機能を持つため，小胞体の中に蓄えられていた $Ca^{2+}$ が一気に細胞質に放出され，細胞内の $Ca^{2+}$ 濃度が一過的に上昇する．

細胞内に増加した $Ca^{2+}$ は，$Ca^{2+}$ 依存性 $K^+$ チャンネルに結合してそれを開口に導く．その結果，細胞内に蓄積していた $K^+$ イオンが細胞外に流出するため，膜電位は過分極する．この過分極に伴って末梢細胞からルーメンに $K^+$ が出てゆく．また，$Ca^{2+}-Na^+$ 交換ポンプが活性化されて末梢細胞に血リンパから $Na^+$ が取り込まれ，この $Na^+$ もルーメン側に放出される．陽イオンの移動に伴って $Cl^-$ は受動的にルーメンへと移動する．

一方中心細胞では，細胞質 $Ca^{2+}$ 濃度上昇が開口放出の引き金を引き，顆粒内の消化酵素を分泌させる．こうして分泌された消化酵素は消化管内で食物成分に作用を及ぼしながら，ともに中腸へと送られる．

2）腸

そ嚢は食物を貯蔵する場所であり，前胃はその食物を盛んな収縮によって中腸に送り込む．バッタ目昆虫やオサムシ，ハチミツガの幼虫などでは，前胃に生じた歯状構造物によって食物を砕く．こうした昆虫では前胃を取り囲む環状筋に筋原性活動電位が律動的に発生し，これが蠕動運動を支えている．その筋原性活動電位の発生周期は，口胃神経の活動によって調整されている．

中腸の一層の上皮細胞は，唾腺細胞と同様に頂部をルーメン側に，基底部を血リンパに向けて並んでいる．頂部形質膜は襞状の微柔毛となっており，ここに各種消化酵素や栄養分を輸送するタンパク質などが存在している．中腸上皮細胞に混ざってペプチドホルモンを放出する内分泌細胞が存在し，消化管神経系と共に中腸の運動制御に関わっている．

昆虫の中腸組織を特徴付けるものに，非細胞性の囲食膜がある．中腸上皮細胞はこの膜によって食物から隔てられ，物理的，化学的に保護される．

食物の消化はまず囲食膜で囲まれた内側で行われる．たとえば，タンパク質を分解するトリプシン，デンプンと多糖類を分解するアミラーゼ等は分子が比較的小さいため囲食膜を通り抜けてその内側に達し，そこで基質をペプチドや糖オリゴマーに分解する．

こうしてできた初期分解物は囲食膜の間隙を通って囲食膜の外側（中腸上皮細胞側）へと移行し，ペプチドはアミノペプチダーゼなどにより，また糖オリゴマーはグルコシダーゼなどによってさらに消化される．続いて中腸上皮細胞の形質膜に存在するジペプチダーゼや二糖分解酵素によってアミノ酸や単糖にまで分解される．脂質を分解するリパーゼも囲食膜外で働いている．

アミノ酸は，トランスポータータンパク質の関与のもと，イオンとの交換輸送によって中腸上皮細胞に取り込まれ，さらに血リンパに吸収される．グルコースは拡散によって血リンパに達し，その後脂肪体において昆虫の血糖であるトレハロースに転換される．

中腸で栄養分を取り除かれた残さは後腸に送られる．後腸は回腸と直腸に区分される．直腸は水分吸収の役目をもっぱら担っている．

一部の昆虫ではセルロースを分解して栄養源としている．シロアリ類やコガネムシ類では回腸が大きく膨らみ，この中に生息する共生微生物がセルロースの分解などに寄与しているとされる．しかし最近になり，シロアリの一部やカミキリムシが自身のゲノム中にセルラーゼ遺伝子をもち，自前のセルラーゼによってセルロースを分解することが明らかになっている．

**b. 排泄**

中腸と後腸の境界部に開口するのは排泄機能を担うマルピーギ管である．中腸上皮と同様，一層の細胞からなり，各細胞は頂部をルーメン，基底部を血リンパに向けて並ぶ．頂部のみならず基底部側も襞状の構造をとっており，血リンパ中のイオンや水，窒素廃棄物などをそこから吸収してルーメンに送り込む．こうしてルーメンに集められた物質を原尿と呼ぶ．原尿はマルピーギ管を下降して後腸に入り，イオンや水などはここで再吸収されて，残さは糞として肛門から排泄される．

マルピーギ管のルーメンに面した形質膜にはプロトンポンプとして働く液胞型ATPアーゼ（V–ATPase）が存在し，ATPの分解エネルギーによって$H^+$イオンをルーメンに蓄積する．ルーメンの$H^+$はマルピーギ管上皮の$H^+$–$K^+$（または$Na^+$）交換輸送体タンパク質を活性化して，これらの陽イオンをルーメン内に移動させる．その結果，ルーメン内は高浸透圧となり，血リンパ中の水とともに，多様な不要物質がルーメン中に集められるのである．また$K^+$（または$Na^+$）の蓄積による電位勾配に沿って，$Cl^-$がルーメンに移動する．

このように，マルピーギ管は不要物の排泄とともに，水分の出し入れによって血リンパの浸透圧制御に関わっている．血リンパからマルピーギ管のルーメンに水分を出させる働きをする利尿ホルモン，逆に水分再吸収に働く抗利尿ホルモンが，水分バランスの調節に働いている．

ヒトにおいて窒素は尿素で排泄されるが，昆虫では種により尿酸，アラントイン，尿素，アンモニアのいずれかのかたちで排泄される．チョウ目昆虫が羽化直後に出す蛹便（mecomium）には，排泄できない蛹期に貯まった尿酸が大量に含まれている．

この他マルピーギ管は人工化合物（xenobiotics）や様々な有機化合物の薬物，毒物等の体外への排出，サイトクローム P450 やグルタチオントランスフェラーゼによる薬物・毒物の分解，抗菌ペプチド生成等の機能も有している．

## □ 2.6.2　生殖

生殖の様式は，昆虫の種によって様々である．有性生殖が一般的であるが単為生殖を行うものもあり，また有性生殖と単為生殖とが世代によって切り替わる種，両者が混在する種もある．さらに卵胎生も稀ではない．こうした多様な生殖様式が昆虫の繁栄を支えている．そこで本節では生殖系について概説する．

### a. 雌生殖器

雌の内部生殖器の主要部（図2.42A）は，中胚葉性の卵巣と輸卵管，外胚葉性の膣である．さらに膣には受精嚢と付属腺が連結している．受精嚢には交尾によって雄から受け渡された精子が蓄えられる．産卵にあたって未受精卵が卵巣から一個ずつ排卵され，輸卵管を下降してくると，受精嚢から精子が放出されてそのつど精子の卵内侵入が起こる．そして受精卵が産下される．しかし，一部のハエ目昆虫などでは受精卵がそのまま膣（肥大した構造により時に子宮と呼ぶ）にとどまり，孵化した幼虫がそこで成長を遂げる（卵胎生）．

卵巣には，卵に様々な物質を送り込むための細胞（保育細胞）が存在する栄養室型と，卵が単独で成長する無栄養室型がある．栄養室型はさらに多栄養室型と端栄養室型に分類される．

卵巣が生み出す卵は次世代の個体をつくり，その次世代個体は，さらに自身の卵をつくる．このように，卵は精子とともにいわば無限の命の担い手である．これらの細胞を生殖細胞という．一方，生殖細胞以外のすべての細胞は，その個体の寿命以上に生き続けることはない．これらの細胞は体細胞という．

受精卵が卵割により多細胞となったときに，大多数の体細胞と少数の生殖細胞とに分かれる．この細胞運命の決定に重要な働きをする因子が極顆粒である．

ハエ目や一部のコウチュウ目の昆虫の受精卵は，まず核の分裂が中心部で繰り返されて多核となる．その後核が受精卵の表層に移動すると，そこで一斉に膜が形成されて多細胞になる．受精卵後極には，極顆粒という特殊な構造物を含む細胞質があって，これを極細胞質と呼ぶ．

極細胞質の中に移動してきた核が形質膜を作り，この細胞質を持つに至った細胞は，生殖細胞として分化する．極細胞質を持たない細胞は，すべて体細胞に分化する．極顆粒には，ミトコンドリアに由来するリボゾームRNAの大サブユニットと小サブユニットが移動していく．極顆粒の中に生殖細胞への分化に必要な遺伝子のmRNAが蓄えられており，ミトコンドリアのリボゾームによってそれらのmRNAが翻訳されることを通じ，極細胞の分化が実現すると考えられている．細胞内共生微生物に起源を持つと推定されるミトコンドリアの翻訳装置が，宿主にあたる生物の世代継承に必須の存在となっている．

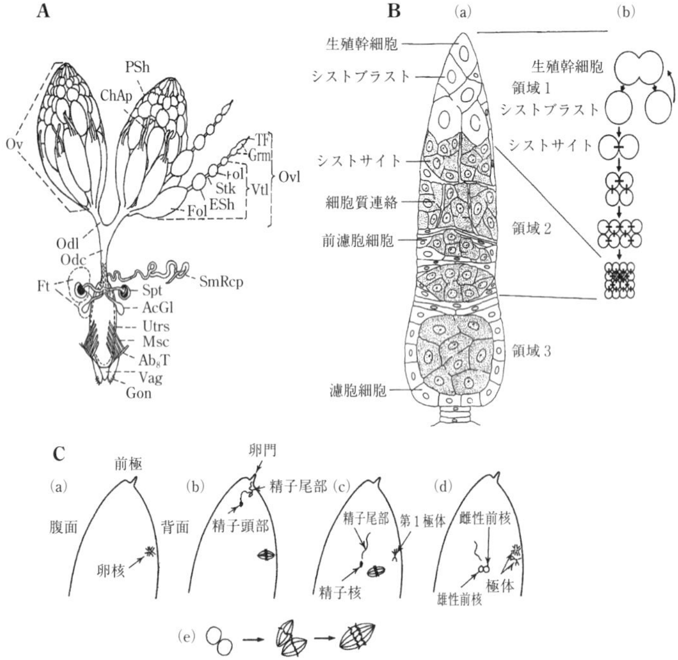


**図 2.42**　キイロショウジョウバエの雌生殖器

A. キイロショウジョウバエの雌性生殖器背面. $Ab_8T$：腹部第 8 体節背板, AcGl：付属腺, ChAp：卵殻突起, ESh：皮膜, Fol：卵室, Ft：脂肪組織, Gon：膣板, Grm：形成細胞巣, Msc ：筋肉, Odc：輪卵管（共通管）, Odl：輪卵管（側管）, Ov：卵巣, Ovl：卵巣小管, Psh：卵巣の被膜, SmRcp：管状受精嚢, Spt：受精嚢, Stk：濾胞柄, TF：端糸, Utrs：子宮, Vag：膣, Vtl：卵黄巣.

B. キイロショウジョウバエの卵室形成過程. 形成細胞巣（a）とシストサイトの分裂様式（b）の模式図. (b) で黒線は細胞質連絡を, また, 16 個のシストサイト細胞集団のうち原卵母細胞（pro–oocyte）を斜線で示す（a: Mahowald and Strassheim, 1970 より）.

C. キイロショウジョウバエの受精過程の模式図. (a) 第 1 成熟分裂中期で停止, (b) 第 1 成熟分裂再開, (c) 第 2 成熟分裂, (d) 両前核の合一, (e) 両前核の合一から第 1 回卵黄内分裂.

（丸尾文昭・岡田益吉（1989）ショウジョウバエの発生遺伝学, 丸善）

こうして生殖細胞へと分化した細胞は, 将来の生殖巣の位置まで移動してゆく. 卵巣は生殖細胞と体細胞の双方から構成される.

キイロショウジョウバエでは 1 個の始原生殖細胞が 4 回分裂して 16 個の細胞ができる（図 2.42B）. そのうち最も後方に位置する一個だけが卵細胞となり, 残りの 15 個は保育細胞となる. これら 16 個の生殖細胞はしたがってクローンであり，形質膜に生じたリングキャナルという穴を介して細胞質がつながっている．

これら16個の生殖細胞の周りをとりまく一層の細胞からなる上皮は濾胞といい，体細胞からなっている．濾胞細胞によって取り囲まれた16個の生殖細胞が卵形成の一単位であり，この構造を卵室という．卵巣の先端近くにある形成細胞層から，卵室が一つずつ生み出され，下部に向かうほど成熟の進んだ卵室が存在する．

保育細胞は，卵細胞の発生に必要なさまざまな因子の合成場所である．その多くは，mRNAの形で卵細胞に送り込まれる．保育細胞同士，さらには卵細胞の微小管がリングキャナルを介してつながり，微小管をレールとして各種mRNAがその上を輸送されるのである．これらの物質は，母性因子と総称される．

母性因子には卵の前後軸を決めるもの，卵の背腹軸を決めるもの，体の分節化に必要なもの，細胞分裂に必要なものなどが含まれている．卵割（または核分裂）が速やかに同期して生じるのは，必要な分子群が母性因子として卵に貯蓄されており，受精卵は自らの遺伝子からの転写によってmRNAを作る必要がないからである．

保育細胞は母性因子を合成する勤めを終えると予定細胞死を遂げて卵室から失われる．多くの場合，成熟卵は第一成熟分裂（減数分裂を構成する第1回目の分裂）中期で停止し，精子を待つ．

**b. 雄生殖器**

雄の外部生殖器は一般に，精子（往々にして多数の精子を内に含んだ精包の形をとる）を射出するエデアグスと雌の交尾器を把握するクラスパーからなる．ともにスクレロチンという硬化したタンパク質からなる骨状の構造体に筋肉が付着したもので，腹部神経節の運動神経がその動きを制御している．またチョウ目では，交尾器に視覚受容器が存在している．雄の外部生殖器は種ごとに形態を大きく異にすることが多く，鍵と鍵穴の原理で生殖隔離に寄与するという見方もある．

雄の内部生殖器は，左右一対の精巣と輸精管，貯精嚢，付属腺から成り立っている．付属腺では多種類のペプチドが合成され，交尾の際に精子とともに雌の生殖器に注入される．

こうしたペプチドはそれぞれに独自の機能を果たしている．もっともよく知られているのはショウジョウバエのセックスペプチドである．セックスペプチドは，雌の行動様式を切り替えるスイッチとして働くフェロモンである．

未交尾の雌は雄の求愛を受けるとしばらくして交尾を受け入れる．一方，既交尾の雌は，求愛する雄に対して産卵管を押し出すなどの独特の行動をとって交尾を拒否する．そして盛んに産卵を行う．

未交尾の雌にセックスペプチドを注入または強制発現すると，あたかも既交尾雌かのように交尾拒否行動を示し，未受精卵を排卵するようになる．セックスペプチドは雌の神経系の7回膜貫通型のGタンパク質共役型受容体に結合する．この受容体の活性化はおそらくサイクリックAMP経路を介して行動や排卵機能を未交尾型から既交尾型へと切り替える．

雄の付属腺で作られるほかのペプチドの中には，抗菌作用を有するもの，雌の寿命を短縮する作用のあるもの，雌の摂食を低下させるものなどが見つかっている．

雄の精巣では，先端部での精原細胞の分裂によって，精母細胞が作られる．この細胞は雌の生殖細胞がそうであるように，互いに細胞質が連絡を保っている．いわば，“めざし”のような状態でつながっているのである．精母細胞は2度の減数分裂を経て半数体（$n$）の精細胞となり，細胞質連絡が失われ，通常すべてが精子へと分化する．

一般的に精子は小型で運動性に富み，大量生産される．しかし昆虫には顕著な例外が知られている．たとえばショウジョウバエの一種，*Drosophila bifurca* では，一個の精子の長さが60ミリメートル近くもあり，これは体長のおよそ20倍にあたる．この精子は，鞭毛が細胞体の周囲に糸巻きのように巻き付けられた状態で存在し，交尾によって雌にその一個が移し入れられる．

卵には卵門という開口部があり，ここに受精嚢の開口部から精子が注入される（図2.42C）．卵に入った精子は卵核近傍に移動して，やがて雄性前核となる．卵核は第二成熟分裂によって半数体（$n$）の雌性前核となり，同時に生じた極体はやがて失われる．第1回核分裂の後，雌雄の染色体は初めて混じり合って受精が完了する．

## □ 2.6.3 循環，呼吸

### a. 循環

1）背脈管

昆虫の循環系は閉じた脈管系ではなく，末端部が組織に開いた開放血管系である．拍動組織となっているのは，背側正中線に沿って頭尾軸方向に走る背脈管（背管，心臓）である．

背脈管内には弁があり，多くの有翅昆虫では血リンパは背脈管内を一方向に流れるが，無翅昆虫やカゲロウでは双方向に流れ，完全変態類には二方向に交互の流れが生ずるものがある．付属肢の基部には種ごとに異なる拍動器官を発達させて，血リンパが効率よく背脈管を出入りして末端部を循環するよう，補助している（図 2.43A）．

背脈管や各種拍動器官の周期的な運動は，これらの器官に付着する筋組織（心筋）に筋原性の自発的活動電位が発生することによって起こる．一つ一つの筋繊維は互いに電気的に連絡しており，同期した拍動が発生する．その発火周期は，多くの場合，支配する側心臓神経や体節神経によって調節されている．

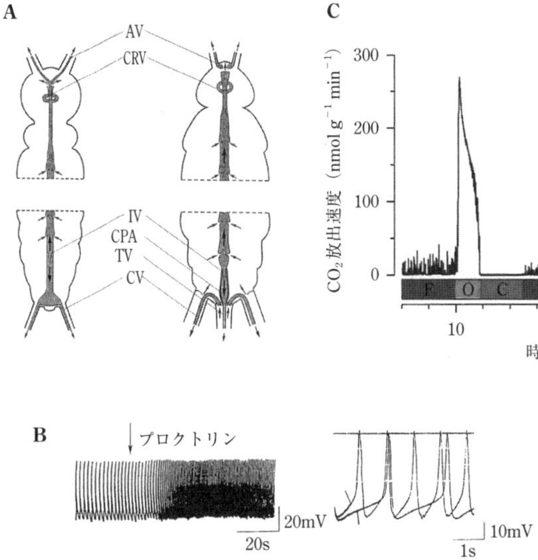


**図 2.43**　背脈管を巡る血リンパの流れと呼吸の特性

A. 上は体の前部，下は後部の循環の方向（矢印）．左はナガコムシ，右はマダラシミの例．AV：触角血管，CRV：周食道環状血管，IV：心弁，CPA：尾部拍動性膨大部，TV：末端フィラメント血管，CV：尾葉血管．

B. 細胞内記録したワモンゴキブリの自発性筋原性活動電位に対する $10^{-8}$M プロクトリンの効果．右は時間軸を伸ばして見たもの．プロクトリン（P）によって対照区（Co）よりも脱分極が速やかに生じるようになる．

C. ヨナクニサン蛹の呼吸パターン．縦軸に $CO_2$ 放出量，横軸に時間をとっている．

（A, B: Hertel and Pass (2002), *Comp. Biochem. Physiol. A*, 133, 555–575 の総説による．C は Hetz and Bradley (2005), *Nature* 433, 516–519 より）．

これらの神経の遠心性軸索末端はヴァリコシティと呼ばれる非シナプス型の構造をしており，プロクトリン，AKH-RPCH ファミリー（AKH: adipokinetic hormone, RPCH: red pigment concentrating hormone）および FXRF アミドファミリーのペプチドが，拍動の促進と抑制に関与すると考えられている（図 2.43B）．また，モノアミンのセロトニンとオクトパミンも収縮を修飾することが報告されている．

2）血リンパ（血液，体液）

昆虫の血リンパはアミノ酸含量が高く，脊椎動物に比して高張となっている．昆虫の血糖は一部の例外を除き，非還元性二糖のトレハロースである．主要な陽イオンは $Na^{+}$，$K^{+}$，$Mg^{2+}$，$Ca^{2+}$ で，陰イオンは $Cl^{-}$ の他，有機酸イオンを多く含む．

細胞のエネルギー源のトレハロースが欠乏すると，脂肪体の貯蔵炭水化物であるグリコーゲンがフルクトース 1 − リン酸に分解され，これから合成されたトレハロースが血リンパに放出されて消費される．さらに必要であれば，脂肪体の貯蔵脂質であるトリグリセリドがリパーゼによって脂肪酸とジグリセリドに分解され，ジグリセリドはリポホリンと呼ばれる運搬体によって血リンパ中を筋肉に運ばれる．このリパーゼは，側心体で作られるペプチド，脂質動員ホルモン（AKH）によって活性化されるものである．ジグリセリドは脂肪酸に分解され，ミトコンドリアで酸化されてアセチル CoA となった後，TCA 回路によって代謝される．

血リンパにはさまざまな血球細胞が含まれている．これらは重要な免疫機能の担い手で，原白血球，顆粒細胞，プラズマ細胞，エノシトイド，小球細胞，などに分類される．

原白血球は核の目立つ小型の細胞で，有糸分裂によって他の血球を作り出す幹細胞である．

顆粒細胞は細胞質に直径 0.2〜0.6 μm の顆粒をもち，異物に付着すると糸状突起を放射状に伸ばす．プラズマ細胞は糸状突起に加え膜状突起を伸ばして異物に付着する運動性の高い細胞である．両者は，小型の異物に対しては食作用（phagocytosis）によって，大型の異物に対しては複数が寄り集まって包囲化作用（encapsulation）を示すことによって，それらの除去を行う．細菌感染時には，細菌を捕食した顆粒細胞が集まってノジュールと呼ばれる結節を形成する．

小球細胞は細胞質に大型の顆粒をもち，表面がごつごつとしている．この細胞は，細菌やカビの細胞壁成分を認識するタンパク質を合成することで免疫機能に貢献している．

エノシトイドは血球の中で最も大きく，細胞質に三日月型の構造体を有している．昆虫が傷を負うと血リンパ中のチロシンやドーパから毒性のあるメラニン物質が生成され，感染に備える．この反応を媒介するのはフェノール酸化酵素であるが，エノシトイドにはこの酵素の前駆体が蓄えられており，傷を負うとエノシトイドが壊れて血リンパ中に出てくる．

糖鎖を認識して結合するレクチンと総称されるタンパク質は，侵入異物の凝縮を通じて免疫反応に貢献する．顆粒細胞はレクチンの合成にも関わっていることが知られている．

この他，セクロピンなどの抗菌ペプチド（抗菌タンパク質）は，脂肪体，マルピーギ管と並び，血球細胞で多く作られる（2.6.7 項参照）．

**b. 呼吸**

1）気管

昆虫の呼吸の特徴は，酸素の取り込み，二酸化炭素の排出に血液を介さないことである．気管と呼ばれる脈管系が組織の隅々まで枝を張って伸び，気体の状態で酸素と二酸化炭素の交換を行っている．

気管は外胚葉性の表皮からなり，その内側には螺旋糸という外表皮の覆いがあって陰圧によってつぶれることを防いでいる．気管と各組織をつなぐ細い部分は毛細気管といい，その内部は血リンパによって満たされている．

酸素は気管の中を体表から体内へ向かって酸素分圧差に駆動されて拡散していく．

気管は体表に開口しており，この開口部が気門である．多くの昆虫では気門を周期的に開閉して，呼気と排気を行う．気門の開閉は 3 状態に分けられる（図 2.43C）．C（closed）相は完全に閉じた状態，F（flutter）相はほとんど閉じていて隙間が繰り返し開く状態，O（open）相は完全に開いた状態である．たとえばヨナクニサンの蛹では，C 相が 20 分，続く F 相が 25 分，その後 O 相が 15 分程度であり，これを 1 周期として呼吸が繰り返される．すなわち，気門はほとんど閉じた状態にある．この呼吸様式を断続的ガス交換という．

大気の酸素濃度は 21% なので，体内での酸素消費に伴って酸素濃度が数%にまで低下すれば，酸素の濃度勾配は十分大きくなり，自然と酸素が中に向かって拡散する．一方，$CO_2$ の気管内濃度は 4% 程度であり，外気に $CO_2$ がほとんどないとしても，その濃度勾配は酸素のそれの 4 分の一程度でしかない．気門を閉鎖していれば，外部と内部の$CO_2$濃度勾配が増強され，効率的にガス交換が可能になる．

2）ミトコンドリア

取り込まれた酸素は，ミトコンドリアでのエネルギー代謝に用いられる．エネルギー代謝の主要部は，解糖，TCA回路，電子伝達系であり（図2.44），糖と酸素を使ってATPを作り，そのリン酸結合にエネルギーを蓄える一方，$CO_2$を排出する．

飛翔時には多くのエネルギーを消費する．飛翔開始時には血リンパ中のトレハロースが利用される．トレハロースは筋小胞体やミトコンドリアのトレハラーゼによって2分子のグルコースに分解され，グルコース1分子は解糖系での一連の酸化反応によって2分子のピルビン酸に変わる．この過程でATP 2分子を消費して4分子のATPが生産される結果，正味2分子のATPが生み出される．また同時に2分子のNADHが生じて，その電子がミトコンドリアの電子伝達系に受け渡される．NADHは$NAD^+$に戻り，この$NAD^+$は再び解糖過程での酸化を媒介する．ピルビン酸はアセチルCoAとなってTCA回路に入り，ATP，NADHをはじめ，多くの生体分子を生み出す．一方，電子伝達系にわたった電子は酸素気体を水に還元するのに使われて，ATP合成を駆動する．これを酸化的リン酸化という．

脂質はすでに述べた過程を経てアセチルCoAとなり，TCA回路に入る．

昆虫ではさらにプロリンがTCA回路を開始させる重要な分子となっている．プロリンはグルタミン酸を経てαケトグルタミン酸となり，TCA回路に入っていく．

## □ 2.6.4 神経，感覚，筋肉

昆虫に敏捷で合目的的な行動を可能にしているのは，高度に発達した神経系と緻密な動きを実現する筋肉系である．その洗練された構造と機能をこの節では見ていくことにする．

### a. 神経

神経系の主な構築要素はニューロン（神経細胞）とグリアなどの支持細胞である．ニューロンはネットワーク（神経網）を構成して，情報の受容，処理，伝送を担う．グリアはニューロンに必要な物質を供給したり，イオン環境を調整したり，免疫機能を担ったりする．

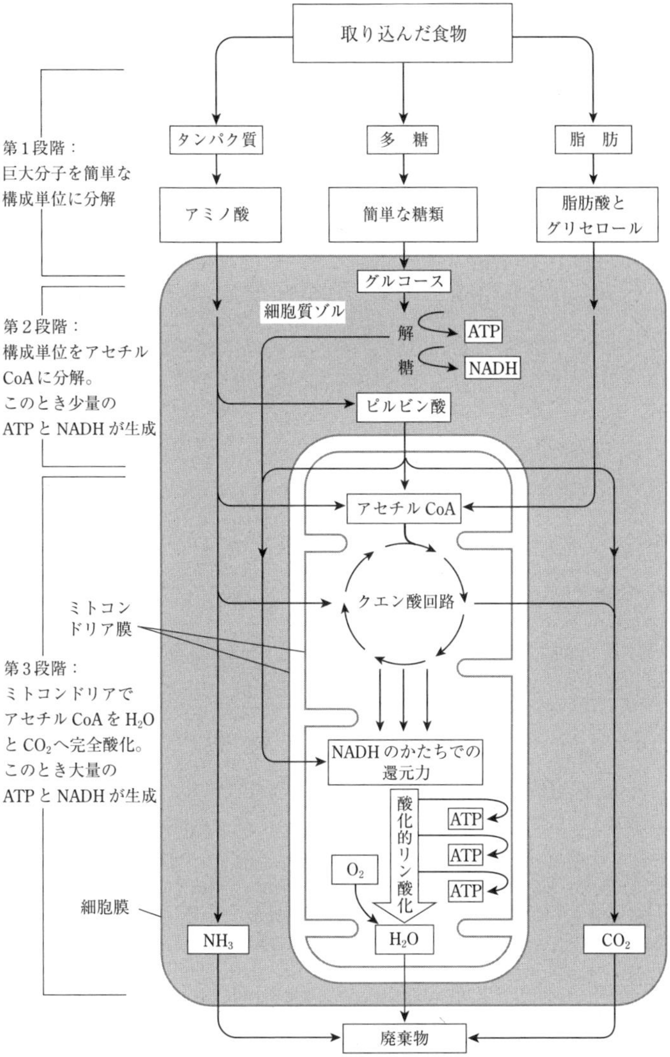


**図 2.44**　解糖，TCA（クエン酸）回路，酸化的リン酸化によって食物が代謝される様子の模式図（Alberts 他，中村桂子・松原謙一監訳細胞の分子生物学第4版，ニュートンプレスより改変）．

ニューロンの核は細胞体にある．細胞体から通常一本の突起が伸び出ている．その突起上または分枝には細かく枝分かれした樹状突起があるのが普通である（図2.45A）．樹状突起は他の細胞から信号を受け取る入力部位である．しかし実際には，入力部位に隣接して出力部位が存在していることが稀でない．樹状突起が絡まり合って情報のやり取りをしている領域は樹状突起叢，またはニューロピルという．樹状突起叢を出て多くの場合，一本の長い突起が伸びている．これを軸索と呼ぶ．多数の入力部位から受け取った多様な情報が樹状突起で時空間的に加算され，統合された情報がニューロンに生み出される．その情報を遠方の標的部位に送り届ける役割をしているのが軸索である．情報は軸索を樹状突起側から一方向に送信される．軸索の末端は情報の出力部位である．脊椎動物では，多くの軸索にシュワン鞘というグリア細胞の覆いがついているが，昆虫などの無脊椎動物にはそれがない．

1）電気発生

神経情報は第一に電気的信号によって担われている．形質膜を横切って生ずる電気的勾配は膜電位と呼ばれる．刺激を与えない状態でニューロンの膜電位を測定すると，通常 −60 mV 程度の値で一定している．これを静止膜電位という．

形質膜は $K^+$ はよく通すが $Na^+$ をほとんど通さない．一方，細胞内には形質膜

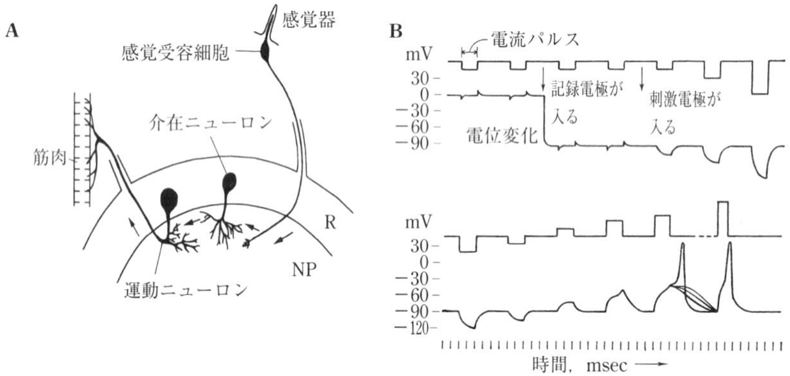


**図 2.45**　神経回路と神経興奮

A. 感覚系，中枢系，運動系．

B. 興奮性膜に刺激電極から内向きまたは外向きの電流を流した時に記録電極から記録される膜電位変化の模式図．刺激の矩形波電流（上のトレース）を強めていくと，内向きに流した時にはただ膜電位応答は段階的に大きくなるだけであるのに対して，外向きに流した時には，ある閾値を超すと活動電位が生ずる．（A は冨永佳也編（1995），昆虫の脳を探る，共立出版より．B はカッツ著，佐藤昌康監訳（1970），神経・筋・シナプスより）

を通れない大きな有機酸の陰イオンが多数含まれている．それらの負電荷に引き寄せられて細胞外から$K^+$が流入して細胞内に蓄積される．その結果，細胞内に高く細胞外で低い$K^+$濃度勾配が形成される．外から力が加わらなければ，濃度の高い細胞内から濃度の低い細胞外へ向かって$K^+$は移動し，最後には膜の両側で等濃度になるはずである．これが化学的力である．ところが上記のように細胞内陰イオンによる電気的力は逆に$K^+$を細胞内に呼び込もうとする．この相反する力が働いて$K^+$が見かけ上動かなくなる平衡点がある．それは細胞内が細胞外より約60 mVマイナスになったところ（$K^+$の平衡電位）であり，これが静止膜電位のとる値である．

膜をよぎってイオン$X$が不等分布するとき，その平衡電位$E$はNernst方程式によって求められる．すなわち，

$$E=(RT/F)\ln([X]_o/[X]_i)$$

ここで$R$は気体定数，$T$は絶対温度，$F$はファラデー定数，$[X]_o$は細胞外イオン濃度（正確には活動度）$[X]_i$は細胞内イオン濃度（活動度）である．

仮に細胞外$K^+$濃度を10 mM，細胞内$K^+$濃度を100 mM，実験温度20℃として計算すると，$K^+$平衡電位はおよそ−58 mVとなる．

ニューロンに人為的に電流を流して静止膜電位を減少させ，0 mMに近づけていく（脱分極させる）と，あるところで突然パルス状に膜電位が変化して一瞬+30 mVほどになり，その後急速にマイナス方向に動いて静止膜電位に戻る（再分極する）現象が起こる（図2.45B）．このパルス状の膜電位変化を活動電位と呼ぶ．活動電位を発生させる能力のある膜が興奮性膜である．

膜電位がある電位（閾値膜電位）に達すると，それまで膜を通れなかった$Na^+$が$K^+$にかわって膜を透過できるようになり，その濃度勾配（$K^+$とは逆に細胞外に高く細胞内で低い）に沿って急激に細胞内に流入する．$Na^+$の流入によって膜電位は$Na^+$平衡電位の約+30 mVにまで達するのである．膜電位が$Na^+$の動きの止まるこの電位に達すると，再び膜は$K^+$を選択的に通すようになり，膜電位はもとの静止膜電位に戻る．

つまり，活動電位の大きさは細胞内外のイオン濃度によって決まっており，刺激となる脱分極の大きさによっては変化しない．これを活動電位の全か無の法則という．刺激の強弱は，活動電位の発生頻度に反映される．刺激が大きい程，その発生頻度が高い．また，活動電位の発生パターンによって情報の質の違いが表現される．

形質膜が膜電位の変化によって$K^+$と$Na^+$（または$Ca^{2+}$）に対する透過しやすさを変化させることができるのは，水やイオンを通さない脂質の膜を貫いてタンパク質でできたトンネルがあり，このトンネルが膜電位を感じて開閉するためである．このトンネルはイオンチャネルと呼ばれる．

一個のイオンチャネル分子を通って流れる電流の大きさは一定であり，単一チャネル電流は0と1（実際の値は数pA程度）の二状態間の遷移（矩形波）として記録される．実際の神経活動時には多数の矩形波が重畳して滑らかな電流変化が生じる．

$Na^+$を選択的に通す$Na^+$チャネルは，閾値電位付近でその多くが閉から開にコンフォメーションを変化させるため，脱分極によって$Na^+$の流入が惹き起こされる．$K^+$を透過させる$K^+$チャネルには多数のタイプがあって，それぞれ異なる膜電位で開閉の切り替えが起きる．これら，電位変化を感じてコンフォメーションを変えるチャネルを総称して電位感受性イオンチャネルという．

$K^+$チャネルはすべてのタイプの細胞にあって，静止膜電位の形成に寄与する．樹状突起部と軸索末端部には$Ca^{2+}$チャネルが存在している．$Na^+$チャネルは樹状突起叢のすぐ外側から軸索に沿って末端部の手前までに分布している．そのため，樹状突起に刺激がやって来るとそれによって膜電位が脱分極する．その脱分極が閾値を超えれば，軸索の付け根にある$Na^+$チャネルが開き，活動電位を発生させる．すると，この活動電位はより遠方の軸索膜を脱分極させるため，その部位で新たに活動電位が発生する．こうして，軸索の付け根に発生した活動電位は導火線を伝わる火のように遠方へと伝わって，軸索末端に達するのである．つまり軸索膜では活動電位が次の活動電位を次々に生み出していくわけで，この性質を指して活動電位の自己再生性という．軸索を活動電位が伝わっていくことを伝導（conduction）と呼ぶ．

2）シナプス伝達

こうして軸索末端に達した活動電位は，その情報を次のニューロンへと受け渡す．次のニューロンはその入力部位，すなわち樹状突起において前のニューロンの軸索末端から情報を受け取る．これら情報をやり取りする軸索末端と樹状突起とは20〜40 nmの近接した位置にあるが，細胞質はつながっていない．したがって，活動電位はこの間隙をわたることができない．そこで，ニューロン間で情報の受け渡しをするために化学物質が用いられている．これを伝達（transmission）という．化学物質の受け渡しをする特殊化した細胞の接合部を

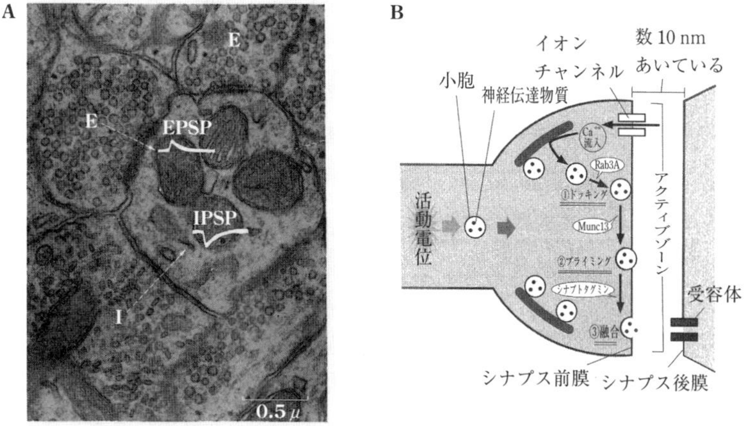


**図 2.46**　シナプスの構造と機能

A. シナプスの透過電子顕微鏡写真．シナプス前膜には小さなシナプス小胞が多数蓄積しており，シナプス後膜には大きなミトコンドリアとシナプス後肥厚が見える．EPSP と IPSP の模式図を重ねて示す．

B. シナプスでの伝達物質放出と受容の仕組みを描いた模式図．（A は内薗耕二（1967）生体の電気現象　基礎編，コロナ社より．B は山元大輔（2003）図解雑学記憶力，ナツメ社より）

シナプスという．シナプスで使われる情報担体の化学物質は，伝達物質と呼ばれる．シナプスはニューロン間，ニューロンと筋肉，ニューロンと腺との間に存在する．

電子顕微鏡で観察すると，シナプスの情報を送り出す側（シナプス前末端）に伝達物質を含んだ数多くの小胞（シナプス小胞）が見え，情報を受け取る側（シナプス後膜）には電子密度の高い構造（シナプス後肥厚）が認められる（図 2.46A）．

どのニューロンも，それぞれ決まった種類の伝達物質を放出する．代表的な伝達物質に，アセチルコリン，アミノ酸類（グルタミン酸，GABA など），モノアミン類（セロトニン，オクトパミン，チラミン，ドーパミンなど），各種神経ペプチド，気体の NO などがある．骨格筋神経筋シナプスの伝達物質はヒトではアセチルコリンであるが，昆虫や甲殻類ではグルタミン酸である．オクトパミンは無脊椎動物で主要な伝達物質であるが，脊椎動物ではわずかしか存在せず，かわってノルアドレナリンが優勢である．また，神経ペプチドには昆虫に特異なものが多い．

シナプス伝達は以下のようにして起こる．まず，軸索末端に活動電位が到達すると，$Na^+$チャネルにかわって存在する$Ca^{2+}$チャネルが開口して$Ca^{2+}$が軸索末端に流入する．$Ca^{2+}$は$Ca^{2+}$結合タンパク質（シナプトタグミンはその有力候補）に結合して，すでに軸索末端膜に付着しているシナプス小胞をそれに融合させ，含有している伝達物質の放出を導く（図2.46B）．なお，この過程はエネルギー依存的で，シナプス前末端に数多く存在するミトコンドリアがATPを提供すると考えられる．

伝達物質の放出が小胞の開口放出によっていることから，放出量は放出される小胞中の含量の整数倍（個数倍）になる．この最小単位量を素量という．

放出された伝達物質はシナプス間隙を拡散して，シナプス後膜に達する．そしてシナプス後肥厚に存在している特異的受容体に結合する．こうして受容体が活性化されるとシナプス後膜の電気活動に変化が起こり，情報が受け渡されることになる．受容体に結合してそれを活性化する物質は一般にリガンドという．

受容体の活性化によってシナプス後膜で生じる変化には以下のものがある．

(1) 受容体そのものがイオンチャネルとして機能し，イオンの流入・流出を引き起こしてシナプス後膜に膜電位変化をもたらす．このタイプの受容体は，ionotropic 受容体という．

(2) 受容体の細胞内領域に結合していたシグナル分子が解離して，生化学的反応の引き金を引く．生化学的反応の最終的結果としてイオンチャネルの活動が変化してシナプス後ニューロンに電気的応答が生じる場合と，生化学的変化のみで電気的応答がみられない場合とがある．この種の受容体は，metabotropic 受容体という．metabotropic 受容体は一般に7回膜貫通型タンパク質で，細胞質側にヘテロ三量体Gタンパク質（GTPアーゼ）が結合しており，リガンドの結合によってGタンパク質がサブユニットに解離して，解離サブユニットが標的酵素を活性化する．これらの酵素はセカンドメッセンジャーを産生して細胞応答を引き起こす．

シナプス伝達の結果生じるシナプス後ニューロンの電気応答は，シナプス後電位（PSP, postsynaptic potential）という．PSPを発生させるイオンチャネルの開閉は膜電位変化によってではなく，伝達物質の結合にともなうコンフォメーション変化によって起こる．したがってこれらは電位非依存的であり，リガンド依存性イオンチャンネルと総称される．電位非依存的であるため，PSPには自己再生性はない．そのため，発生部位から受動的に広がっていくだけであり，発生地点から遠ざかるにつれ減衰していく．そのかわり，刺激強度に応じてその大きさが変化し，重なり合って大きくなったり（加重）逆に小さくなったりする．また，反復的に刺激がやってくると，それによって非直線的な大きさの増減を示す（促通，抑圧）．つまり，PSP は漸次的電位に属する．この漸次的性質が神経系の演算機能や可塑性の基盤になっている．

神経筋シナプスから記録される微小 PSP は，素量の放出による電位変化と看做される．シナプス前神経の活動電位によって惹き起こされる PSP は，この微小 PSP が多数同期して発生し，折り重なってできたものである．

PSP には，膜電位を脱分極させる興奮性シナプス後電位（EPSP）と，静止膜電位よりさらにマイナス方向に膜電位を動かす（過分極させる）抑制性シナプス後電位（IPSP）とがある．EPSP を発生させるか IPSP を発生させるかは受容体の機能に依存し，リガンドによらない．

しかし，GABA はほとんど例外なく IPSP を発生させ，アセチルコリンやグルタミン酸は EPSP を発生させることが多い．また同一のリガンドに対して複数の異なる受容体が存在する．

**b. 感覚**

1）化学感覚

表皮には様々な感覚器が形成され，多様な感覚子を擁している．以下に，化学感覚，視覚，機械感覚に分けて感覚の仕組みを解説する．

化学感覚の代表的なものに味覚と嗅覚がある．味覚受容器は口部や脚のふ節，交尾器，翅の前縁部などにあり，いずれも感覚毛と呼ばれる感覚子からなる．感覚毛には 1～数個の感覚ニューロンと，毛母細胞，ソケット細胞，鞘細胞各 1 個が含まれる．ニクバエなどの吻にある感覚毛は，糖，塩，水，苦味のいずれかに感受性をもつニューロンが存在している．感覚毛基部の細胞体から樹状突起が血リンパに満たされた毛の内部を先端に向かって伸びる．毛の先端部には小孔が開いており，ここからリガンドとなる味物質が感覚毛内に侵入する．その後，味覚受容体タンパク質の存在する樹状突起の形質膜まで拡散により，または運搬体タンパク質に乗って達する．

受容体タンパク質にリガンドが結合すると，感覚ニューロンに電気的応答が発生する．感覚刺激を電気信号に変えるこの過程を変換（transduction）と呼ぶ．変換によって生ずる感覚細胞の漸次的電位変化を受容器電位という．

糖と苦味物質の受容体は 7 回膜貫通型タンパク質である．キイロショウジョウバエでは約 70 種類（70 遺伝子）あり，Gr の後に番号を付けて区別している．

塩および水受容体はイオンチャネルそのものと考えられる．受容器電位が閾値を超えると感覚ニューロンの軸索に活動電位が発生して食道下神経節へと伝えられる．

嗅覚の感覚器は触角と口部小顎肢の感覚毛で，受容の機構も味覚と同じであるが，感覚毛の側面に多数の小孔が存在する．キイロショウジョウバエには約50種類の嗅覚受容体タンパク質があり，Orの後に番号を付して区別する．

嗅覚受容体タンパク質は7回膜貫通型タンパク質である．哺乳類ではそれらがGタンパク質共役型受容体としてセカンドメッセンジャーの活性化により電気的応答を導くのに対し，昆虫の受容体タンパク質はionotropic受容体であると思われる．

揮発性のフェロモンは嗅覚受容体によって検知される．一般の匂い物質の受容とは異なり，フェロモン受容には受容体タンパク質に加えてSNMPと呼ばれる膜タンパク質（哺乳類CD36タンパク質の相同体）が必要であることが，キイロショウジョウバエの求愛抑制フェロモン *cis*-vaccenyl acetateとタバコガ近縁種の性フェロモン（Z)-11-hexadecenalについて示されている．

嗅覚受容器ニューロンに生じた活動電位は，軸索末端のある脳の触角葉に達する．触角葉は哺乳類の嗅球と同様に，糸球体というユニット構造から成り立っている．たとえばキイロショウジョウバエの触角葉は51個の糸球体からなり，嗅覚受容体ニューロンはそれぞれ決まった糸球体1個（例外的には2個）に末端をもつ．軸索が標的部位に末端を送ることを投射する，という．各嗅覚受容器ニューロンは，特定の糸球体に投射するのである．どの糸球体に投射するかは，そのニューロンが発現しているOrによって決まる．同一のOrを発現するニューロン，つまり同じ匂いを感じるニューロンは，同じ糸球体に投射する．言い換えれば，匂いの情報は脳内で投射する糸球体という位置情報に転換されて処理される．

フェロモンを処理する糸球体は触角葉の背外側にあり，しばしば雄で肥大化して，タバコスズメガやゴキブリでは大糸球体複合体を形成している．

2）光感覚

視覚受容器としては複眼と単眼が代表的である．単眼は明暗のみを検出できる．複眼は，加えて運動視，パターン視，色覚を備えている（図2.47)．

複眼は筒状の個眼の集合体で，各個眼は中心部に受容器細胞が数個あり，その周囲を取り巻いて色素細胞が存在する．色素細胞は隣接する個眼へ光がもれるの

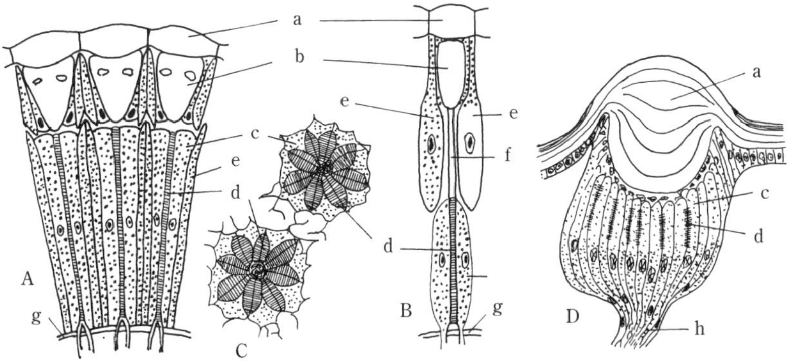


**図 2.47** 複眼・単眼の構造模式図

A. 連立像眼個眼の縦断面，B. 重複像眼個眼の縦断面，左半分は明適応時，右半分は暗適応時の色素顆粒の分布状況を示す，C. 夜行性昆虫の視細胞断面図，D. カワゲラの 1 種の単眼の縦断面（A，B：Wigglesworth，1965 より；C：杉山，1933 より；D：三宅［Link］，1917 よりそれぞれ松本改写）．

a：角膜レンズ，b：円錐晶体，c：視細胞，d：感桿，e：色素細胞，f：円錐晶体糸，g：基底膜，h：視神経．

をその色素によって遮断する．個眼の表面にはコーン細胞が分泌したレンズがある．

光受容細胞はその頂部形質膜がジグザクに入り込んで微柔毛となり，それが網膜の表面から基底部まで筒状に伸びた感桿を形成する．この感桿で変換が起こる．変換を担うのは 7 回膜貫通型 G タンパク質共役型受容体のオプシンである．昼行性の昆虫では 10 種類近くの異なるオプシンを有する．オプシンはビタミン A 誘導体のレチナールを発色団として結合している．レチナールは光子を 1 個吸収すると異性化する．すると，オプシンにコンフォメーション変化が惹き起こされる．その結果，オプシンの細胞内側に結合している G タンパク質（トランスデューシン）のサブユニットが解離してセカンドメッセンジャーを産生すると考えられるが，その実体は未確定で，脱分極性の受容器電位の発生機構は不明である．

オプシンの種類により最大吸収波長がずれているため，異なるオプシンをもつ光受容細胞の興奮パターンを比較することにより，波長の違い（色の違い）の識別が可能になる．昆虫の色覚は種によって異なるが，一般的にヒトと比べて短波長側にずれていて，紫外線が見える代わりに赤色が見えないものが多いとされる．

自然光はあらゆる方向に振動面を持つ光子からなっているが，大気によって散乱した光は振動方向に偏りがある．これが偏光である．昆虫の感桿は微柔毛が方向性を持って並んでいるため，ヒトとは違って偏光を感知できる．ミツバチなどは，偏光を利用して太陽の見えない曇りの日にも正しく方角を割り出す．

光受容細胞は自身の軸索を視葉板または視髄へと送り，さらに視小葉複合体（視小葉と視小葉板）で中継されて処理を受ける．

3）聴覚・機械感覚

機械感覚器には機械感覚毛と自己受容器がある．前者は体表に生える剛毛が主体で，毛の変位に一過的応答を示す．自己受容器は関節付近にあって圧力に応じて持続的な活動を示し，姿勢の検知に働く．

聴覚器として機能するものとしては，触角第二節に存在するジョンストン器官があり，これに含まれる多数の弦音感覚子は触角第三節の共鳴に応答する．セミ，バッタ，ガの後胸または腹部第一節には，薄膜で覆われた鼓膜器がある．この弦音感覚子はコウモリなどの捕食者が出す超音波の検知器となっている．

聴覚受容器はいずれもニューロンの形質膜が物理的に引っ張られることによって，ある種のイオンチャネル（Trp ファミリーと呼ばれる）が開口し，受容器電位を発生させると考えられている．Trp ファミリーには，唐辛子の辛み成分であるカプサイシンや高温，低温に感じて開閉するイオンチャネルも含まれている．

ジョンストン器官からの軸索は主として触角葉の腹外側寄りにある聴覚中枢へと投射する．

4）感覚統合から行動へ

各種の感覚情報はシナプスを越えるたびに処理を受け，高次中枢で統合されて行動司令を生む元となる．バッタの後胸神経節にある介在ニューロンは，複数の異なる感覚系から EPSP を重複して受け取った時にだけ膜電位が閾値を超えて活動電位を一発出し，その活動電位は運動出力形成回路を活性化してバッタのジャンプを引き起こす．すなわち，トリガーニューロンとして機能するのである．

キイロショウジョウバエの脳には雄特異的介在ニューロンが存在しており，遺伝子操作によって雌にこのニューロンを作り出すと，この雌は高い確率で雄特有の性行動を他の雌に向かって示すようになる．

昆虫の多くの定型行動は，こうした“固い配線”の神経回路によって生み出されると思われる．

一方，学習による行動の変容は，その行動に関わる神経回路の特定のシナプスにおいて，訓練の結果として伝達効率が上昇した状態（シナプス長期増強）になり，それが長期にわたって持続する（記憶が生じる）ため，惹き起こされると考えられている．

キイロショウジョウバエの学習・記憶障害突然変異体の研究から，シナプスの長期増強にはサイクリック AMP 情報伝達系が深く関与していることが明らかになっている．サイクリック AMP は A キナーゼの活性化によってシナプスの $K^+$ チャネルをリン酸化してそれを閉塞させ，ニューロンにより多くの $Ca^{2+}$ を流入させることで，シナプス伝達物質の放出を増やす（短期記憶）と推定される．これと同時に，CREB という転写因子をもリン酸化し，リン酸化 CREB がシナプス新生に必要なタンパク質遺伝子の転写を引き起こすことで，シナプスの伝達効率を安定的に高め，長期記憶を作ると考えられている．

**c. 筋肉**

行動が実際に生み出されるには，筋肉によって体の各部が動かされなければならない．

筋肉の動かし方は，運動ニューロンを伝わって来る活動電位によって司令される．筋に発生した EPSP が閾値電位を越すと，筋に $Ca^{2+}$ チャネルによる脱分極電位が発生する．昆虫では脊椎動物とは異なり，一本の運動ニューロンが筋繊維の全長にわたって多数のシナプスを形成する．一つの筋肉に複数のニューロンが末端を形成することも普通である．

筋肉はアクチンフィラメントとミオシンフィラメントの滑りによって収縮する．滑りが起こるには，$Mg^{2+}$–ATP アーゼによってエネルギーが供給されなければならない．その $Mg^{2+}$–ATP アーゼの活性化には，$Ca^{2+}$ を必要とする．筋肉には形質膜が内側に落ち込んだ横行管（T 管）のネットワークがあり，筋活動電位はこの T 管に沿って筋内部に伝わり，小胞体膜を脱分極してそこに蓄えられていた $Ca^{2+}$ の放出を引き起こす．これが収縮の引き金を引く．

同期筋では，神経の活動電位 1 発に対して，筋肉は 1 回の単収縮で応じる．これに対して非同期筋では，筋肉が付着しているクチクラの弾性を利用することにより，神経の 1 発の活動電位によって複数回の収縮を起こすことが可能である．非同期筋は高頻度で翅を動かす種の飛翔筋に見られ，昆虫の空中生活を支える適応の一つと言えるであろう．

## □ 2.6.5　ホルモン

ホルモンとは，生体の機能を調節するために，体内の情報伝達を担う生理活性物質の総称である．ホルモンがその作用を発現するには，① ホルモンを合成・分泌する内分泌細胞がある分泌器官，② 化学物質としてのホルモンとそれを標的器官に運ぶ血液，③ ホルモンに特異的な受容体が存在する標的器官の3つの構成要素が必要である．

**a. 昆虫のホルモンと内分泌研究**

昆虫のホルモンは，① 脳，神経節にある神経分泌細胞から放出され，種類，機能とも多様な神経ペプチドホルモン群，② 脱皮・変態をはじめ多くの生理事象に関わる脱皮ホルモン（エクジステロイド），および幼若ホルモン（JH）に大まかに分けられる．ホルモンの種類が多くない昆虫では，ホルモンが特定の時期に特定の標的器官に作用するためには，ホルモン分泌量のみならず標的器官に存在する受容体の種類やその量的変動が重要である．

昆虫においてホルモンは発育，変態，脱皮，休眠，生殖のような，個体の生存や種の維持に関わる重要な生理現象にとどまらず，代謝，水分調節，季節多型，社会性昆虫における階級分化，相変異，フェロモン産生など，胚発生から成虫に至るまでのさまざまな現象を制御している．そのため，ホルモンが関わる生理現象を取り扱う昆虫内分泌学は古くから昆虫を対象とする研究者の関心が最も高い分野の一つとなってきた．

**b. 昆虫の内分泌器官とその位置**

昆虫ホルモンの主要な分泌器官は① 前胸腺刺激ホルモン，アラトトロピンなどの神経ペプチドホルモンを分泌する脳，② 脱皮ホルモンを分泌する前胸腺あるいはその相同器官，③ 幼若ホルモンを分泌するアラタ体あるいはその相同器官の3つで，その他，食道下神経節や側心体なども知られている．

カイコ幼虫の場合，主要内分泌器官は頭部および胸部に位置している（図2.48）．まず頭部に脳が存在し，神経で連絡されたその後方部には，側心体を経てアラタ体がある．脳と各環節の神経節は神経で連絡している．頭部には食道のすぐ下にある最初の神経節が食道下神経節で休眠ホルモンの分泌部位となっている．また，胸部第一環節にある気門の裏側には前胸腺がある．

**c. 個々のホルモンの化学構造と作用**

1）神経ペプチドホルモン

脳，食道下神経節，側心体などの神経分泌細胞から分泌されるペプチドホルモンは，ホルモン分泌の制御，休眠，代謝制御など様々な作用をもっている．しかし，これらのホルモンは非常に微量しか存在せず，また，昆虫は体のサイズも小

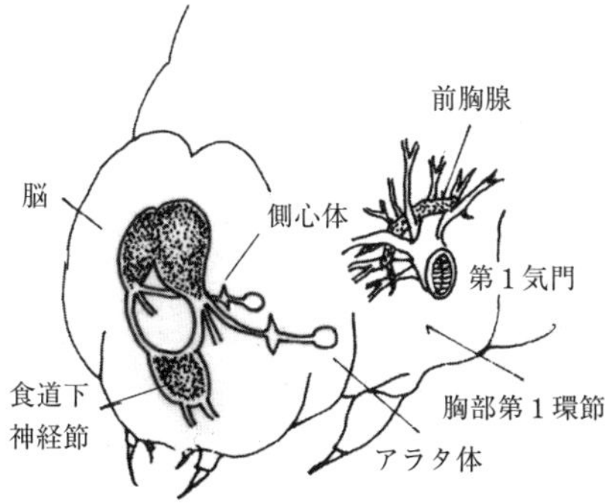


**図 2.48**　カイコ幼虫頭部および胸部の内分泌器官（模式図）

さいので，ホルモンの単離・精製，化学構造の決定のためには膨大な数の材料が必要であった．前胸腺刺激ホルモン（PTTH）の構造を決めた東京大学の研究グループは，300万頭のカイコ蛾頭部を精製の出発材料として成功している．

a）脂質動員ホルモン（AKH, adipokinetic hormone），高血糖ホルモン（HTH, hypertrehalosemic hormone）　AKHは1976年に，昆虫のペプチドホルモンとして世界で最初に単離，精製，構造決定がなされたホルモンで，バッタが飛翔する時，脂肪体に作用し，トリグリセリドをジグリセリドに変え体液に放出させる．このジグリセリドはリポタンパク質（リポホリン）に結合することによって翅の飛翔筋に運ばれ，飛翔の際のエネルギー源となる．

AKHに構造が似たホルモンとして，ワモンゴキブリで見つけられたHTH（高血糖ホルモン）がある．このホルモンは側心体から放出され，血糖トレハロースの上昇を引き起こす．

b）アラトトロピン，アラトスタチン　脳から分泌され，アラタ体に作用してJHの生合成を促すホルモン，アラトトロピンが1989年にタバコスズメガ *Manduca sexta* で単離されている．この物質は13個のアミノ酸から構成されているペプチドである．また，アラトトロピンとは逆にアラタ体に作用し，アラタ体におけるJHの合成を抑えるホルモン，アラトスタチンがタバコスズメガ，ハチミツガ，コロラドハムシから見つかっている．

c）前胸腺刺激ホルモン（PTTH, prothoracicotropic hormone，ボンビキシン）

古くは脳ホルモンといわれていたPTTHは前胸腺を刺激し，脱皮ホルモンの生合成，分泌を引き起こすことにより，間接的に蛹休眠の打破や脱皮の誘導などの作用をもつ．このホルモンの構造解析はカイコを材料として進められ，東京大学の研究グループが1989年，カイコ前胸腺に対して効果がある分子量約30000のPTTHを単離し，その全長にあたる120残基のアミノ酸配列の決定にも成功した．また，カイコ蛾頭部からは，エリサンのみに活性がある分子量4000のボンビキシンも単離された．

d）体色黒化赤化ホルモン（MRCH, melanization and reddish coloration hormone），性フェロモン生合成活性化神経ホルモン（PBAN, pheromone biosynthesis activating neurohormone）　アワヨトウ *Mythimna separata* 幼虫の体色黒化は，脳–アラタ体–側心体連合体および食道下神経節から分泌される体色黒化赤化ホルモン（MRCH）により促進されるが，1988年に33個のアミノ酸をもつペプチドホルモンとして単離，構造決定された．1990年には，カイコ蛾頭部から性フェロモンの生合成を活性化する神経ペプチド（PBAN）が精製された．このホルモンは物質的にはMRCHと同一であった．異なる種でそれぞれ異なる機能をもっていることは，分子進化上からも興味深い．

e）羽化ホルモン（EH, eclosion hormone）　成虫の羽化だけでなく，孵化や幼虫脱皮での幼虫の古い皮膚からの脱出など，脱皮行動すべてにEHが関与している．EHは1987年にタバコスズメガで，1991年にカイコで単離・精製されているが，両者はほとんど同一のアミノ酸配列をもっている．

EHはタバコスズメガで，幼虫の各関節にある気門近くのインカ細胞という周辺分泌細胞に作用し，各神経節に対し脱出行動を引き起こす脱皮引き金ホルモン（ecdysis triggering hormone）を分泌させる．

f）休眠ホルモン（DH, diapause hormone）　カイコの卵休眠を誘導する休眠ホルモン（DH）は食道下神経節（SG, suboesophageal ganglion）から分泌されるが，1992年に構造が決定された．24個のアミノ酸からなる末端アミノ酸配列は，前述のPBANと類似し，これをコードする遺伝子には休眠ホルモンとPBAN両者が存在している．DHやPBANのアミノ酸配列は，C末端側がFXPRLアミド（Xは置換可能）となっている．このような配列をもつ生理活性ペプチドは他の昆虫でも単離されており，FXPRLアミド・ペプチドファミリーと区分されている．

g）黒化誘導ホルモン（コラゾニン，H–corazonin）　相変異を示すバッタ類には，生育密度によって体の形態や体色などが異なり，混み合いの状態で生育すると黒色化する（2.4.3項参照）．この体色の黒化誘導に関与しているホルモンが，トノサマバッタの幼虫の側心体から1999年に単離されたHコラゾニンで，Hコラゾニンは体色以外に，形態や行動など他の相変異に関わる形質の制御にも関与している．

h）前胸腺抑制ペプチド（PTSP, prothoracicostatic peptide）　脱皮ホルモンの生合成を抑制する活性をもつ前胸腺抑制ペプチド（PTSP）が，1999年にカイコ幼虫脳から単離されている．PTSPは同じチョウ目昆虫タバコスズメガで単離されていた筋収縮抑制ペプチドと同一の構造であった．

i）その他の神経ペプチドホルモン　水分代謝に関わる利尿ホルモン（diuretic hormone），皮膚の硬化に関与するバーシコン（bursicon），また，筋肉収縮作用をもつペプチドとして，プロクトリン（proctolin），ミオキニン（myokinin），サルファキニン（sulfakinin）などが単離・同定されている．

2）脱皮ホルモン（エクジステロイド，ecdysteroids）

脱皮ホルモンは昆虫ホルモンとして最初に単離・同定されたホルモンで，1954年にドイツでエクジソンと20–OH–エクジソンとが精製・分離された（図2.49）．その約10年後には，X線解析で最終的な構造決定がなされた．

脱皮ホルモンの活性をもつ物質は，脱皮（ecdysis）を誘導するステロイドということで，エクジステロイドと総称される．昆虫以外にもエビ，カニの甲殻類などの無脊椎動物の他，植物からも見つかり，現在100種以上が知られている．

昆虫はエクジソンの基本骨格であるコレステロール環を生合成できない．食植性昆虫の場合まず餌として取り込んだ植物ステロールからコレステロールを合成し，このコレステロールから複雑な生合成ステップを経てエクジソンが合成される．エクジソンの生合成系には未解明の部分があるが，最近になって，生合成の最終ステップが急速に明らかにされつつある．

エクジステロイドの主要な役割は脱皮，変態の誘導であり，分子レベルの作用

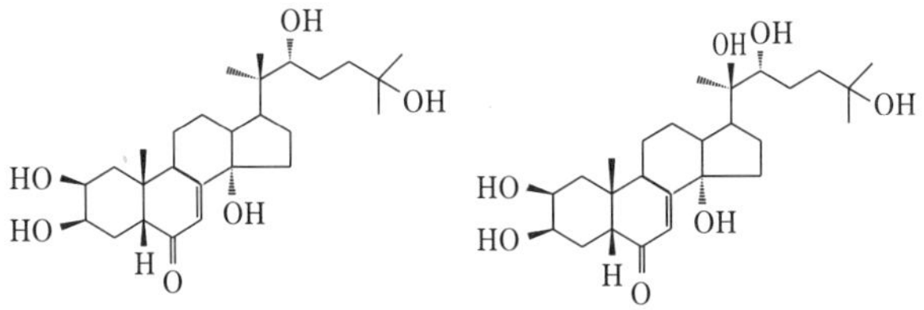


エクジソン（ecdysone）　20–ハイドロキシ–エクジソン（20–OH–ecdysone）

**図2.49**　エクジソンと20–ハイドロキシ–エクジソン

機構としては，ほ乳類のステロイドホルモンと同様，新たな遺伝子発現の誘導である．

3）幼若ホルモン（JH, juvenile hormone）

JH の構造が決定されたのは 1967 年で，その後，順次，炭素数が異なるものが分離・同定され，現在では昆虫類から主なものとして合計 6 種類の JH が発見されている．JH は水溶性の脱皮ホルモンと異なり脂溶性であるため，昆虫成育制御剤（IGR, insect growth regulator）という新しいタイプ（第 3 世代）の殺虫剤として注目され，1980 年代から，農薬関連企業がより強力な JH 活性物質を数多く化学合成した．

JH は昆虫類を含む節足動物に特異的なホルモンで，変態，休眠，生殖，相変異，社会性昆虫のカースト分化など昆虫に特異的なさまざまな生理現象のほとんどに関与している重要なホルモンである．その中で古くから知られているのは幼虫形質維持で，1930 年の後半から 40 年代にかけての初期の研究で明らかにされていた．幼虫期にはアラタ体の JH の分泌は盛んで，血中 JH 量は高く維持される．一方，幼虫が終齢期に達すると JH 量は急激に低下する．その結果，幼虫から蛹への脱皮，つまり変態が誘導される．JH は，成虫では性成熟過程にも関与している．吸血が引き金となって卵巣が発育し始めるサシガメでは，断頭によりアラタ体を除去すると卵巣発育が抑制されることが古くからわかっており，実際，多くの昆虫種で卵巣発育の制御に重要な役割を果たしている．また，JH は幼虫休眠および成虫休眠にも深く関わっている．

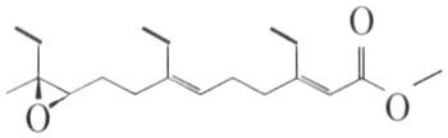
JH-0（炭素数：19）

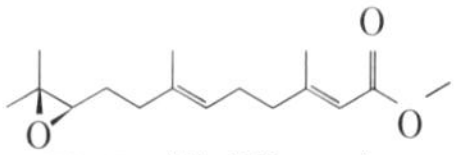
JH-Ⅲ（炭素数：16）

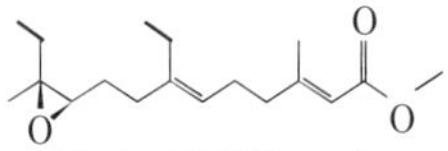
JH-Ⅰ（炭素数：18）

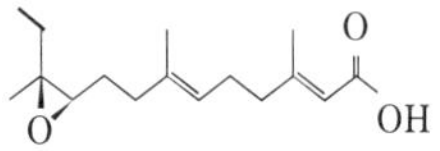
JH-Ⅱ酸

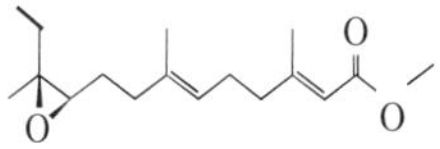
JH-Ⅱ（炭素数：17）

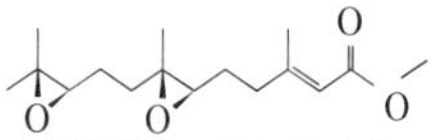
JHⅢビスエポキサイド

**図 2.50** 主要幼若ホルモン 6 種の構造

### □ 2.6.6 病原体の媒介

ヒトの疾病の中で最も多くの患者と死者を出すのが感染症である（表 2.10）．現在世界中で，マラリアや結核といった再興感染症や，エイズや SARS，トリインフルエンザ，西ナイル脳炎といった新興感染症が新たな脅威として注目されている．多くの吸血性の昆虫とダニを含む節足動物が，「吸血」を通して多くの感染症を「媒介」する（3.3 節）．それらの昆虫やダニを媒介者（ベクター）と呼ぶ．ベクターは，病原体に感染した人や動物から吸血し，次に吸血するときに，再び病原体を健康な人や動物に注入し伝搬する．病気の「媒介」において重要なことは，ベクターは単に病原体を運搬しているのではなく，病原体がその体内で，増殖・成長・変態・成熟といった過程を経て，「感染性」を獲得して「媒介」されるのである．このような病気の伝搬を生物学的伝搬という．媒介者と病原体との間には，厳密な種特異性があり，ある病気を媒介できるのは，一定の限られた昆虫あるいはダニだけである．同じ病原体を含む血液を吸っても，媒介できる昆虫と媒介できない昆虫がいることになる．一方病原体が偶発的に体表についたり中腸内を経由して伝搬されることを「運搬」と言い，「媒介」と区別する．これは機械的伝播と言われるが，重篤な感染症はほとんどない．本項では，媒介者ベクターが病原体を「媒介」する機構を中心に解説する．

**コラム：カメムシ類の謎の JH が見つかった**

カメムシ目異翅亜目（カメムシ類）の JH については，JH–III ではないかという推測が一時なされていたが，決定的な証拠はなく，昆虫内分泌研究の大きな謎となっていた．農業生物資源研究所の研究グループは世界に先駆けて，この未知 JH を同定することに成功した．この研究グループは，チャバネアオカメムシの JH が未知物質であることを 15 年以上前に発見していたが，手に入るサンプルの少なさや不安定さなどから同定には至らなかった．今回，近年の著しい機器分析技術の進展を受け，カメムシの持つ JH の構造を予測し，その 4 つの光学異性体を立体選択的に合成した．さらにそれらのうちどれがアラタ体生産物，つまり本物の JH と同じなのか比較決定することによって，カメムシ類の JH の構造を解明することに成功した．この新規の JH は JH III skipped bisepoxide（$JHSB_3$）と名付られた．$JHSB_3$ はカメムシ類に特有で，カメムシの仲間にのみ特異的に効果を発揮すると考えられ，他昆虫に対する影響がない選択的な昆虫制御剤として利用できるものと期待される．

**表 2.10** 世界の感染症ランキングと節足動物媒介性疾病の地位

| 疾患名 | 節足動物媒介性 | 罹患数 | 死亡数 |
|---|---|---|---|
| 下痢症 | | 50000 万人 | 5-1000 万人 |
| 呼吸器感染症 | | | 4-500 |
| マラリア | ○ | 40000 | 270 |
| 麻疹 | | 8000 | 20 |
| 住血吸虫症 | | 2000 | 100 |
| 百日咳 | | 2000 | 45 |
| リーシュマニア症 | ○ | 1200 | |
| レプラ（ハンセン病） | | 1200 | |
| 結核 | | 700 | 40 |
| オンコセルカ症 | ○ | 500 | 5 |
| フィラリア症 | ○ | 200 | |
| ポリオ | | 200 | 2 |
| テング熱 | ○ | 200 | |
| アメーバ症 | | 150 | 3 |
| 鉤虫症 | | 150 | 6 |
| シャーガス病 | ○ | | 6 |
| 回虫症 | | 90 | 2 |

（竹田美文他：新熱帯感染症学，1996，南山堂より改変）

病原体媒介には，ベクターが，中間宿主として病原体の成長変態の場となる，有性生殖の場となる，増殖の場となる，という 3 つのケースがある．ここではこれらを① 成長変態型媒介，② 有性生殖型媒介，③ 増殖型媒介と呼ぶこととする．これら 3 つの典型例としては，それぞれ線虫症（フィラリア症），マラリア，日本脳炎があげられる．これらは，いずれもカ（蚊）によって媒介され，その生態学（疾病媒介の表面的形態）はよく似ているが，病原体媒介の内実はかなり異なっている．節足動物媒介性疾病の媒介が，ほとんど③の媒介型であり，①と②は特殊なケースといってもいい．③の特殊な媒介の例として，ツツガムシ病の媒介がある．これを④ 経卵型媒介として加え，①から④までについて以下具体的に解説する．

1）成長変態型媒介

**フィラリア症**（図 2.51A） 線虫（フィラリア）の親虫は，リンパ節に寄生し，仔虫（ミクロフィラリア）を生む．この仔虫は夜になると血流に出て体内を循環する．吸血によってカに取り込まれ，その中腸を経て主に飛翔筋に達し，脱皮変態しながら成長して，最後に感染幼虫となって，カの頭部口吻付近に待機し

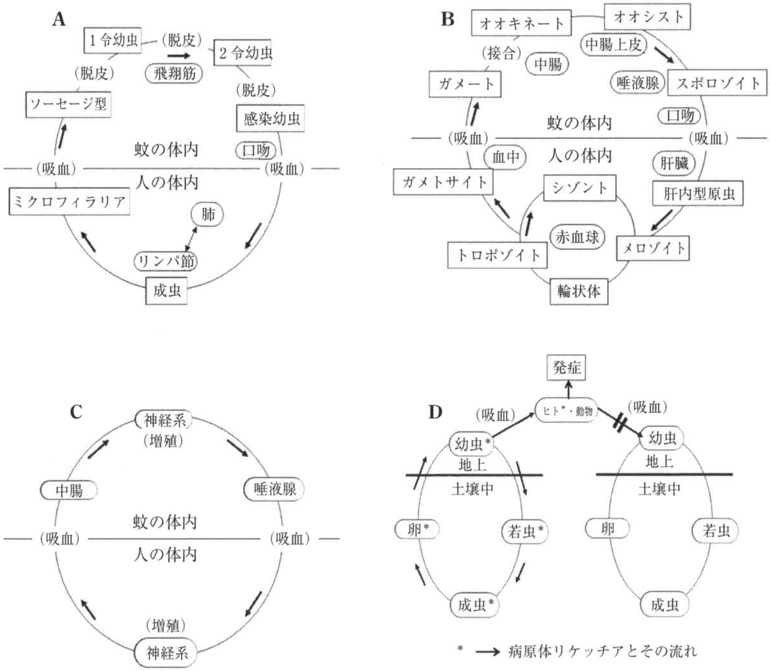


**図 2.51**　節足動物による疾病媒介の機構
A. 成長変態型媒介, B. 有性生殖型媒介, C. 増殖型媒介, D. 経卵型媒介

ている. カはこの間に卵を成熟させ産卵するが, 産卵後再度吸血する. このとき, フィラリアの感染幼虫はヒトの皮膚に移り, 体内に侵入し, 成長し親となって, 生活環を閉じる. ミクロフィラリアはヒトの体内にいてもそのままでは親になれない. カの体内で成長し感染幼虫になって再びヒトに戻ってきて初めて親になれる. フィラリアにとってカは生活史の一時期を送り成長するのに必須の宿主 (中間宿主という) である. この型の疾病としては, ブユが媒介する回旋糸状虫症 (オンコセルカ症) やアブの媒介するロア糸状虫症などがある.

2) 有性生殖型媒介

**マラリア** (図 2.51B)　マラリアのベクターは, ハマダラカ属のカである. なぜハマダラカだけがマラリアを媒介できるのかについての明快な答えはまだ出ていない. 病原体は原虫で, 単細胞の動物 (胞子虫類の原生動物) である. マラリア原虫は動物の血リンパ中で増殖し雌雄の生殖母体 (ガメトサイト) へと分化する．カの吸血によって中腸に取り込まれると，温度やpH，あるいはある種の中腸成分に刺激されて，生殖体（ガメート）へと成熟する．雌雄の生殖体は中腸腔で接合して接合体となり，更に運動能をもつ虫様体（オオキネート，ookinete）へと成熟する．虫様体は中腸細胞に侵入通過し，吸血後約1日で中腸細胞と基底膜の間に達しここに定着して胞子体（オオシスト，oocyst）を形成する．原虫はここで増殖し，約2週間かけて多数のスポロゾイト（sporozoite）となってオオシストを脱し，血リンパを経て唾液腺に特異的に集積する．唾液腺の中で，動物への感染に必須のさまざまな分子が準備され，成熟して感染性をもって唾液胞の中で待機する．

カが再度吸血するとき，待機していた原虫スポロゾイトは動物体内に入り，皮膚・血管を経て肝臓に達し，肝細胞内に寄生する．肝細胞で分裂増殖し，赤血球感染性をもった多数の分裂小体（メロゾイト，merozoite）に分化して，肝細胞から血中に出て赤血球に感染し，輪状体・栄養体（トロポゾイト）・分裂体（シゾント）となり多数のメロゾイトとなってさらに健康な赤血球に感染して増殖する．その結果として，貧血・発熱・脾腫などの症状が出てくる．

原虫はそれぞれの発育段階で，次の宿主細胞への接着侵入増殖に必須となる分子を発現し感染性を獲得している．カの中腸内で有性生殖によって接合し，オオキネートの時期だけが倍数体（$2n$）で，オオシストで増え唾液腺から動物への感染性をもつスポロゾイトや赤血球感染原虫は，すべて半数体（$n$）である．カの体内で有性生殖によって雌雄の接合が起こり遺伝子交換を行っている．このことが，カこそマラリア原虫の本来の宿主（終宿主または固有宿主という）であり動物が中間宿主であるとされる根拠となっている．原虫はまずカに寄生するようになり，その後動物の寄生虫なったと考えられている．この型には各種のヒトマラリアや動物マラリア，ダニが媒介する牛のバベシア症などが含まれる．

3）増殖型媒介

**日本脳炎**（図2.51C）　日本脳炎は，水田で発生するコガタアカイエカによって媒介され，かつて毎年数千人の患者と数百人の死者を出し，回復しても重い後遺症（脳障害）の残る恐ろしい感染症の一つであった．現在も主に豚とカの間でウイルスが維持されているが，現在では人の発病は極端に少なくなっている．これは水田の水管理の変化や殺虫剤使用でコガタアカイエカが激減したのと，有効なワクチンが開発され普及したためである．

コガタアカイエカは成虫で越冬し，初夏から夏にかけて豚との間でウイルスのやり取りをしてウイルスを増幅し，夏季に高濃度のウイルスをもったカに刺されて患者が発生する．豚はウイルスの増幅動物といわれる．またヒトが感染源となることはなく，ヒトを終末宿主という．ウイルスそのものの越冬に関しては，越冬媒介カの体内で越冬するとするもの，東南アジアから春先渡り鳥によってもたらされるとするもの，ウイルスをもった媒介カが飛来するとするものなど，諸説があるが，決着はついていない．

ウイレミー（ウイルス血症）を起こしている豚から吸血しカの体内に入ったウイルスは，主にカの神経系で増殖し，数千倍から数万倍に増えた後，唾液腺に集積し次の吸血時に唾液とともに宿主動物に注入されて感染する．一定レベルを超えて増殖しないと媒介は起こらないとされ，病原体のベクター内での増殖が媒介にとって必須となっている．

その他多くのアルボウイルスによる疾病は，日本脳炎と同じこの媒介型に入る．一方その他のリケッチア症，細菌症，スピロヒータ症，胞子虫類以外の原虫症（トリパノソーマ症やリーシュマニア症）も病原体がベクター体内で一定の増殖を経て媒介される．媒介種はそれぞれ固有の昆虫やダニであり，その種特異性は非常に高い．宿主となることのできる細胞には病原体が特異的に結合し侵入の足がかりにすることのできる膜タンパクがあり，これが感染の種特異性を決めていることが次第に明らかになってきている．

4）経卵型媒介

**ツツガムシ病**（図 2.51D）　病原体はツツガムシリケッチアである．ベクターであるツツガムシの吸血によって媒介される．ハタネズミなどの動物や人から吸血するとき唾液とともに病原体リケッチアを動物に伝搬し発病させる．通常，病原体の媒介には吸血が 2 回以上必要であるが，ツツガムシは，卵から孵化した幼虫（脚が 3 対）だけが 1 回吸血し，若虫や成虫（脚 4 対）は，昆虫の卵などを餌としており，吸血しない．それでも病原体を媒介できるのは，リケッチアはダニの体内で増殖し卵巣を経由して次世代のツツガムシに伝えられ，幼虫がリケッチアを持つからである．リケッチアをもたない幼虫は，感染動物から吸血してもリケッチアに感染しないとされている．すなわち，リケッチアをもつ有病家系のツツガムシだけが代々リケッチア病の感染源となるのである．

### □ 2.6.7　生体防御

生物は常に外部からの微生物や異物の侵入の危険にさらされており，それらを排除する生体防御機構をもっている．我々人間を含む脊椎動物の生体防御においては，非特異的な自然免疫と共に，特異的な抗原を認識して排除する獲得免疫が発達している．一方昆虫をはじめとする無脊椎動物では，自然免疫だけがあって獲得免疫がない．自然免疫の主体は血球細胞による貪食とメラニン化であるが，これを補う形で，抗菌たんぱく質の生産を行って外来の生物的異物に対抗している．

### a. 血球細胞による異物・病原微生物の排除機構

皮膚や中腸内皮は重要な防衛線となっているが，これらを突破し血リンパ中（血体腔）に侵入した病原体や異物に対しては，血球細胞が防衛にあたる．ここで活躍する血球細胞は，プラズマ細胞と顆粒細胞である．これらの細胞は食作用と包囲化作用によって異物や病原微生物の排除を行っている．食作用は主に顆粒細胞が担い，異物を捕食し細胞内でリソゾームと融合して消化する．包囲化作用は，やや大型の異物に対して顆粒細胞やプラズマ細胞が包囲し，やがてメラニン化反応を誘導して排除する．

### b. 抗菌タンパク質とその合成誘導の機構

細菌やカビなどの微生物の感染を受けた時，それらを殺して排除するタンパク質が産生される．これらについてはキイロショウジョウバエで詳しく調べられている（表2.11）．これらの抗微生物タンパク質のほとんどは，カイコやタバコスズメガなど他の昆虫でもその相同タンパク質が知られている．これらのタンパク質の細菌やカビを殺す機構についても研究が進められている．

これらの分子はどのようにして誘導されるのだろうか．まず皮膚を通過して血リンパ（血体腔）に侵入した細菌やカビ等に対して，それらの体表成分であるペプチドグリカン（PG, peptidoglican）を認識するタンパク質（PGRP, PG recognition protein）やグラム陰性細菌結合タンパク質（GNBP, gram-negative

**表 2.11**　キイロショウジョウバエの抗微生物タンパク質

| タンパク質名 | ゲノム中の遺伝子の数 | 活性を持つ微生物 | 感染後の体液中の濃度 |
|---|---|---|---|
| Diptericin | 2 | グラム陰性細菌 | 0.5 μM |
| Attacin | 4 | グラム陰性細菌 | – |
| Drosocin | 1 | グラム陰性細菌 | 40 |
| Cecropin | 4 | グラム陰性細菌 | 20 |
| Defencin | 1 | グラム陽性細菌 | 1 |
| Drosomycin | 7 | 糸状菌（カビ） | 100 |
| Metchnikowin | 1 | 糸状菌（カビ） | 10 |

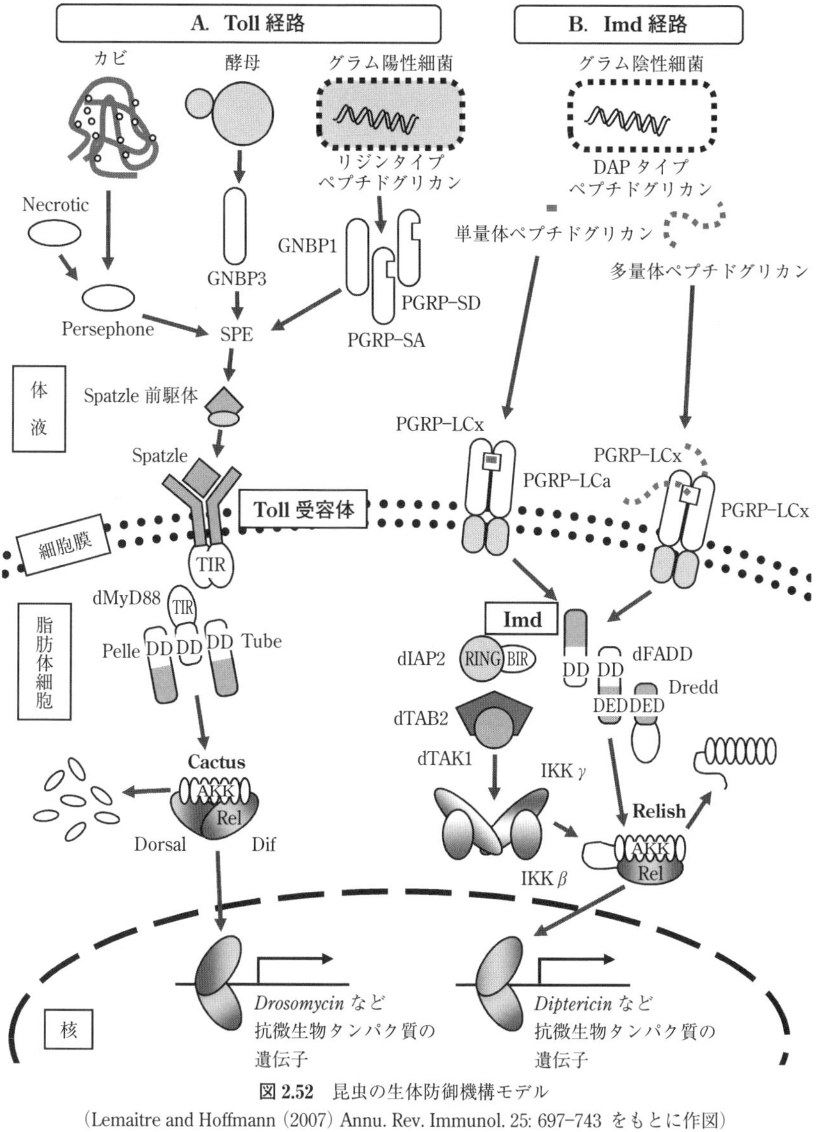


**図 2.52**　昆虫の生体防御機構モデル
（Lemaitre and Hoffmann（2007）Annu. Rev. Immunol. 25: 697–743 をもとに作図）

binding protein）が結合し，それらの侵入を察知する．PGRP や GNBP はその異物侵入情報を，脂肪体などの抗微生物タンパク質産生細胞に伝え，情報伝達経路を活性化し，最終的に転写因子が生成されて，抗微生物タンパク質遺伝子の発現が誘導される．侵入する微生物や異物の違いによってそれぞれ異なった経路（Toll 経路，Imd 経路，JAK/STAT 経路，JNK 経路）が活性化される．これらの経路は様々な因子を順次活性化するカスケード系路となって情報が増幅されている．それぞれについて以下に解説する．

**Toll 経路**（図 2.52A）　カビ（糸状菌），酵母菌，グラム陽性菌などの感染を受けると，それぞれの認識タンパク質が結合して複合体を作り，SPE （Spatzle processing enzyme）を活性化する．SPE は，Spatzle（シグナル伝達にかかわる一因子）を生成し，これが標的細胞（脂肪体など抗微生物タンパク質産生細胞）の膜にある Toll 受容体と結合して活性化する．Toll 受容体が活性化されると，細胞内にあるいくつかの分子が順次活性化されて，最後に Cactus 分子を活性化する．Cactus は Rel タンパク質の AKK（ankirinn repeat）を切断破壊し，その結果 Dorsal 及び Dif と呼ばれる転写因子が遊離する．これらの因子は核内に入り抗微生物ペプチド遺伝子の発現を誘導する．キイロショウジョウバエの場合，この経路によって，主に Defensin や Drosomycin, Metchnikowin などの抗菌タンパク質や抗カビタンパク質が誘導される．

**Imd 経路**（図 2.52B）　グラム陰性細菌の感染があると，その表面にあるペプチドグリカン（PG）が，直接標的細胞脂肪体の膜にある PG 受容体に結合して活性化され，さらに細胞質にある Imd （immune deficiency）を活性化する．Imd はいくつかの反応を誘導しその結果，転写因子 Rel を生成する．Rel は細胞質から核に移行して，抗微生物タンパク質遺伝子の発現を誘導する．この経路によって，主に Diptericin, Attacin, Drosocin, Cecropin などの抗微生物タンパク質が合成される．

**JAK/STAT 経路／JNK 経路**　JAK/STAT 経路は，さまざまな傷害やストレスを受けた時に作動する経路で，転写因子 STAT など 3 つの因子が関わって，補体様タンパク質やストレスタンパク質が誘導される．一方 JNK 経路は，細菌感染に伴って活性化する経路で，抗微生物タンパク質を合成するほか，様々な防御反応を誘導する．

# 3. 害虫管理

## 3.1 害虫と害虫化

### □ 3.1.1 害虫

**a.「害虫」は相対的概念**

人の生活や生産の場で何らかの損害をもたらす昆虫など（他の節足動物，軟体動物，センチュウなどの小型無脊椎動物も含まれる）を大雑把に害虫と呼んでいる．第１章で説明したように，昆虫は種数が膨大でしかも大幅に人類と生活空間を共有しているために，なんと言っても害虫の大半は昆虫である．ところで，もう一度表 1.1 を見ていただきたい．この表には害虫と益虫とは区別されず，人の生活・生産場面で関わりのある昆虫が示されている．よくみると，たとえば「健康・衛生」の項目に衛生害虫として挙げられているハエはたしかに害虫として代表的な昆虫であるが，「スポーツ」を見ると釣の餌にも挙げられていてこの場合は利用の対象，つまり益虫である．面白い例はカツオブシムシ類で，「衣料」の項目に繊維害虫に挙げられているのに対し，「科学・芸術・教育」では，骨格標本の仕上げに使われている．イネ害虫として誰でも知っているイナゴ（おもにコバネイナゴ *Oxya jezoensis*）は，これまた佃煮となって人の食膳を賑わせる存在でもある．このような例はほかにもいくらも挙げられるが，近年の昆虫生理学や昆虫生化学の成果が生かされた例を２つ紹介しておこう．ハチノスツヅリガ（ハチミツガ）*Galleria mellonella* はミツバチの巣に寄生し養蜂業に被害を与える害虫である．この幼虫を市販性のある釣餌（ブドウトラカミキリ幼虫の代替品）として利用する研究が行われ，人工幼若ホルモンの巧妙な利用によって自然状態よりも大型でしかも長期間幼虫態が維持できる商品が開発され市販された．オオスズメバチ *Vespa mandarinia* は日本で最大のスズメバチであり，最も攻撃性が高く強力なハチ毒をもつ種で，これに刺されれば一命を失う危険がある．この種の働き蜂が日に数十kmを飛翔して活発な餌取り行動を示すのに，自身の主なエネルギー源は巣内の幼虫が吐き与える栄養液であることに注目して，栄養液の分析が行われた．その結果明らかになった複数のアミノ酸のブレンドは人に対しても運動の持続に効果があることが判明し，持久性を高めるスポーツドリンクとして商品化された（4.4.4項参照）．

以上の例にも明らかなように，人の都合によってある場面では害虫とされるものが，別の場面では人が利用する益虫とされる例は広く見ることができ，害虫が絶対的なものではなく相対的な概念であることをよく示している．

**b.「生息密度」が問題**

害虫が相対的概念である理由はまだある．重篤な疾病を媒介する昆虫や生息自体が経済的に重大な損害を与える昆虫（たとえば南西諸島のウリミバエ）は別として，多くの場合，害虫とみなされるか否かは生息密度に深く関わっているからである．むしろこのことが「害虫」としての本質的な条件になっていると思われる．少なくとも人と生息範囲を共有している昆虫であれば，どんなものであっても生息密度があるレベルを超えれば何らかの害虫になりうる．特段人に危害を加えることのない昆虫でも異常に多くの個体が集合していると，人は「怖い」あるいは「気持ちが悪い」という感情をもつ．そもそも群を作る昆虫は集合することによって群全体が捕食者に警戒感を与える効果をもつといわれるが，人もおそらく生得的に異常な高密度で存在する昆虫には恐怖感をもつのであろう．カに近いグループのユスリカは，幼虫（アカムシ）が釣餌に利用されることはあるが成虫は人への刺咬をまったく行わない．しかし，都市近郊ではしばしばユスリカ類が大発生することがあり，そうなると住宅や商店に大量のユスリカが入り込む事態が生じて問題となる．ただし，この場合，実害はほとんどないものの，二次的な被害として大量に屋内に積もった死骸がアレルギーの原因になることがあるとの指摘がある．

IPMの考え方（3.2.1項参照）では，農作害虫とされる昆虫であってもある程度（経済的許容水準；EIL，後述）以下の生息密度であれば防除の対象とはされず，むしろ生態系における生物群集維持に積極的な役割を果たすものとしてポジティブに評価される．害虫の変遷が起こる大きな理由のひとつは害虫とされる昆虫に生息密度の変動が生じることである．その好例に日本を含む東アジアで著名なイネ害虫であるニカメイガ *Chilo suppressalis* が挙げられる．この種は1960年代までは日本における最大のイネ害虫の一つとして稲作に深刻な被害をもたらす存在であった．しかし，1970 年代に入ると，稲作の機械化とそれに伴う作付け時期や品種の変化，ならびに合成殺虫剤の多用などが複合的に働いて徐々に生息密度が減少し，ついに日本の大半の地域では防除の必要がなくなったばかりでなく，地域によっては絶滅が危惧されるとまで言われる存在になっている（p. 175 も参照）．

## □ 3.1.2 害虫化

### a. 人が作り出す「害虫」

人の生活や生産に何らかの損害を与えるのが害虫であるが，逆に人の生活や生産という活動が害虫を生んだとも言える．人の活動は一般的にはそこに生活していた昆虫をはじめとする生物群集に負の影響を与え，多くの種に対して生息地の減少，破壊を通して個体数の減少，駆逐，ないしは絶滅をもたらす．しかし，ごく一部には人の活動によって創出される新たな環境に適合できる種がいて，以前よりも個体数を増大させることができたと思われる．こうした昆虫の中には人が生産した食料を利用するものや，人や家畜に寄生するものもあり，そのような昆虫の生息密度があるレベルを超えれば人にとって看過し得ない存在となり「害虫」のレッテルを貼られることになる．このような昆虫にとって人の住居は自然環境と比べてよりマイルドな条件を与えるので，天敵や過酷な気象条件から保護されることで生存率を高めることができたであろう．

農耕の開始は人による自然環境の破壊としてはそれまでにない大きなものであって，上に述べたように多くの生物の生存を困難，あるいは不可能にしたはずである．一方で農作物を食物とすることができ，農耕地に定着できたごく一部の昆虫にとっては，競争者や天敵が少なく餌資源が無尽蔵ともいえる農業生態系は天国そのものであったろう．このような昆虫の中で元々高い増殖力をもっていたものは有利な環境を利して爆発的に生息密度を高め，「農作害虫」とよばれるようになった．とくに近年問題になってきた農作害虫の多くは単一作物栽培による農業生態系の単純化によってもたらされたと考えられ，害虫化には農業形態の変遷も密接に関連することを知る必要がある（p. 133 も参照）．

### b. 個体群の遺伝的変化

上で述べた過程は遺伝的変化がなくても進行するが，人の活動による環境変動が個体群の遺伝子頻度に変化をもたらすこと（適応変化）によってより害虫としての特性が強化される．このことは見方を変えると人の活動が種内の系統分化，ひいては種分化の引き金にさえなりうることでもある．多くの農作害虫や衛生害虫はむしろこのような過程を経過して現われたものと推測される．ここで人為的環境変動が原因となった遺伝的変化の例として，前世紀後半からきわめてドラスティックに現れて社会問題にもなった「殺虫剤抵抗性」について述べる．殺虫剤抵抗性の出現する機構は進化のアナロジーである．同一あるいは同じ作用機構をもつ殺虫剤を使い続けると，個体群の大半を占める感受性遺伝子をもった個体が淘汰され，ごく低頻度で存在していた抵抗性遺伝子をもつ個体の頻度が短期間のうちに上昇して殺虫剤が効かない個体群に変化してしまう．一般にこの変化は可逆的であり，殺虫剤の淘汰圧を除くと殺虫剤感受性は元のレベルに戻ってしまう．その意味で，不可逆的とされる真の「進化」とは別のものとされる．イエバエ *Musca domestica* の DDT 抵抗性では，その原因遺伝子である *kdr*（knockdown resistance の略）をホモにもつ個体は，DDT の作用点である神経軸策の Na チャネルタンパク質に 1 アミノ酸置換が生じることによって抵抗性を示す．おどろいたことに短期間に地球上の野生イエバエはほとんど *kdr* をホモにもつ個体に変化してしまったと考えられ，もし感受性が元に戻ることがなければ人が進化に直接手を貸した一例になるのではないだろうか（3.2.3 項参照）．

**c. 分布拡大**

昆虫が原産地からさまざまな経緯で新たな場所に移動することがある．多くの場合，そのような個体（群）は定着を果たせず死に絶えてしまうが，移動先の物理的環境条件（気温，湿度，日照など）が生存に適し，好適な餌があり，しかも天敵や競争者が少ない場合には，新たな生息地において原産地におけるよりも高い増殖率を示して深刻な害虫になることがある．移動の要因には自然的なものと人為的なものがある．

1）自然的要因

自然的要因では昆虫の歩行や飛翔による自力での移動が基本である．とくに飛翔は昆虫が獲得した翅によるもので，移動距離当たりに要するエネルギーが小さいので遠距離への移動を可能にする．さらに，昆虫は体サイズが小さいので自力の飛翔だけでなく風の影響も受けやすい．梅雨時に発生する下層ジェット気流に乗ってイネ害虫のウンカ類やコブノメイガ *Cnaphalocrocis medinalis* が中国大陸から日本に飛来することはよく知られている．川の流れ，洪水，海流などの水流も水生昆虫だけでなく，流木などに付随した昆虫を運ぶので生息地拡大の原因となる．特殊な要因には相変異がある．イネ科植物の葉を食害するトノサマバッタ *Locusta migratoria* や広食性のヨトウガ類など相変異を起こす性質をもつ昆虫は生息密度の上昇に反応して移動能力の高い高密度型を生じ，通常時には見られない規模での移動が起こる．

2）人為的要因

人為的要因には意図的なものと非意図的なものがある．意図的な移動は産業，研究，趣味など明確な目的をもつものであるが，管理の不徹底，目的不達成による放擲，意図的放飼などがあると野外に逸脱して定着する可能性がある．非意図的な移動は物流（とくに農業生産物，苗木，など），交通機関，人の移動に伴って気づかないままに昆虫を運ぶことによる．公園樹や街路樹の害虫アメリカシロヒトリ *Hyphantria cunea* は第二次大戦直後にアメリカ合衆国から進駐軍の物資について，また，クリの害虫クリタマバチ *Dryocosmus kuriphilus* は日中戦争中に中国からクリの苗木（または穂木）について，それぞれ日本に移住・帰化したものと推測されている．最近の事例では物流に付随して世界各地に分布を拡大し，生態系の攪乱，家屋への侵入，農作物の加害など多様な被害を与えているアルゼンチンアリ *Linepithema humile* が日本にも侵入して外来生物法によって特定外来生物に指定されている（2.5.5 項参照）．なお，ここにあげた 3 種の外来性害虫はいずれも原産地では問題になるほどの害虫ではなく，侵入先で原産地においてよりも生息密度が高くなり重要害虫になった例でもある．

**d. 害虫の変遷**

害虫化によって新たな害虫が生じる一方，大きな被害を与えていた害虫が衰退して「ただの虫」になってしまうこともある．先に述べたニカメイガはまさにそのような例である．ニカメイガと同じツトガ科でイネ単食性のサンカメイガ *Scirpophaga incertulas* はさらにドラスティックな運命をたどった．第二次大戦前後には西日本の広い範囲の稲作にニカメイガを凌ぐ被害を与えていたが，殺虫剤などの影響によりニカメイガよりも早く 1960 年前後には減少して生息地も狭まり，1980 年ごろには日本本土では絶滅．以後沖縄県の一部に生息していたが稲作の衰退とともにほとんど姿が見られない状態になっている．一方で，最近の 20 年間にはかつて大きな問題にはならなかった斑点米カメムシ類による被害が増大してきた．この原因には，減反による休耕田の増加，農家の高齢化による水田周辺の管理不足，植林地でカメムシ類の餌となるスギ，ヒノキの毬果が増加したことなど複合的な要因が考えられている（3.2.2 項参照）．

害虫の変遷も気候変動の影響とともに人の生活や生産の移り変わりの影響を大きく受けている．温暖化に代表される気候変動も人の影響による部分が大きいと言われるが，それも含めた自然環境の変動予測と人間の生活・生産様式の変動予測を総合的に考察すれば害虫の変遷もある程度の予測が可能であると思われる．

## 3.2 害虫管理

### □3.2.1 害虫管理の構想

1920年以後，植物由来のデリス，ニコチン，ピレトリンなどが殺虫剤として使用されていたが，1938年スイスで殺虫効果が発見された合成化合物DDTや1943年イギリス，フランスで殺虫効果が確認されたBHCは第二次大戦中から衛生害虫駆除に使用され，戦後はドイツで発見されたパラチオン（1944年）などの有機リン殺虫剤とともに農業害虫防除に使用されて食糧増産に貢献した．第二次大戦後の世界各国では食料不足が深刻となり，その解消のために農業においては量的生産性向上が第一の目標であり，各種の害虫に卓効を示し，害虫発生後の処理によっても確実に効果が得られる合成殺虫剤が盛んに利用されることとなった．このような状況の下で農薬の開発は盛んになり，合成殺虫剤による害虫防除は機械化とともに農業における労力軽減効果が顕著であったことも手伝って，世界の農業生産が殺虫剤を含む合成農薬に全面的に依存するに到った．

このように害虫防除が殺虫剤一辺倒で行われた結果，① 生態系の単純化による害虫の高密度化の助長，② 主要害虫における殺虫剤抵抗性の発達による薬剤の効力低下，③ それまで重要でなかった害虫の勢力増大による被害の顕現化，④ 殺虫剤の残留による人畜や自然界の生物への悪影響，などの農薬使用のマイナス面が表面化した．これらの問題に対する改善策として，1965年にFAOが主催したシンポジウムでSmithとReynoldsは「あらゆる適切な害虫防除技術を相互に矛盾のない形で使用し，経済的被害を生じるレベル以下に害虫個体群を減少させ，かつその低い個体群レベルに維持させるための害虫管理のシステム」という定義で総合防除（integrated control）を提唱した．さらに，MetcalfとLuckmann（1975）により害虫管理（pest management）という考えのもとに「害虫防除の実施にあたり，生態学的に正しい手段を駆使して殺虫剤による害を最小に，利益を最大にすること」とする総合的有害生物管理（IPM, integrated pest management）が提案された．これは害虫防除に関する考え方の両極端である農薬至上主義と天敵至上主義を排除したものである．1980年以後IPMの普及が本格的になり，東南アジア各国においては稲作農家に対するIPM教育訓練が広く行われ，IPMの実践へと進んでいる．わが国においては，戦後の量的食料不足の時代から食べ物を含め生活全般の質的向上を志向する時代に入ると，食料の需要側，供給側双方に環境問題や生態保全に対する理解が浸透し始め，今日，IPMが現実のものとなりつつある．IPMはわが国政府の目標として掲げる持続的農業，ひいては持続的人類社会構築，につながる要素であると思われる．

一方，2008年の世界人口は67億人で，国連の人口推計によれば2050年には91億人に達すると予想されている．日本をはじめとする先進国では人口の停滞または減少が予想されるところもあるが，発展途上国では人口の増加は続いており，飢餓に苦しむ地域も依然として存在し，地球規模では食料需要に供給が追いついていない．しかも，地球環境の悪化（農耕地の砂漠化，土壌劣化，地球温暖化，酸性雨，はては放射能汚染等）によって耕地の拡大努力にもかかわらず耕地拡大は厳しく，作物収穫量の変動が異常に大きくなっているのが現状である．このように耕地面積の拡大が望めない状況で世界的に農業生産量を増加させるには，単位面積当たりの収量を増加させる従来の方法，すなわち，多収作物の栽培，品種改良による多収品種の育成，気象変動や病害虫，雑草による減収分の縮小などを引き続き追及し，なおかつ，持続的農業との両立を図る以外にないように思われる．

一例として全農研究センターが無農薬栽培による作物の収量を，農薬による防除を行ったときの収量と比べた結果によると，イネ，ジャガイモでは減収は20%程度であったが，キャベツ，ハクサイ，キュウリではそれぞれ40〜65%，90%，50〜90%となり，減収量は栽培する作物によって大きく異なり，作物の種類によっては防除なしでは収穫の期待できないものもあることがわかる．実施した作物の平均では約50%の減収となっている．商品として出荷できる量はさらに減ることはもちろんであり，減収は栽培の条件によっても大きく変動する．東南アジアではイネにおいても防除を行わないと83%の減収が見込まれるとの報告もある．一般的に，このような減収の原因の約1/3が害虫によると考えられ，この部分が害虫管理の対象である．

農業分野における有害生物管理の一次目標は，その被害軽減，収穫物の品質向上，労力軽減にあるが，その過程で新規農業技術の定着を促す作用も見逃せない．害虫防除法は一般的には化学的防除（chemical control），物理的防除（mechanical and physical control），耕種的防除（cultural control），生物的防除（biological control），生殖制御による防除（reproductive control）に分類され，

**表 3.1**　害虫防除法の分類

| | |
|---|---|
| 化学的防除 | 殺虫剤の利用，フェロモンを含む誘引剤による誘殺，フェロモンによる交信撹乱，忌避剤の利用 |
| 物理的防除 | 手などによる捕殺，光，音による誘殺，隠れ場所の設置・処理，網などの隔離資材による保護，袋掛け，黄色蛍光灯による忌避，施設での紫外線除去フィルムの利用，紫外線反射フィルムのマルチング，熱水・太陽熱による土壌消毒，湛水・散水 |
| 耕種的防除 | 栽培時期を害虫発生時期からずらす，肥培管理による健全作物育成，圃場の清掃による害虫生息場所除去，輪作・混作，おとり作物の植え付け，対抗植物の栽培，抵抗性作物品種の利用，（形質転換作物の利用），接木 |
| 生物的防除 | 土着天敵の保護と活性化，有力天敵の導入，特定天敵の増殖と放飼（生物農薬） |
| 生殖制御による防除 | 不妊虫の放飼による根絶 |
| 法令による規制 | 植物検疫（国際植物検疫，国内植物検疫，緊急防除） |

生殖制御の特殊なものとして不妊雄の放飼による根絶がある．さらに，法令によって防除が義務化される場合がある（主に植物検疫，plant quarantine）（表 3.1）．IPM 理念の浸透とともに新規防除技術の開発や安全性と環境影響を意識した殺虫剤の開発も盛んになっている．IPM では，それぞれの方法の特徴，特に害虫個体群に及ぼす影響の仕方と，処理と効果発現までの時間，の違いについて理解して，1 作期全体を視野に入れた最適な方法の組み合わせを採用することが重要である．

実際には，害虫の発生の態様は作物および栽培地域によって異なるので，的確な防除を行うには，地域ごとに害虫発生に関するデータを毎年集め，それに基づいて防除対象害虫を決めて，発生時期と発生量を正確に予測することが必要である．具体的防除法の選択は，対象害虫の生態および発生予察の結果などを十分活用し，期待する効果，経費および資材，労力および実行の難易，環境に対する影響などを総合的に考慮して行うことが肝要であり，そのために図 3.1 のようなシステムが提案されている．作物害虫の個体群密度は激しくかつ不規則に変動することが多いので，発生予察による発生の時期と量の予測と，それらに基づいた被害解析による被害程度の予測を害虫発生のどれだけ前に，また，どれだけ正確にできるかが害虫防除を合理的に行うための第一条件である．

一方，これまで生産性の向上のためにとられてきた栽培手段である，単一作物・品種の大規模栽培，連続または重複した同一作物栽培，野生型がもっていた病害虫抵抗性形質が欠落した多収品種の栽培などは農業生態系を単純化，不安定

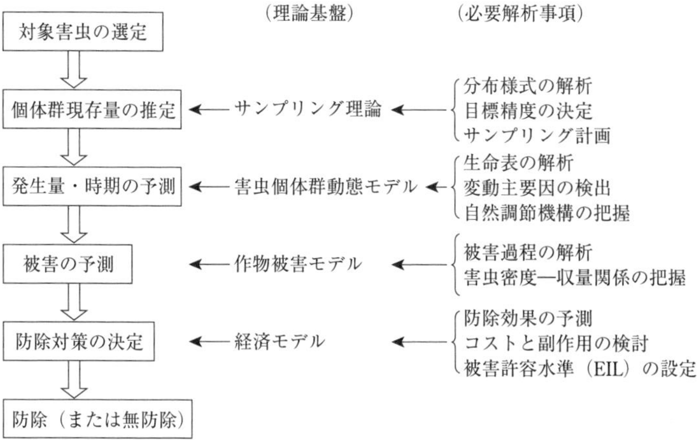


**図 3.1** 害虫管理の体系（久野，1984）

化に導き，病害虫発生による被害拡大の危険性を高めてきた．また，農業地域での都市化や農業集落の孤立化は農地と周辺自然環境を分離することで天敵の農地への移動，定着を妨げている．さらに，人間生活のグローバル化は，他国，他地域からの作物，品種導入や人，物資の移動に際して害虫侵入の機会を増している．このような今日的な問題に対しても生態学的見地からの対処が求められる．

さらに，近年わが国では，特に食の安全･安心に関連して農産物に対する消費者のニーズが多様になり，それに応じた農業経営形態としての無農薬栽培，有機農法なども見直され，害虫防除もそれぞれにふさわしい方法が求められる．世界的に広がりつつある遺伝子組換え作物の害虫防除への利用なども含めて，多様な栽培形態に対応した害虫管理を考えなくてはならない．

### □ 3.2.2 発生予察と被害解析

発生予察は，農作物が大きな被害を被る前にその前兆をモニタリングして，防除が必要な密度に増加する兆しが見えたら，いち早く防除対策を講じる方法である．それには，その害虫種がいつ頃どこで発生するか，水田や圃場，果樹園に飛来する以前の季節ではどのように生活しているかなど，季節消長と生活史の理解が必須である．農業生態系の挙動を理解する基礎科学と防除の応用技術が一体となった方策と言えよう．発生予察の調査・解析が防除効果を挙げている事例がいくつか報告されているので，それらを紹介する．

### a. ウンカの発生予察

西日本の水田で毎年被害をもたらすウンカの発生予察には長い歴史がある．その研究のあらましは岸本（1975）に，また，今日に至る発生予察システムについては中央農業総合研究センター（中央農研）のサイトに詳しい．これらをもとにウンカの発生予察を解説しよう．

江戸時代から九州北西部で発生したウンカの被害は，わかっているだけでも寛永4年（1627）から慶応4年（1868）まで33回もあったと記されている．ウンカの被害は昭和に入っても起こっており，昭和4年，15年，19年，23年，41年，42年と，たびたび大量発生してきた．イネに決定的な被害を与えるのはトビイロウンカとセジロウンカの2種で，古来その生態に謎の部分が多く，忽然と現れてみるみるうちに被害をもたらしていたのである．

6月～7月になると，西日本の水田にセジロウンカとトビイロウンカがどこからともなく出現する．それから秋まで，増殖・移動分散を繰り返しながらイネを吸汁し続ける．水田の中でウンカが大量発生した場所はイネが白く枯れて倒れるので，穴が開いたようになり，「坪枯れ」と言われる（図3.2）．大量発生したウンカは他の水田に移動してそこでも被害をもたらし，これが季節とともに北へ移動する．ところが，秋が深まるころには突然いなくなる．ウンカはどのように寒い冬を過ごすのか．――それまで専門家の間では2つの説があった．一方は，国内のどこかで越冬し，春になって各地に飛散するという越冬説．片方は，毎年海外から海を渡り飛来するという飛来説である．大勢は越冬説であった．

論争に終止符をうったきっかけは，二つの報告である．一つは1966年7月8日，鹿児島県下の一つの予察灯に一夜にしてセジロウンカ214万頭，トビイロウンカ5万頭あまりが誘殺された．もう一つは1967年7月17日，潮岬南方500キロの洋上にあった気象庁定点観測船「おじか」が突然飛来した小虫の大群に遭遇し，甲板では粉雪が舞うようにみえたと記されている．この虫の正体はセジロウンカとトビイロウンカであった．この二つの異常飛来の報告が研究の流れを一変させ，当時九州農業試験場に赴任したばかりの岸本良一によって研究が推進された．

ウンカには長翅型と短翅型がある（図3.3）．普通，最初に飛来した長翅型ウンカが田に住み着き，そこで3世代ほどを過ごす．1世代で10個以上産卵するから，3世代で1000～1500倍も増殖する．2世代目からは短翅型が多くなり（密度に依存して翅型が変わる），株間でもほとんど移動しない．被害が坪枯れ状を呈

**図 3.2**　ウンカによる坪枯れ
水田の一角だけイネが白っぽく枯れる．（中澤　肇氏撮影）

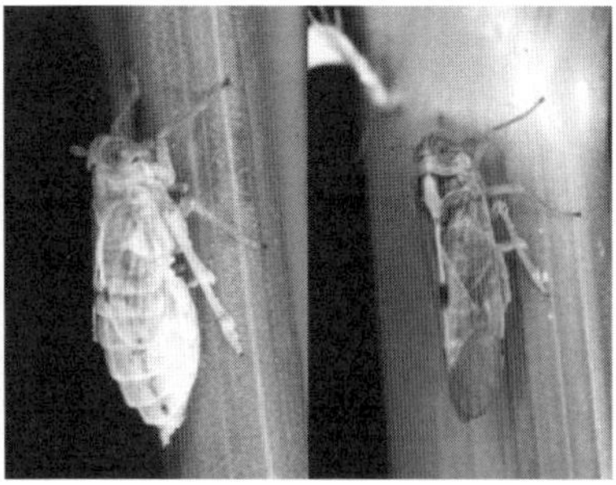

**図 3.3**　セジロウンカの短翅型（左）と長翅型（写真提供：九州沖縄農業研究センター）

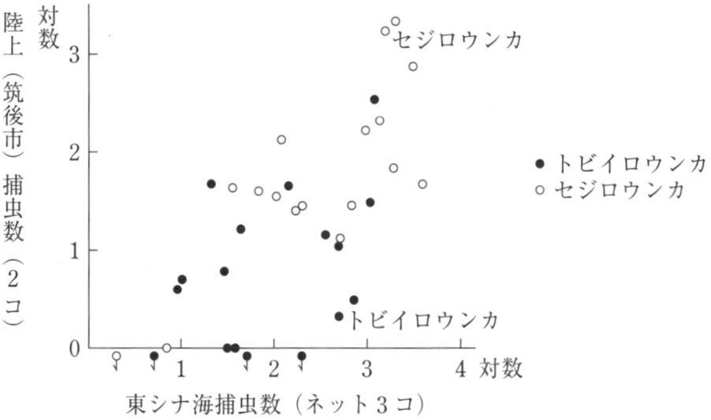


**図 3.4**　東シナ海と陸上（筑後市）における同一期間中の捕虫数の相関（1969～1980）．矢印のついた丸は捕虫数0を意味する．（岸本，1983）

するのはそのためである．また，ウンカがイネ以外を食害しないこと，長翅型は10～24時間も連続飛翔が可能なことなども明らかになった．

岸本らによって解明された飛来説は，梅雨どきの低気圧に乗って，中国大陸から飛来するものである．これは中国・東南アジアの研究者にも関心を呼び，以後国際的な規模で研究が進められるようになった．岸本らの開発した発生予察にもとづく防除法は，飛来時期と飛来程度の把握，海上と陸上での飛来密度の相関（図 3.4），飛来世代の次世代である短翅型雌成虫の発生量の予測，そして，この雌密度が一定の閾値を超えたときに防除作業を実行するという，具体的な技術体系を確立したことにある．いまでは飛来経路が明確にされており，梅雨前線の南

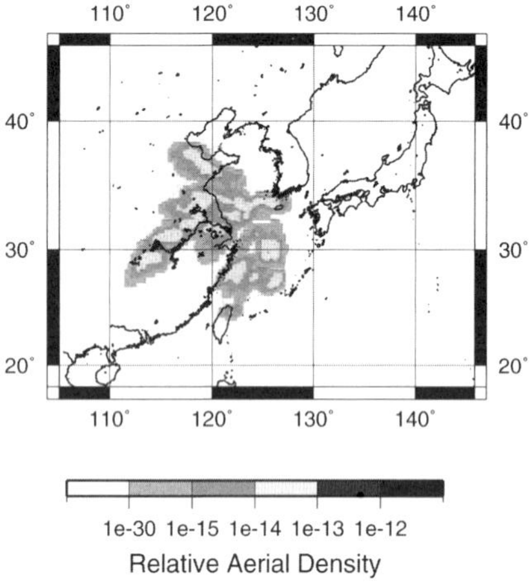


**図 3.5** ウンカ類リアルタイム飛来予測システムによる予測図（中央農業総合研究センター・日本原子力研究所）

側を中国華南から西日本に吹き抜ける下層ジェット気流がウンカの通路となっている．初発地は東南アジアで，ここで常時繁殖しているセジロウンカとトビイロウンカが中国南部へ移動，さらに海を越えて日本に至ることも解明された．

現在は，日本原子力研究所と中央農研が開発した大気中粒子の拡散予測技術を応用して，ウンカ類のアジア地域における長距離移動が高精度に予測できるようになった（図 3.5）．ウンカは下層ジェット気流に乗って飛来するため，数日先までの風や温度などの情報が含まれている気象予報データを利用する．これにより，アジアのどの地域から日本のどの地域にウンカが飛来するかを 2 日先まで予測でき，より適切なウンカの防除対策が可能となった．このシステムの予測精度に関する調査では，2003 年の梅雨期においては 74% であった．これは同期の降雨予報の的中率とほぼ同じ精度である．これを受けて，2004 年から実用システムとして予測を開始しており，ウンカの飛来を高精度に予測するシミュレーションシステムが完成した．

### b. チャバネアオカメムシの発生予察

柑橘類やカキなどの害虫であるチャバネアオカメムシの発生予察について，堤（2003），静岡県農林技術研究所のサイト，滝本・小笠原（2003），および太平（2003）に基づいて紹介する．果樹を加害するカメムシ類は 1970 年代前半ころから多発し，柑橘類やカキの果樹に大きな被害が報告され，全国的に問題となって

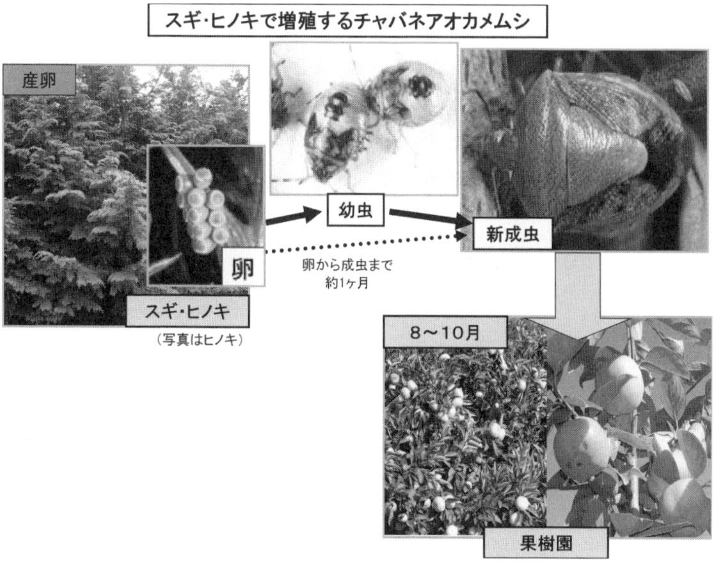


**図 3.6** チャバネアオカメムシの生活史の模式図
(図版提供:静岡県農林技術研究所)

きた.「果樹カメムシ」と総称するが,代表種はチャバネアオカメムシである(他に,ツヤアオカメムシ,クサギカメムシ).最近では1996年と2002年に大発生してナシやカキなどの果樹に大きな被害を与えた.チャバネアオカメムシは異常発生して果樹に多大な被害を与える年から,ほとんど発生しない年まで,年度によって発生量の変動が極めて大きい.そのため的確な発生予察が求められており,全国的に多発要因の解析が進められてきた.

主要種チャバネアオカメムシは6月下旬頃からスギやヒノキに産卵し,幼虫は毬果を餌として成長し,7月下旬〜10月に新成虫が発生する.成虫は,餌がたくさん残っているとスギやヒノキに留まるが,毬果を食べつくすと果樹園に移動,侵入する(図3.6).スギ,ヒノキの当年毬果量が多いと,チャバネアオカメムシの越冬個体数または翌年のカメムシ類の被害が多い傾向があることが分かり,スギ,ヒノキの毬果量とチャバネアオカメムシの発生量との間に高い相関があることは広く認められてきた.

しかし,広範囲で毬果の着生量を正確に評価することは労力的に困難なため,従来は,発生量を予測するには至らなかった.そこで,ヒノキ採種量のデータを利用して,主要種であるチャバネアオカメムシの発生量予測の可能性を検討する

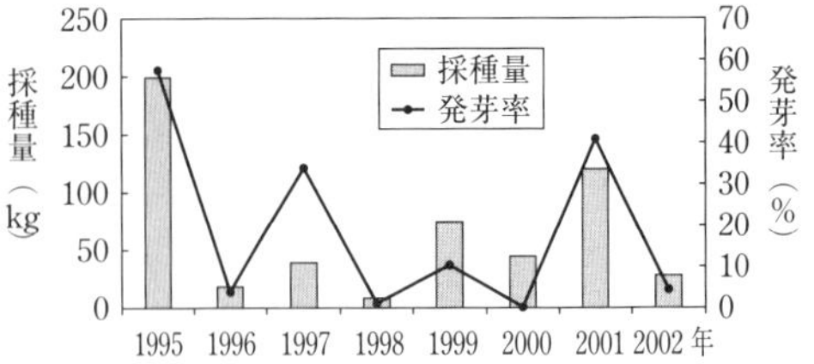


図3.7 ヒノキ種子生産量（採種量，棒グラフ）と発芽率（%，折れ線）の年次変動（愛知県での2つの採種園での平均）（滝本・小笠原，2003による）

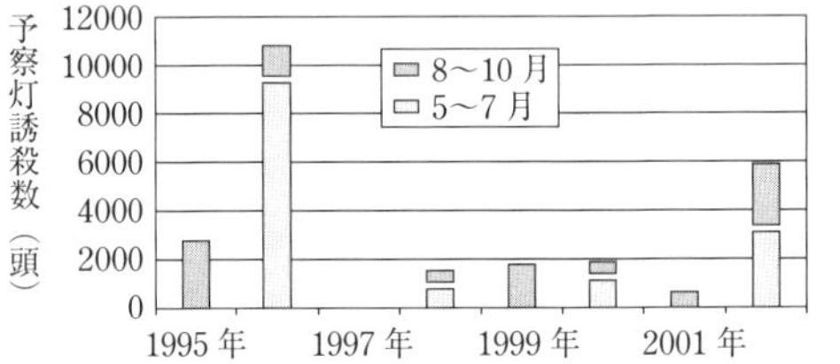


図3.8 年次別のチャバネアオカメムシの予察灯誘殺頭数（愛知県新城市と豊橋市の平均）（滝本・小笠原，2003による）

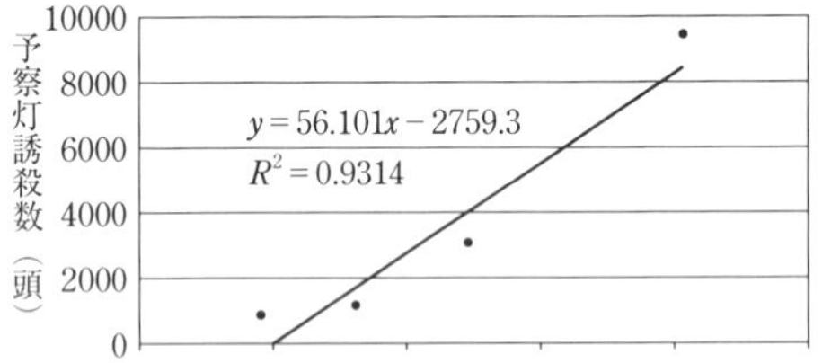


図3.9 ヒノキ種子生産量（採種量）と5〜7月予察誘殺数との関係（滝本・小笠原，2003による）

とともに，果樹園へのチャバネアオカメムシの飛来時期予測を可能にしている．

夏以降に果樹カメムシの発生予察をするには，①スギ・ヒノキでどれくらい増えているか，②いつ毬果を食べつくすのか，を知る必要がある．実は，スギやヒノキの毬果の着生は多い年と少ない年が明瞭で，隔年周期になっている．つまり，種子生産量は成り年と成らぬ年が顕著であることがわかった（図3.7）．そして，成り年の翌年5月〜7月に果樹園に飛来するチャバネアオカメムシの多発が見られる（図3.8）．また，種子生産量が成り年・成らぬ年の隔年周期に応じて，発芽率の変動も平行して推移する（図3.7）．種子発芽率の低下はカメムシの吸汁によってスギ・ヒノキ種子の胚乳や胚が被害を受けるために起きる．例えば，1995年のようにスギ・ヒノキの種子生産量が多い年には，翌年1996年の越冬明け世代成虫の発生数（5〜7月予察灯誘殺数）も多くなり，1996年のスギ・ヒノキの種子発芽率は低下することがわかった．

これらのことを総合すると，果樹園のチャバネアオカメムシの発生量を予測するには，前年のスギ・ヒノキ毬果の生産量を調べるのが糸口であることがわかった．そこで，予察灯を設置し，チャバネアオカメムシの5月〜7月の誘殺数を調べると，前年のスギ・ヒノキの種子生産量と予察灯誘殺数には高い相関がみられた（図 3.9).

また，果樹園に飛来する時期を予測する方法としては，福岡農業総合試験場が開発した予測モデルがある．果樹カメムシはスギ・ヒノキの毬果の胚乳や胚が吸汁により消失し，餌として不適になると，スギ・ヒノキから離れて果樹園に飛来する．不適となる目安は毬果当たり平均口針数が 25 本であるとしている．よって，7 月下旬の口針数をもとに果樹園への飛来時期を 2 次関数で回帰する式 $y = 45.94 - 1.362x - 0.1335x^2$ を得た（$x$ は 7 月下旬の 1 果あたりの口針数，y は調査日からヒノキ離脱までの日数)．この式は福岡だけでなく，東海地方などでも適合するようである．

以上のように，チャバネアオカメムシの発生を前年のうちに予察し，果樹園に飛来する時期まで予測するシステムが確立したのである．

### c. 被害解析

被害解析とは，要防除害虫がどれくらいの密度になったら防除し始めるかを前もって予測する体系のことである．その場合，経済的被害許容水準（EIL, economic injury level）を決めておく必要がある．例えば，果実に極小の口吻の刺し跡が 1 つあったとしても，味に問題はないはずだ．しかし，刺し跡が 5 個もついて果実が変形するほどになれば，買うのを躊躇する消費者も増えるだろう．時代の移り変わりとともに，潔癖症の消費者が多くなって，傷一つない玉のような果実を要求すれば，その分だけ，低密度でも殺虫剤の大量使用につながる．しかし，殺虫剤の自然生態系への環境負荷を考えれば，そこまでのレベルを消費者が要求するのは控えるべきだろう．このように，経済的にどこまで被害を許容できるか，という線引きは，防除開始を決める要といえる．

完成された被害解析は，発生予察に組み込まれたシステムの一部になっている．例えば，ウンカの場合は，岸本・桐谷がすでに図 3.10 のような要防除密度の検索表を作っている．岸本は，水田内で短翅雌成虫をさまざまな密度で放飼し，そのウンカの増殖や坪枯れ形成の仕方を綿密に観察し，桐谷の協力を得てこの検索表が完成した（桐谷・中筋 1977 の解説).

しかし，ウンカほどの体系だった被害解析は，他の害虫にはなかなかみられない．たとえば果樹カメムシの場合は，成虫が果樹に飛来するとただちに被害が出始めるので，要防除密度で判定する方式では間に合わない．よって発生予察で飛来するタイミングを推定して，早めに防除するのが一般的である．

なお，諸外国の発生予察システムとしては，米国での最近の事例は，ヨーロッ

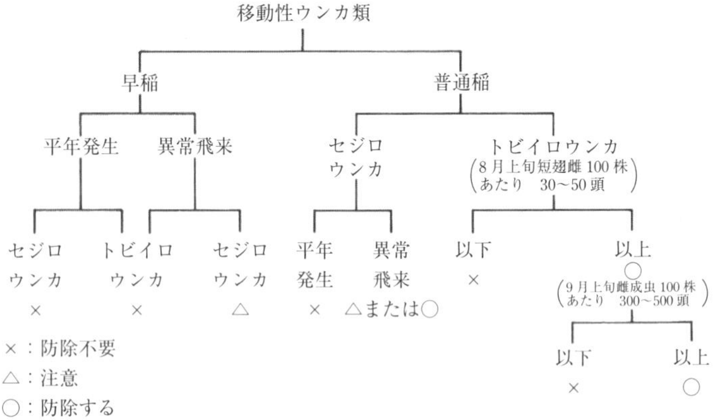


**図 3.10**　岸本と桐谷によって作られたウンカの要防除判定の検索表（桐谷・中筋，1977）

パアワノメイガ *Ostrinia nubilalis* やヒアリ *Solenopsis invicta*，コロラドハムシ *Leptinotarsa decemlineata*，ロシアコムギアブラムシ *Diuraphis noxia* など代表的な大害虫6種について，全米各州の郡ごとに発生の存否を予測するものがある（Ulrich and Hooper 2008）．これには，各地点の日ごとの天候や相対湿度のデータベース（PRISM）や，年間の気温と降水量の最高値，最低値，平均値の気候データベース（NRCS）を取り込み，各地点の土地利用はEPA（米国環境保全局）のデータベースを利用している．このシステムは，「発生」と予測した場合は米国全体で90% 以上の高い正答率だが，「発生なし」の予測は正答率59%～77% にまで下がる．間違いなく発生するレベルになれば，このシステムは高い正答率をはじき出すが，グレーゾーンのときはしばしば間違うようだ．ちなみに，このシステムでは，被害解析に基づく要防除密度を決めて防除を実行する完成された体系にはなっていない．

### □ 3.2.3　化学的防除

害虫防除に利用される化学薬剤には殺虫剤の他に忌避剤（repellent），誘引剤（attractant），不妊剤（chemosterilant）などがあるが，現在不妊剤は使用されていない．忌避剤としては吸血昆虫などに対するジエチルトルアミド（DEET）が比較的広く使用されている．また，ピレスロイドの中にはハダニに対する忌避作用を示すものも知られている．防除に利用される誘引剤としてはミカンコミバエのメチルオイゲノールがよく知られるが，ウリミバエのキュウルア，チチュウカイミバエのトリメドルアも防除や密度推定に利用される．これらのミバエ類誘引剤は雄のみを誘引するが，合成化合物のスクリーニングによって発見されたものである．一方，チョウ目昆虫などの性フェロモンは同種雌雄間の交信物質として昆虫から抽出され同定された化合物であり，数種の化合物が一定割合に混合していることが多い．性フェロモンなどの誘引剤は殺虫剤と併用して害虫の誘殺に利用される．また，性フェロモン成分や類似化合物を利用した交信撹乱法も害虫防除に広く用いられる．

### a. 殺虫剤

殺虫剤は農業害虫や疾病媒介昆虫の防除に世界中で大量に使用され続けており，薬剤の安全性や環境影響は地球規模で考えなければならない．特に，農薬はその必要性から持続的農業ひいては持続的社会構築の中で整合性をとりながら利用されるべきであり，殺虫剤一辺倒からIPMへの変化はそれに沿ったものである．IPMの中でも薬剤防除は主要な方法であり，新規殺虫剤の開発もマイナス要素の軽減を考慮して進められている．薬剤防除を多様な防除法のひとつとして位置づけることによって，薬剤使用の問題点である害虫のリサージェンス（誘導多発生）や殺虫剤抵抗性発達への対応も可能となる．

殺虫剤の有効成分である殺虫原体は固有の作用性，すなわち，対象害虫に対する殺虫力とそれ以外の生物に対する毒性の両方を有している．この正と負の作用の比較が選択性と呼ばれるもので，一般的には負の作用は人間を含む哺乳動物に対するものであるが，鳥類，魚類，有益昆虫，天敵生物，水生生物など防除目的以外の生物にも広げうる．負の作用軽減にはこの選択性の増大が求められる．殺虫原体のもつもう一つの重要な性質は分解性で，逆の言葉で表現すると残留性である．無機的，有機的要因によって残留性は変化するが，殺虫効力を十分発揮するためにはある程度の残留性が要求される．しかし，残留性は環境影響の観点からは低い方がよい．このように残留性にも正と負の作用があるために，殺虫原体には高い選択性と適度の残留性が求められる．殺虫原体は使用場面や施用法を想定し，各種副成分を加えて製剤として製品化されており，製剤や施用法を工夫することによって殺虫剤の効力を望ましい方向へ向けることも重要である．

#### 1）殺虫剤の安全性

わが国では，化学薬品の安全性，使用法などが製造，販売の登録制度によって規制されている．しかし，その法律は一元化されておらず，農薬としての殺虫剤は農林水産省管轄の農薬取締法，家畜の寄生虫防除剤は農林水産省管轄の動物用

**表 3.2**　農薬登録に必要なデータ

| | |
|---|---|
| 化合物の記載 | 化合物名，構造式，物理・化学的性質，安定性，不純物の種類と含量 |
| 急性毒性 | 経口 $LD_{50}$，経皮 $LD_{50}$（マウス，ラット，（イヌ））<br>皮下（または筋注）$LD_{50}$，静注（または腹腔内）$LD_{50}$（吸入 $LD_{50}$ または $LC_{50}$，ラット）<br>眼粘膜刺激性，皮膚刺激性（ウサギ） |
| 亜急性毒性 | 経口，（経皮）（マウス，ラット：3ヶ月間）<br>アレルギー性（モルモット）<br>吸入（ラット）<br>急性遅発性神経毒性（ニワトリ） |
| 慢性毒性，発癌性 | マウス，ラット：2 年間（イヌ：1 年間） |
| 次世代に及ぼす影響 | 2 世代繁殖試験（ラット，イヌ） |
| 催奇形性 | 妊娠中の投与（ラット，ウサギ）による奇形誘発性 |
| 変異原性 | DNA 損傷誘発性（枯草菌） |
| 染色体異常 | 染色体異常誘発性（CHL 細胞） |
| 復帰変異性 | 復帰変異誘発性（アミノ酸要求性サルモネラ菌，大腸菌） |
| 一般薬理 | 試験項目に応じた実験動物を使用 |
| 代謝 | 動物体，植物体 |
| 水生生物への影響 | ミジンコ，メダカ，コイ，冷水魚，藻類等 |

医薬品取締法，衛生害虫防除剤は厚生労働省管轄の薬事法によって，また，建築物，衣料の害虫及び不快害虫の防除剤は経済産業省管轄の化学物質の審査及び製造等の規制に関する法律によって規制されており，使用分野の登録がない限り薬剤の使用は許されない．一般的に殺虫剤には昆虫対象の殺虫剤のほか殺ダニ剤（acaricide），殺線虫剤（nematicide），殺ナメクジ剤（殺螺剤，moluscidide）が含まれ，それらに共通の薬剤が使われることもあるが，各分野特有の薬剤も多い．殺虫剤の登録には安全性のデータなどが必要であるが，使用分野により内容は多少異なり，農薬としての殺虫剤が最も多くのデータを必要とする．農薬の登録，製造承認申請には表 3.2 に示すように，化合物の記載，毒性，代謝･残留，環境影響の 4 つに分類されるすべてのデータが必要であり，それらに基づいた審査を経て初めて登録される．これが農薬の安全性の根拠である．さらに，使用に際しては，毒性に基づいて設定される ADI（1 日最大摂取許容量：慢性毒性，発癌性データにおける一番小さい最大無作用量に安全係数（通常 1/100）をかけた値）と作物残留量とから対象作物，散布回数などが規定される．2003 年 3 月には農薬取締法が改正されて，無登録農薬の製造，輸入，販売などの違反に対する

罰則強化，農薬使用者への使用基準の遵守義務などが盛り込まれた．農薬使用に当たっては，薬剤に添付されているラベルに記載された用法・用量，散布回数，収穫前期間などに関する注意事項の確認と厳守が基本である．

農薬の安全性については世界各国の間での調和が求められるが，現在のところ，わが国，米国，EUの間で環境影響の評価，および残留量の評価において相違が見られ，今後，環境中での農薬の挙動に関するデータ収集が重要になる．日本国内の問題としては，マイナー作物といわれる地方特産で，全作付面積の小さい作物の病害虫防除剤は開発され難いことが挙げられる．企業は安全性試験費用と市場規模の採算バランスを考えて，効力があっても採算の合わないマイナー作物対象には農薬登録を取らないためである．2006年5月からの作物残留のポジティブリスト制度導入により販売食品の残留基準厳守が一層強く求められ，リスト掲載以外の農薬の残留は認められない．

2）殺虫剤の種類

現在使用されている殺虫剤有効成分を作用点などによって分類すると表3.3に示すとおりになる．以下に主なものを簡単に説明する．

**有機リン化合物**　ドイツの化学工業会社バイエルのG. Schraderが1930年代後半に初めて有機リン化合物の殺虫性を見出し，その研究成果を1947年に発表した．その後，多数の有機リン殺虫剤の開発が続き，その中で毒性の軽減や作用性の変化などが追及されて今日に到っている（図3.11）．有機リン殺虫剤は殺虫スペクトルが広く環境中での残留性が比較的低いのが特徴である．有機リン殺虫化合物はコリン作動性神経シナプスのアセチルコリンエステラーゼ（AChE）の活性中心に結合して伝達物質アセチルコリン（ACh）の分解を阻害する．その結果，シナプス内に残った過剰のAChがACh受容体に働き，異常興奮とそれに続く神経伝達の停止を引き起こす．有機リン殺虫剤の多くはリン酸部分に硫黄がついたチオノ型をしており，昆虫の脂肪体や中腸組織で脱硫的酸化を受けオクソン型に活性化されて，AChE阻害活性が非常に高まる．非対称型をしたS-プロピル基をもつ化合物は，そのイオウが神経組織で酸化活性化を受ける．これらの酸化的活性化は次節に述べるシトクロームP450によって起きる．

**カーバメート**　アフリカのカラバマメ *Physostigma venenosum* に含まれるアルカロイド，カルバミン酸エステルのフィゾスチグミン（エゼリン）はコリン作動性神経薬として知られていて，1940年代までは医薬目的で関連化合物が合成されていた．しかし，1947年のAChE阻害作用をもつ有機リン殺虫剤の発表が

**表 3.3**　殺虫剤の作用点等による分類

1　アセチルコリンエステラーゼ（AChE を阻害し，神経興奮の伝達を遮断する）
有機リン化合物：アセフェート，イソキサチオン，エチルチオメトン，カズサホス（N），クロルピリホスメチル，ジクロルボス，ダイアジノン，ピラクロホス，プロチオホス，フェニトロチオン，ホスチアゼート（N），マラソン，メチダチオン
カーバメート：アラニカルブ，オキサミル（N），カルバリル，カルボスルファン，チオジカルブ，ビフェナゼート（A），ベンフラカルブ，フェノブカルブ

2　ニコチン性アセチルコリン受容体（ACh 受容体に結合し，神経伝達を阻害する）
ネオニコチノイド（アゴニスト）：アセタミプリド，イミダクロプリド，クロチアニジン，ジノテフラン，チアクロプリド，チアメトキサム，ニテンピラム
ネライストキシン関連化合物（アンタゴニスト）：カルタップ，チオシクラム，ベンスルタップ
修飾剤（ACh 受容体に作用し，ACh の結合を阻害する）：スピノサド

3　電位依存性ナトリウムイオンチャネル
ピレスロイド（チャンネルのゲート閉鎖を阻害）：アクリナトリン（A），エトフェンプロックス，シハロトリン，シフルトリン，シペルメトリン，シラフルオフェン，トラロメトリン，ビフェントリン，フェンバリレート，フェンプロパトリン（A），フルシトリネート，フルバリネート，ペルメトリン，
オキシジアジン（チャンネルを塞ぐ）：インドキサカルブ

4　GABA$_A$ 受容体–塩素チャネル複合体
フェニルピラゾール（アンタゴニスト）：エチプロール，フィプロニル
イオンチャネル活性化物質：エマメクチン安息香酸塩，ミルベメクチン（A）

5　リアノジン受容体（筋肉小胞体から Ca イオンを放出させて筋肉を強直させる）：フルベンジアミド，リナキシピル

6　昆虫ホルモン様物質
幼若ホルモン様化合物（ジュベノイド）：ピリプロキシフェン，メトプレン
脱皮ホルモン様化合物：クロマフェノジド，テブフェノジド，メトキシフェノジド

7　キチン合成阻害剤
ベンゾイルフェニルウレア（チョウ目）：クロルフルアズロン，ジフルベンズロン，テフルベンズロン，ノバルロン，フルフェノクスロン，ルフェヌロン
ブプロフェジン（カメムシ目同翅亜目）
シロマジン（ハエ目）

8　昆虫中腸繊毛上皮に作用する微生物毒素
ハエ目：*Bt. israelensis, B. sphaericus*
チョウ目：*Bt. aizawai, Bt. kurstaki*
コウチュウ目：*Bt. tenebrionis*

9　作用点未特定物質：ピメトロジン（摂食阻害），トルフェンピラド，ピリダリル

10　物理的作用（気門の封鎖など）：オレイン酸ナトリウム，脂肪酸グリセリド（A），プロピレングリコールモノ脂肪酸エステル（A），マシン油（A）

殺ダニ剤

1　酸化的リン酸化阻害剤 または ATP 合成酵素阻害剤（ATP 生産撹乱剤）：ジアフェンチウロン，酸化フェンブタスズ，テトラジホン，プロパルギッド

2　プロトン濃度勾配を撹乱する酸化的リン酸化脱共役剤：クロルフェナピル

3　オクトパミン様作用物質：アミトラズ

4　ミトコンドリアの電子伝達系阻害剤
共役部位 I に作用する：ピリミジフェン，フェンピロキシメート，テブフェンピラド，ピリダベン
共役部位 III に作用する：アセキノシル，フルアクリルプリム

| | |
|---|---|
| 5 脂質合成阻害剤：スピロジクロフェン | |
| 6 ダニ成長制御剤：クロフェンテジン，ヘキシチアゾクス，エトキサゾール | |
| 殺線虫剤 | |
| 1 作用点未知または未特定物質 | |
| くん蒸剤：クロルピクリン，メチルイソチオシアネート，D-D | |
| その他：塩酸レバミゾール，酒石酸モランテル，DCIP，ネマデクチン | |
| 殺ナメクジ剤（殺螺剤） | |
| 1 作用機作未解明：メタアルデヒド | |

註）殺ダニ剤，殺線虫剤：殺虫剤と共通するものは，殺虫剤の中にそれぞれ（A），（N）で示してある．

契機となって殺虫剤への開発が始まり，今日までに多くの殺虫剤が開発された（図3.11）．日本ではカルバリル，フェノブカルブ，ベンフラカルブなどが稲害虫ウンカ，ヨコバイなどの防除に広く使用されている．

**ピレスロイド**　クロアチアのアドリア海沿岸ダルマチア地方原産のシロバナムシヨケギク（*Pyrethrum cinerariaefolium*，除虫菊）は1885年に日本に紹介され，産業として和歌山県有田地方で栽培が始まった．除虫菊は最初，粉末で用いられたが，1890年には棒状に，1897年頃より長時間燃焼型（7～8時間）で輸送に便利な渦巻型に成型され衛生害虫駆除剤として広く使用された．第2次大戦前には除虫菊の生産地も北海道から瀬戸内まで拡がり，世界一の生産量に達したが，戦中，戦後の食糧増産のために除虫菊畑は姿を消した．除虫菊には殺虫成分として酸とアルコールから成る構造類似の6種のエステル化合物，ピレトリンI，II，シネリンI，II，ジャスモリンI，IIが含まれ，それらの絶対構造は1954年から1958年に決定された．その後，殺虫活性の強い合成化合物であるピレスロイド（図3.11）が次々と合成されたが，大略，1960年代はピレスロイドのアルコール部分の改変（例：ペルメトリン），1970年代は酸成分の改変（例：フェンバリレート），1980年代はエステル結合部分の改変（例：エトフェンプロックス）により新規化合物がつくられた．ピレスロイドは不斉炭素を含むため，菊酸側に立体異性体（cis, trans）と光学異性体（R, S）があり，アルコール側には光学異性体（R, S）がある．立体異性体はtrans体がcis体より活性が強く，光学異性体はアルコール側ではS体が，酸側ではR体が強い．ピレスロイドは昆虫神経軸索の電位依存性ナトリウムイオンチャネル（$Na^+$チャネル）の閉鎖機能を阻害して神経伝達を撹乱するため，被曝した昆虫は興奮，痙攣，呼吸麻痺を起こして死に至る．ピレスロイドは即効性で殺虫スペクトルが広く，畑作及び果樹害虫や衛生害虫防除に広く使用されているが，魚毒性が強いものが多く，水田で使

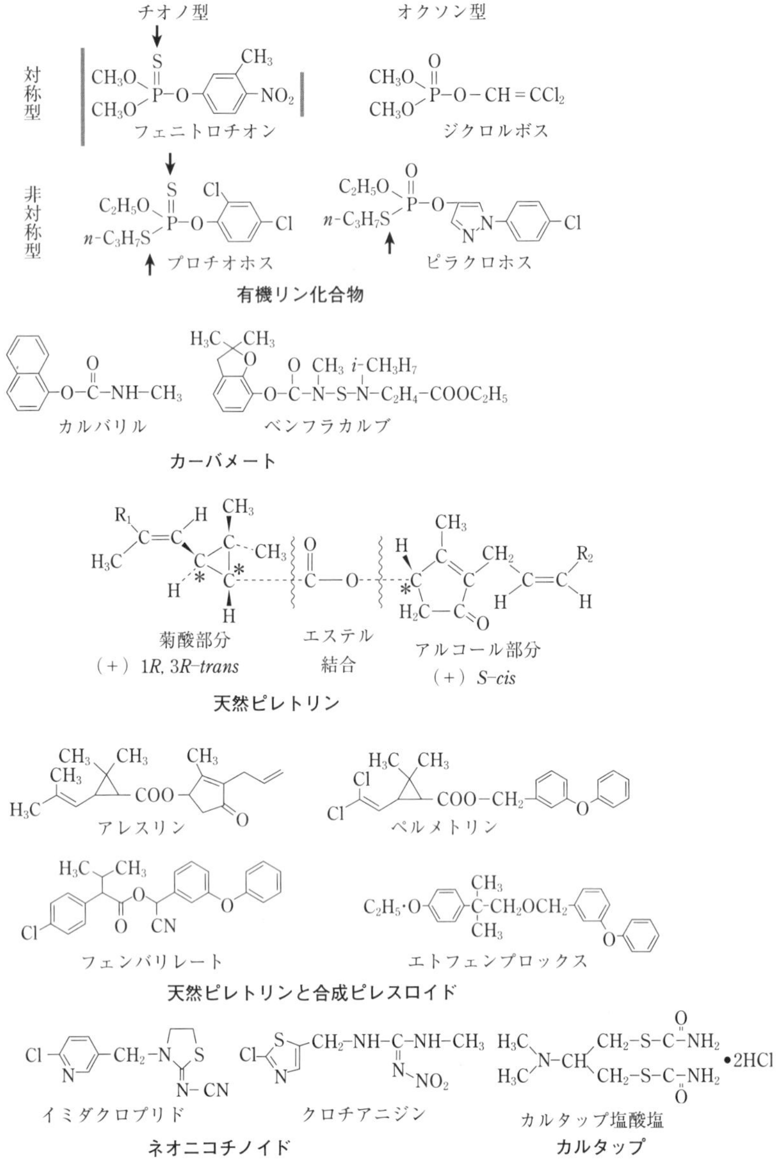
チオノ型
オクソン型
対称型
フェニトロチオン
ジクロルボス
非対称型
プロチオホス
ピラクロホス
有機リン化合物
カルバリル
ベンフラカルブ
カーバメート
菊酸部分
(+) 1R, 3R–trans
エステル結合
アルコール部分
(+) S–cis
天然ピレトリン
アレスリン
ペルメトリン
フェンバリレート
エトフェンプロックス
天然ピレトリンと合成ピレスロイド
イミダクロプリド
クロチアニジン
カルタップ塩酸塩
ネオニコチノイド
カルタップ

**図 3.11** 殺虫剤の化学構造 (1)

用可能な化合物は限られている.

**ネオニコチノイド** タバコの葉の粉末などは古くから害虫防除に利用され，その主要成分であるニコチンも合成殺虫剤の登場前には殺虫剤として使用されていた．近年開発されたイミダクロプリドなどのネオニコチノイドと呼ばれる主にピリジン環をもつ化合物（図 3.11）はニコチンと同様，コリン作動性神経のシナプス後膜にあるニコチン性アセチルコリン受容体にアゴニストとして作用する．効力はカメムシ目昆虫に対して高いのが特徴である.

**ネライストキシン関連化合物** 海産環形動物スナイソメから分離された殺虫成分ネライストキシンをリード化合物として開発された殺虫剤がカルタップ（図 3.11）などのネライストキシン関連化合物である．作用点はニコチン性アセチルコリン受容体であるが，ネオニコチノイドとは異なりシナプスでの神経伝達を遮断するように働くため，中毒した昆虫は静止する.

**リアノジン受容体アゴニスト** 南米のイイギリ科植物 *Ryania speciosa* の茎を粉にしたものは昆虫に対して接触毒，食毒として働き，チョウ目害虫対象の殺虫剤として使用されていた．その主要アルカロイド成分はリアノジンで，2～5 $\mu$g でゴキブリ，セクロピアサン，カエル，マウスに中毒症状を引き起こす．リアノジンは直接神経や神経節に処理しても異常を起こさず，感覚，神経筋の刺激伝達にも作用しないが，筋肉を強直させる．筋小胞体からの Ca イオン放出を促すためと考えられる．フルベンジアミド（図 3.12）などの化合物が殺虫剤として最近開発された.

**IGR**（insect growth regulator，昆虫成長制御剤） IGR として現在，幼若ホルモン様化合物，脱皮ホルモン様化合物，およびキチン合成阻害剤が使用されている．IGR の特長は脊椎動物には存在しない昆虫に特有の作用点に働く点であり，脊椎動物に対する急性毒性は低い（表 3.4）．昆虫の脱皮，変態は脱皮ホルモンと幼若ホルモンのバランスによって調節されているため，どちらかのホルモン活性をもつ化合物を外部から昆虫に投与するとホルモンバランスが崩れて正常な脱皮，変態が進行しない．形態的にも，幼虫と蛹の両形質が発現するなどして，最終的には死に至る．幼若ホルモン様化合物としてはピリプロキシフェン，脱皮ホルモン様化合物としてはテブフェノジド，クロマフェノジドなどがある．昆虫表皮の主成分であるキチンの合成を阻害するジフルベンズロンなどベンゾイルフェニルウレア化合物やウンカ，ヨコバイなどに特異的に効力を示すブプロフェジンなどがキチン合成阻害剤として使用されている（図 3.12）．キチン合成阻害剤

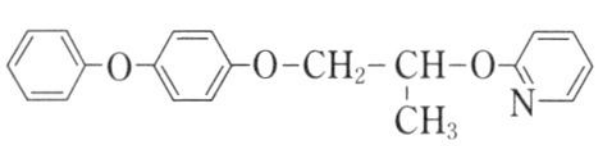

ピリプロキシフェン（幼若ホルモン様作用）

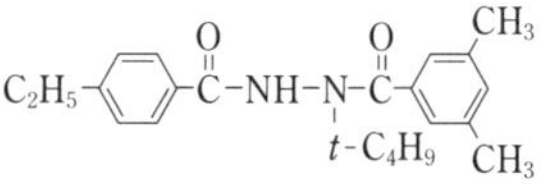

テブフェノジド（脱皮ホルモン様作用）

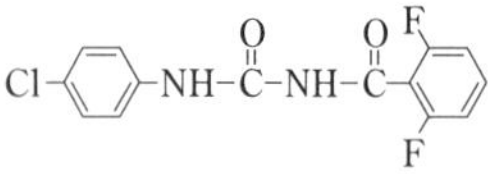

ジフルベンズロン
（キチン合成阻害）

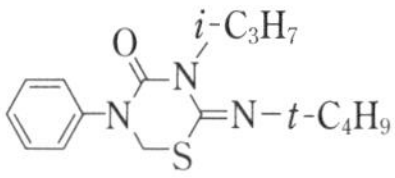

ブプロフェジン
（脱皮阻害，同翅目）

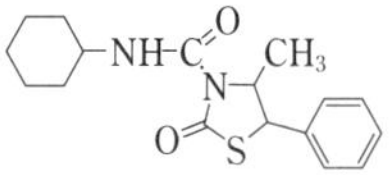

ヘキシチアゾックス
（脱皮阻害，ダニ）

**昆虫成長制御剤**（IGR）

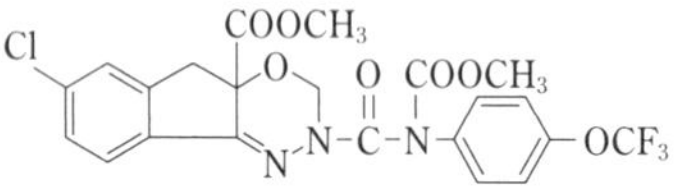

インドキサカルブ

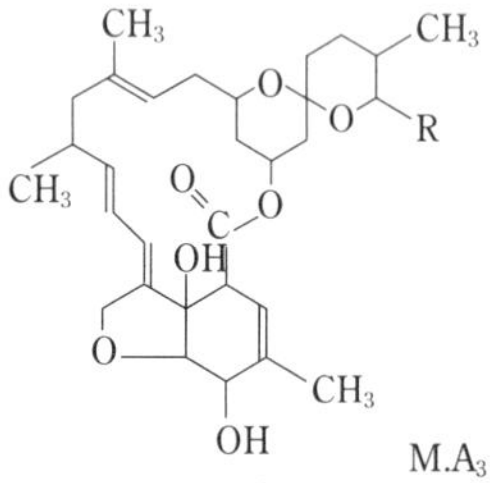

ミルベメクチン

M.$A_3$：R＝$CH_3$
M.$A_4$：R＝$C_2H_5$

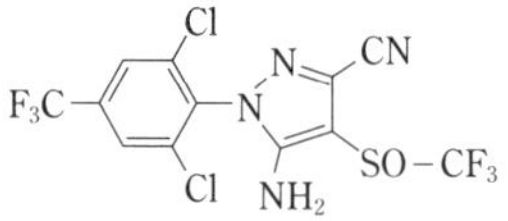

フィプロニル

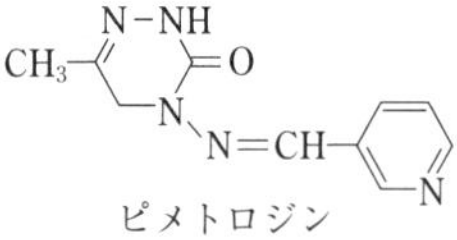

ピメトロジン

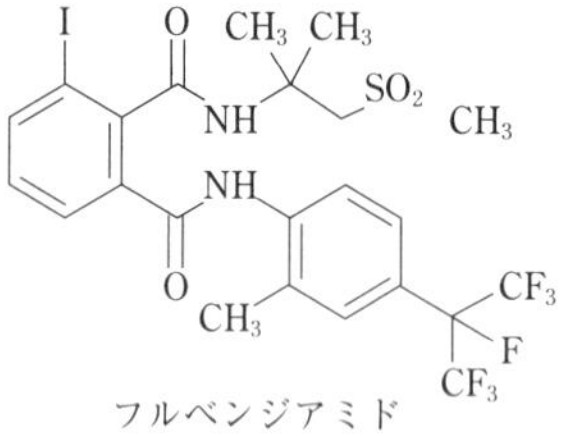

フルベンジアミド

**近年開発された殺虫化合物**

**図 3.12** 殺虫剤の化学構造（2）

の効果は脱皮時に現れ，新しい表皮が破れたりすることが原因で昆虫は死亡するため，成虫には効かないが，成虫に処理すると産まれた卵から幼虫が孵化できずに死亡することも多い．

**その他最近開発された殺虫剤**　比較的最近に開発された殺虫化合物を図 3.12 に示した．インドキサカルブは $Na^+$チャネルに作用するが，ピレスロイドとは異なり，チャネルを塞ぐように働くと考えられている．フィプロニル，放線菌生産物ミルベメクチンは GABA 受容体に作用する．ピメトロジンは作用機作未解明であるが，アブラムシの吸汁を阻害する他に類を見ない殺虫剤である．

**表 3.4**　殺虫剤のラットに対する急性経口毒性の比較

| 殺虫原体 | ラット急性経口毒性（$LD_{50}$ mg/kg） |
|---|---|
| フェニトロチオン | 565 |
| プロチオホス | 1765 |
| アレスリン | 842 |
| ペルメトリン | 450 |
| レスメトリン | >2500 |
| エトフェンプロックス | 42880 |
| ピリプロキシフェン | >5000 |
| テブフェノジド | >5000 |
| ジフルベンズロン | >1000 |
| ブプロフェジン | 8720 |

**表 3.5**　結晶毒素タンパクによる Bt 系統の分類

| 遺伝子型 | 毒素の形 | 対象害虫 | 分子量（kDa）（活性毒素） | 商品化された系統 |
|---|---|---|---|---|
| CryI（A–D） | バイピラミダル | チョウ目 | 130–140（60–70） | *aizawai*, *kurstaki* |
| CryIIA | 立方形 | チョウ目，ハエ目 | 70–73（65） | |
| CryIIB | 立方形 | チョウ目 | 71（65） | |
| CryIIIA | 長斜方形 | コウチュウ目 | 72（66） | *tenebrionis, san diego* |
| CryIVA | 卵形 | ハエ目 | 135（53–78） | *israelennsis* |
| CryIVB | 卵形 | ハエ目 | 128（53–78） | |
| CryIVC | 卵形 | ハエ目 | 78（58） | |
| CryIVD | 卵形 | ハエ目 | 72（30） | |
| CryV | | チョウ目，コウチュウ目 | 81 | |
| CryVI | | 線虫 | | |

**Bt（*Bacillus thuringiensis*）毒素**　Bt 芽胞中に形成される結晶性毒素タンパク質 δ–エンドトキシンはその形態，分子量，毒性を示す昆虫種によって CryI–CryIV の 6 種（表 3.5）に分類され，それぞれいくつかの遺伝子型に分けられる．CryI，CryIII, CryIV はそれぞれチョウ目，コウチュウ目，ハエ目昆虫に毒性を示し，CryIIA はチョウ目とハエ目の両方に，CryIIB はチョウ目，CryV はチョウ目とコウチュウ目の両方に毒性を示す．CryVI は線虫に活性を示す．CryI および CryIIB 結晶毒素はチョウ目昆虫中腸のアルカリ性消化液により解離され，さらに，タンパク質分解酵素によって 60–70kD の活性ポリペプチドになる．活

性化体は囲食膜を通過して中腸の微絨毛表皮の特異的部位に結合し，構造中にもっている7個のヘリックス構造によって微絨毛表皮にチャンネルを形成する．これによりイオンや水の細胞内への流入が起き，微絨毛の崩壊，細胞内器官の空胞化の後，細胞は溶解する．この中腸組織の崩壊により昆虫は敗血症などを起こし死亡する．CryIA毒素の中腸微繊毛の結合部位としてアミノペプチダーゼNとカドヘリン様タンパクが報告されている．コウチュウ目とハエ目の中腸ではその酸性度に適合した蛋白分解酵素によって活性化毒素が形成される．

市販されているBTには培養した細菌を生きたまま製剤したもの（生菌），死菌，更には毒素遺伝子をシュードモナス菌に組み替えて毒素を生産させたものなどがある．

**殺ダニ剤**　作物加害ダニとしてはハダニ類が重要であり，続いてフシダニ，ホコリダニ，コナダニがあげられる．これらのダニはどれも微小であり，生活環が短いために薬剤抵抗性が発達し易い．ハダニの薬剤感受性は昆虫と異なるところがあって専用の殺ダニ剤も開発され（表3.3），ミトコンドリア内のATP生産過程に作用する薬剤が多い．また，ベンゾイルフェニルウレアと同様な脱皮，孵化の不全を誘起する薬剤や，マシン油，脂肪酸グリセリドのように物理的作用により効力を現す薬剤もある．以前には有機リン剤も使用されていたが，抵抗性発達のために現在ではほとんど使用されていない．さらに，殺虫剤の散布による天敵の減少などで起こるハダニのリサージェンスも知られており，害虫防除時には薬剤選択などに注意が必要である．

**殺線虫剤**　植物寄生性土壌線虫に対する防除剤として使用されてきた臭化メチルがオゾン層破壊の原因となるために世界的に使用禁止となり，代替薬剤が求められている．従来から使用されてきた土壌燻蒸剤であるクロルピクリン，メチルイソチオシアネート，D–D（1,3–dichloropropeneと1,2–dichloropropaneの混合物）や有機リン剤，カーバメート剤の他に塩酸レバミゾール，酒石酸モランテル，DCIP，ネマデクチンなどの薬剤が使用されている（表3.3）．燻蒸剤の使用に当たっては周辺への影響に十分配慮する必要がある．

**衛生害虫防除剤**　衛生害虫防除には農業用殺虫剤の有効成分と共通な有機リン化合物やピレスロイドが使用され，IGRではメトプレン，ピリプロキシフェン，ジフルベンズロンが使用されている．家庭用のカ，ハエ，ゴキブリなどの防除にはエアゾール剤，蒸散剤に製剤して使われることが多く，その有効成分として速効に優れたピレスロイドのフタルスリンやイミプロトリンなどが含まれる．

人体への安全性が比較的高いフェノトリンはシラミ駆除剤に使われる．ゴキブリやアリなどを対象とした毒餌剤（ベイト剤）の成分にはホウ酸やヒドラメチルノンが用いられる．

3）解毒酵素と殺虫剤の解毒

殺虫剤などの外来異物の解毒・分解に関与する酵素として昆虫を含む生物全般に存在するものにシトクローム P450（CYP），カルボキシルエステラーゼ（CE），グルタチオン S 転移酵素（GST）の 3 種類が知られ，主に脂肪体，中腸に存在している．多くの昆虫種でゲノム研究が進むにつれて，これらの酵素は基質などを異にするアイソフォームとして個体中に多数存在することが明らかになった．

CYP はモノオキシゲナーゼと呼ばれる酸化酵素系の末端に位置し，活性中心にヘム構造をもち，基質に直接 1 原子の酸素を付加する酵素である．NADPH から 2 個の電子が NADPH–CYP 還元酵素を介して供給される．CYP による酸化反応には各種の水酸化，O–アルキル，N–アルキル，S–アルキルの脱アルキル，エステルの開裂，脱硫的酸化，エポキシ化，イオウの酸化などがあげられる．CYP は有機リン剤の酸化的活性化に働くほか，カーバメート，ピレスロイド，ベンゾイルフェニルウレアなどをそれらのベンゼン環の炭素を水酸化することによって解毒する．これまでに，各種生物から 100 以上の族に分類される非常に多数の CYP が見付かっており，キイロショウジョウバエではゲノム中に約 90 のアイソフォーム遺伝子が存在している．一般的 CYP の活性定量は細胞のミクロソーム分画に補酵素 NADPH と NADPH–CYP 還元酵素を加え，基質には $^{14}$C ラベル化合物（アルドリン，ベンゾピレン，メトキシレゾルフィン等）を用いて反応産物のラジオアイソトープ測定によって行う．

CE は基質範囲が広く，芳香族および脂肪族エステル，リン酸エステル，酸アミド，エポキシドを加水分解する．ピレスロイド，有機リン化合物，カーバメートはエステル結合を持った化合物であるため，CE の基質となり，エステル部分が分解される可能性がある．CE はメトプレン，ジフルベンズロンなどの分解にも関与することが知られている．一般に哺乳動物では CE 活性が昆虫より高く，マラソン，ジメトエート等の有機リン化合物やピレスロイドをより速く解毒するため，これらの化合物の選択毒性発現の要因となっている．また，CE は薬剤と結合して作用点への到達量を減少させること（sequestration と呼ぶ）によって毒性を下げる働きもあり，その存在量の多少は有機リン化合物毒性の動物種間差の原因でもある．CE 活性は酵素分画に基質として 1–ナフチル酢酸（他に多くの人工基質がある）を加え，反応分解物である 1–ナフトールと色素を反応させて比色定量する．さらに，CE アイソフォームは比較的簡単に電気泳動によって分離できる．

GST は親油性化合物の電子密度の低い構造，いわゆる，求電子基にグルタチオンが含む求核スルフィドを置換する反応を触媒してグルタチオン抱合をおこす．昆虫体内ではグルタチオン抱合体は分解され，システイン抱合体として排泄される．チオノ型，オクソン型両方の有機リン化合物に対して O–アルキル，または，O–アリル部分を脱アルキル，脱アリルする．ただし，O–エチル部分には作用しないため，ジエチルリン酸化合物の毒性はジメチルリン酸化合物より高い．GST の活性は酵素分画に還元型グルタチオンを加え，CDNB（1–chloro–2, 4–dinitrobennzene）や DCNB（1, 2–dichloro–4–nitrobenzene）を基質として，反応産物を 340 nm の吸光度によって定量する．CYP，GST では，昆虫が持っている多数のアイソフォームを簡単に分離できないのが実験での難点である．

それ自体には殺虫力がないにもかかわらず，殺虫剤とともに昆虫に処理すると殺虫剤の効力を高める働きをする化合物を協力剤と呼ぶ．この中のほとんどは昆虫が持つ殺虫剤解毒酵素を阻害する化合物である．最もよく知られる化合物に CYP の阻害剤のピペロニルブトキシド（PB）があり，ピレスロイドの協力剤として使われる．しかし，有機リン剤では昆虫体内で CYP によって酸化活性化される場合が多く，共用によって効力が下がることもある．イプロベンホス（IBP）は殺菌剤であるが，昆虫のカルボキシルエステラーゼ（CE）を阻害し，有機リン剤の協力剤となる．

4）殺虫剤の効力検定

殺虫剤の効力検定には目的に応じて各種の方法が採用されるが，基礎的効力の検定には微量滴下試験法が広く用いられる．原体を溶媒で希釈した微量の薬液を微量滴下装置によって供試虫の体表に付着させ，一定時間後の致死率を求める．薬量の対数値と致死率の確率値（プロビット）によって両者の直線関係を求めて，50% 致死薬量（$LD_{50}$）を算出する．この方法では，供試虫 1 匹あたりの処理薬量を正確に知ることができるため，単位体重当たりの $LD_{50}$ 値に換算すれば，薬剤間，昆虫間などの比較が容易である．他の方法として，薬剤を処理した容器に供試虫を入れて試験する残渣接触法や，薬液に直接供試虫を浸漬する薬液浸漬法なども用いられる．薬液浸漬法では効力は 50% 致死濃度（$LC_{50}$）などで表示する．試験薬剤とともに協力剤を処理することによって抵抗性に関与する要因を推定することも可能である．例えば，ピレスロイドにPBを加えて処理したときの$LD_{50}$値がピレスロイド単独の$LD_{50}$値より低下する場合には，解毒要因としてCYPの関与が推定される．同様に，CE阻害作用をもつトリフェニルリン酸（TPP）やジイソプロピルフルオロリン酸（DFP）などを利用するとCEによる解毒を知ることができる．

5）製剤と散布器具

薬剤を圃場で使用して効力を得るには，比較的わずかな量の殺虫原体を希釈し，均一に散布する必要がある．これが製剤化する第一の目的であり，殺虫原体の効力を最大限に発揮させる種々の工夫がなされる．製剤の備えるべき性質としては，保存安定性，安全性の付与，省力化も含めた扱いやすさ，経済性などが挙げられ，製剤化によって原体の短所を補うことも可能である．製剤は使用者の要求や社会の要請の変化に対応して変遷している．表3.6には製剤の種類とその特徴などを示した．原体の物理･化学的性質によって製剤の種類が限定される場合もある．

**表3.6** 殺虫製剤の種類

| | |
|---|---|
| 乳剤（EC） | 有機溶媒と乳化剤に原体を溶かした製剤．使用時に水で希釈し，乳濁液として残留噴霧などで使用する．原体をマイクロカプセル化した製剤（MC）もある． |
| 水和剤（WP） | タルク，ベントナイトなどの微粉末に原体を吸着させ，乳化剤を加えた製剤．水で希釈し，乳濁液として散布する．顆粒状の顆粒水和剤（WG），懸濁したフロアブル（FL）もある． |
| 水溶剤（SP） | 水溶性原体に安定化剤を加えた製剤．水で希釈すると透明な液となる． |
| 粉剤（D） | 賦形剤粉末に原体を吸着させた製剤．そのまま散粉する（浮遊性粉剤は蚊幼虫防除時に水面に浮遊するようにした製剤である）． |
| 粒剤（GR） | 原体を砂粒に吸着させ，または，ケイソウ土などとともに練り，粒状に成形した製剤．放出量を調節した徐放性粒剤や粒子を細かくした微粒剤もある． |
| 油剤 | 殺虫原体をケロシンに溶かした製剤．残留噴霧や煙霧化して使用する． |
| エアゾール | 原体を噴射剤とともにボンベに封入した製剤，薬剤を霧状にして噴出する． |
| 燻煙剤 | 原体を助燃剤，賦形剤とともに成形した製剤．点火して原体を煙粒子とともに飛散させる． |
| 蒸散剤 | 原体を基質とともに成形し，揮散するようにした製剤．蒸気圧の高い原体ではそのまま使用する．蒸気圧の低い原体では加熱して揮散させる．揮散量を調節した製剤も多い． |
| 毒餌剤 | ベイト剤ともいい，原体を害虫が好んで食べる基質に混入した製剤． |

粒剤，粉粒剤，粉剤は原体を鉱物質担体と単に混合するか，結合剤を加えて担体に付着させた製剤で，粒形によって区別され，使用時にはそのまま散布する．粉剤の散布の際にはドリフト（周辺への飛散）が大きな問題となるために，粒形の細かい部分（10 μm 以下を 10% 以下，平均粒形が 20 μm 以上）を除いたものが DL 粉剤であり，同じ目的で粉粒剤も作られている．

水和剤は殺虫原体を結合剤によって微粉鉱物質担体に付着させ，さらに，分散剤を加え担体が水に浮遊するようにつくられており，使用時には水で希釈して散布機で撒く．希釈の際の粉立ちを防ぐために顆粒水和剤や錠剤がつくられている．原体が水溶性の場合には，水溶性担体と混合し，水溶剤として製剤される．

主な液体製剤には乳剤，フロアブル，エマルション，マイクロカプセルがあり，一般的には水で希釈して散布する．原体を乳化剤とともに有機溶剤に溶かしたものが乳剤であり，製剤は簡単であるが，火気対策などの問題がある．水に対して安定な原体では，有機溶媒に代えて水を溶媒にして，分散剤，増粘剤を加えて製剤したものがフロアブルで，乳化剤によって原体を乳化したものがエマルションである．マイクロカプセルは，まず親水性モノマーの入った水の中に疎水性モノマーを乳化分散剤とともに入れてエマルションをつくり，次に重合反応によってその液滴界面で成膜してつくられる．あらかじめ疎水性モノマーに殺虫成分を混合しておくと，マイクロカプセル製剤ができる．

また，施設栽培の害虫防除には燻煙剤が，線虫を含む土壌害虫などの燻蒸には燻蒸剤が，家庭用園芸の害虫防除にはエアゾール剤が使われる．その他，特殊な製剤としてベイト剤，水面展開剤，徐放性粒剤がある．

害虫と病害の同時防除などを目的とした製剤としては多種の有効成分を含んだ混合製剤がつくられる．

薬剤散布は製剤に合った機器で行われるので，散粉機，散粒機，液剤散布機によって各製剤が散布される．粒剤は水稲の育苗箱への処理後，田植え機によって苗の株もとに入れられる方法が広く普及している．また，散布規模によって人力によって行うものから，背負式動力散布機，走行式の大型動力散布機まで多様である．さらには，無人ヘリコプターや航空機による散布も行われる．この場合には散布効率を上げるために，製剤も微量または超微量散布に適したものが使われる．温室，ハウスの燻煙剤処理には安全確保のため無人防除機が，土壌くん蒸には土壌消毒機が使用される．薬剤散布の際には，ドリフトや散布者の被曝に特に注意する必要がある．

**b. 誘引剤利用による防除**

現在使用されている主な誘引剤を利用した害虫防除剤を表 3.7 にまとめた. 1980 年代には奄美, 沖縄地域のミカンコミバエの防除にメチルオイゲノールと有機リン殺虫剤 BRP を処理したテックス板が使われ根絶防除が成功した. ウリミバエの誘殺にはタンパク加水分解物が, マツノマダラカミキリの誘殺にはピネンが使われる. 最近ではサツマイモのアリモドキゾウムシ, サトウキビのクシコメツキ類の性フェロモンが殺虫剤と混ぜて誘殺に利用されている.

チョウ目昆虫の性フェロモンを誘引源とするトラップで雄成虫を大量に集めて殺す「大量誘殺法」は, 性比を極端なアンバランスに導き, 交尾率を下げて産卵数を減らし, 次世代の密度を低下させるのが目的である. しかし, この方法は害虫が高密度の場合には効果が出にくいことと, 処理地域外からの既交尾雌の飛込みによる産卵があるために, 十分な効果が挙がらない場合も多く, 普及は進んでいない.

一方, 「交信撹乱法」は合成フェロモンや類似物質を生息場所に漂わせ, 雌雄間の性フェロモンによる交信を撹乱して交尾を抑制する方法であり, 効果は高く, この方法がチョウ目害虫防除へのフェロモン利用の主体となっている. 交信撹乱法では, 誘引性を利用する場合とは全く異なり, 雌の放出するフェロモン量よりはるかに大量の撹乱剤を使用し, 対象種の生息する圃場一面に高濃度の匂いを漂わせることが必要であり, 製剤も工夫されている. 一般にポリエチレン製などのチューブ内に撹乱剤を封入した製剤が使用され, 揮散量の調節はポリエチレンの重合度と厚さ, およびチューブの長さでなされる. 果樹, 茶樹のハマキガ類やヨトウガ類防除では, フェロモン主成分を含む 20 cm 程度の長さの製剤を 1～数本取り付けたポールを一定間隔で圃場内および周辺に設置し, コナガ防除ではロープ状の長いチューブを圃場に張り渡す方法が採られる. 他のタイプはハマキガ類などで使われるテープ状の製剤で, フェロモン成分を含浸させた層と蒸散を制御する素材をラミネートしたものである. 製剤から蒸散するフェロモンの均一な分布を実現して効果を高めるには, 処理面積を大きくすることや圃場の内部だけでなく周辺部まで処理することが必要である. 複数の害虫の交信撹乱化合物を混合した製剤によって多種の害虫を防除する方法も開発されている. 例えば, 4 化合物を含むオリフルア, テトラデセニルアセテート, ピーチフルア, ピリマルア剤 ((Z)-8-dodecenyl acetate 20%, (Z)-11-tetradecenyl acetate 16%, (Z)-13-icosen-10-one 17%, 14-methyl-1-octadecene 25%, 施用量：200 g/500 本製剤

表 3.7 防除用に登録されている誘引剤

| 薬剤名 | 作物 | 対象害虫 |
|---|---|---|
| **誘引，誘殺** | | |
| リトルア剤 | 野菜，イモ類，豆類等 | ハスモンヨトウ雄成虫 |
| キュウルア液剤 | 加害作物 | ウリミバエ |
| メチルオイゲノール剤 | 加害作物 | ミカンコミバエ |
| オキメラノルア剤 | サトウキビ | オキナワカンシャクシコメツキ |
| サキメラノルア剤 | サトウキビ | サキシマカンシャクシコメツキ |
| ピネン油剤 | マツ | マツノマダラカミキリ |
| タンパク加水分解物 | 加害作物 | ウリミバエ |
| フォールウェブルア | 加害樹 | アメリカシロヒトリ |
| MEP・スウィートビルア油剤 | サツマイモ | アリモドキゾウムシ |
| **交信撹乱** | | |
| リトルア剤 | 加害農作物 | ハスモンヨトウ |
| ビートアーミルア剤 | 加害農作物 | シロイチモジヨトウ |
| ダイアモルア剤 | 加害農作物 | コナガ・オオタバコガ |
| アルミゲルア・ダイアモルア剤 | 加害農作物 | コナガ・オオタバコガ |
| アルミゲルア・ウワバルア・ダイアモルア・ビートアーミルア・リトルア剤 | 野菜，豆類，イモ類 | ハスモンヨトウ，シロイチモジヨトウ，コナガ，タマナキンウワバ，オオタバコガ，ヨトウガ |
| ピーチフルア剤 | ナシ，リンゴ，モモ | モモシンクイガ |
| チュリトルア剤 | 果樹，サクラ，カキ | コスカシバ，ヒメコスカシバ |
| オリフルア・トートルア・ピーチルア・ピリマルア剤 | 果樹 | リンゴコカクモンハマキ，リンゴモンハマキ，ナシヒメシンクイ，モモシンクイガ，チャハマキ |
| オリフルア・テトラデセニルアセテート・ピーチフルア・ピリマルア剤（OTPP） | バラ科果樹（モモ，ナシ等） | モモシンクイガ，ナシヒメシンクイ，ハマキガ類，モモハモグリガ |
| アリマルア・オリフルア・テトラデセニルアセテート・ピーチフルア剤（AOTP） | リンゴ | モモシンクイガ，ナシヒメシンクイ，キンモンホソガ，ミダレカクモンハマキ，リンゴコカクモンハマキ，リンゴモンハマキ |
| オリフルア・トートリルア・ピーチフルア剤 | 果樹 | リンゴコカクモンハマキ，リンゴモンハマキ，ナシヒメシンクイ，モモシンクイ，チャハマキ，ミダレカクモンハマキ |
| トートリルア剤 | 果樹，チャ | チャハマキ，チャノコカクモンハマキ，リンゴコカクモンハマキ，リンゴモンハマキ，ミダレカクモンハマキ |
| ブルウェルア・ロウカルア剤 | シバ | シバツトガ・スジキリヨトウ |

で150–180本10a）によってモモ，ナシのナシヒメシンクイ，ハマキガ（リンゴコカクモンハマキ，リンゴモンハマキ，ミダレカクモンハマキ，チャハマキ），モモシンクイガ，モモハモグリガを同時に防除する試みもされてよい成績を得ている．リンゴのシンクイムシ，ハマキガ，ハモグリガの同時防除には5種類の化合物の混合製剤アリマルア，オリフルア，テトラデセニルアセテート，ピーチュフルア剤（(Z)-13-icosen-10-one 9.5%，(Z)-8-dodecenyl acetate 4.5%，(Z)-10-tetradecenyl acetate 30%，(E,Z)-4,10-tetradecenyl acetate12%，14-methyl-1-octadecene 21%）が使用されている．

### c. 殺虫剤抵抗性

殺虫剤抵抗性は米国において，石灰硫黄合剤に対するサンホーゼカイガラ（A. Melander, 1914）と青酸ガスに対するナシノアカマルカイガラ（H. Quayle, 1916）で最初に明らかにされた．殺虫剤としてDDTの使用が始まるとイエバエを初めとして各種昆虫で抵抗性発達が確認され，合成殺虫剤の開発，利用の拡大に伴って抵抗性事例は増加して1955年までに約30件の確かな事例が報告された．その後，1990年までに農業害虫，衛生害虫を中心に世界で440種以上の昆虫，ダニの殺虫剤抵抗性が報告され，今日までに少なくとも数十種が追加されると考えられる．

かつて，幼若ホルモン様化合物が殺虫剤として登場したとき，ホルモンの効力低下は昆虫に致命的であり，このような化合物に対する抵抗性は発達しないとの意見も出された．しかし，現実には幼若ホルモン様化合物に対する抵抗性発達例が示され，あらゆる防除薬剤に対して多種多様な機構による抵抗性発達の可能性が認識された．現在では，IGRを含め一般的殺虫剤はもちろんBT毒素，フェロモンなどに対する抵抗性事例が報告されている．重要害虫の中には防除に使用される新しい薬剤に次々と抵抗性を発達させ，化学的防除が困難になる害虫も出現している．世界各地でのマラリア防除が十分な成果を上げられなかった原因のひとつにも，防除薬剤に対する媒介蚊の抵抗性発達が挙げられる．このように害虫防除の根幹を脅かす抵抗性に対しては抵抗性発達の監視と抵抗性機構に基づいた管理体系構築が必要である．

#### 1）殺虫剤抵抗性が生じる仕組みと抵抗性要因

長期間，広範囲に同種の殺虫剤による害虫防除を続けると，使用当初の用法用量では十分な効果が得られなくなる．これが対象害虫集団での殺虫剤抵抗性発達の兆候である．抵抗性の要因は表3.8に示したように薬剤の作用発現過程の各段

表 3.8 殺虫剤の作用発現過程と抵抗性要因

| | |
|---|---|
| 殺虫剤の昆虫体到達 | ［忌避行動などによる接触回避］ |
| 昆虫体内への浸透 | ［表皮，消化管壁，気管壁からの浸透性低下］ |
| 体内循環 | |
| (1) 活性化 | 酸化酵素，消化酵素などによる，まれに非酵素的 |
| (2) 解毒 | ［解毒酵素の増加または活性増大］ |
| | モノオキシゲナーゼ（シトクローム P450）による酸化 |
| | カルボキシルエステラーゼによる加水分解 |
| | カルボキシルエステラーゼとの結合 |
| | グルタチオン S-トランスフェラーゼによる抱合 |
| (3) 組織，タンパク質との結合 | |
| 作用点への浸透（この過程での活性化，解毒もある） | |
| 作用点との結合による作用発現 | ［作用点の感受性低下］ |
| 致死作用の発現 | |

階に存在する．殺虫剤抵抗性はこれらの要因に関わる遺伝子，特に殺虫剤の解毒排出に関わる分子や殺虫剤の作用点をコードする遺伝子，またはそれらの遺伝子の発現調節遺伝子に生じた突然変異に起因する現象である．自然状態で遺伝子に突然変異が生じる確率は非常に低く，しかもそれらの大半が個体の繁殖・生存に有害か中立的なため，やがて集団から消える．しかし，稀に突然変異の中に，殺虫剤存在下で個体の生存に有利に働くものがあり，この変異遺伝子（抵抗性遺伝子）をもつ個体が世代を重ねるうちに薬剤の暴露によって選抜され，薬剤が効かない集団が形成される．これが抵抗性の発達であり，選抜圧が高いと抵抗性発達は早くなる．したがって 1 年に多くの世代を重ねる種に抵抗性発達例が多く，丁寧に薬剤散布を行い，薬剤に暴露されない個体の割合が低いと抵抗性発達は助長される．

抵抗性要因のうち表皮の薬剤透過性低下については，透過量が 1/3 以下に低下した例はなく，単独で抵抗性の要因となることは少ない．解毒能力は先に述べた CYP，CE，GST が抵抗性に伴って多量に生産されるために増強する．その分子機構を表 3.9 にまとめた．CE では構造遺伝子が染色体上で増幅することが原因で酵素量が増加し，CYP，GST では構造遺伝子の増幅はなく，修飾遺伝子の変異によって酵素遺伝子から mRNA への転写活性が上昇して酵素が多量に生産される．作用点の感受性低下の分子機構は，シクロジエン系有機塩素化合物に対する GABA 受容体，有機リン，カーバメートに対する AChE，ピレスロイドに対する $Na^+$ チャネル（kdr），ネオニコチノイドに対する ACh 受容体において研究され，構造タンパクの特定部分を構成するアミノ酸の置換により起きることが

**表 3.9** 解毒酵素による殺虫剤抵抗性

| 酵素 | 作用 | 遺伝子変異 | 代表例 | 供試系統，酵素名 |
|---|---|---|---|---|
| シトクローム P450 (CYP) | 水酸化，脱アルキル，エステルの開裂，脱硫的酸化，エポキシ化，イオウの酸化 | 遺伝子転写活性上昇による酵素過剰発現 | イエバエ（Pyr）<br>ネッタイイエカ（Pyr） | LPR，CYP6D1<br>Jpal-per，未特定 |
| カルボキシルエステラーゼ (CE) | 有機リン化合物，カーバメート，ピレスロイド等の加水分解，及び，これらの化合物との結合（sequestration） | 遺伝子増幅による酵素過剰発現 | モモアカアブラムシ（OP, Cab, Pyr）<br>ネッタイイエカ（OP）<br>アカイエカ（OP）<br>チカイエカ（OP） | 794J，E4<br>Tem-R，esteraseB1<br>SELAX，esteraseB2, A2<br>Shinjuku，esteraseB |
| グルタチオンS-転移酵素 (GST) | 親油性化合物のO-アルキルとO-アリルの脱アルキルと脱アリル | 遺伝子転写活性上昇による酵素過剰発現 | イエバエ（OP）<br>コナガ（OP） | cornell-R，MdGST-3<br>MPA，PxGST-3 |

Pyr：ピレスロイド　OP：有機リン　Cab：カーバメート

明らかにされている．

有機リン化合物やピレスロイドのように，類似の構造を有する化合物群の作用点は共通する場合が多く，また共通の解毒機構が働くことが多い．したがって，ある殺虫剤に抵抗性を獲得した昆虫は，しばしば同じ化合物群に属する化合物に対して抵抗性を示し，稀には異なる群の化合物に対しても共通の解毒機構が働いて抵抗性を示す．このような現象を交差抵抗性と呼ぶ．逆の現象も稀に出現する．メチルカーバメート剤に抵抗性を発達させたツマグロヨコバイが *n*-プロピルカーバメートや一部の有機リン化合物に対して感受性個体以上に高い感受性を示す例があり，この現象を負の交差抵抗性と呼んでいる．複数の殺虫剤に対して別個の機構によって抵抗性を発達させた場合には複合抵抗性と呼ぶ．

2）わが国での殺虫剤抵抗性の発達例

わが国の農業害虫，衛生害虫で報告された野外集団での殺虫剤抵抗性の例を虫の採集地とともに表 3.10 に示した．抵抗性のレベルの指標には抵抗性集団の $LD_{50}$ または $LC_{50}$ を感受性系統の $LD_{50}$ または $LC_{50}$ で割った値（抵抗性比）が使われる．抵抗性比は昆虫，薬剤によって振れ幅が大きく，10 倍程度から数万倍になる．この理由として抵抗性の機構の違いがあげられる．抵抗性発達は防除薬剤の使用履歴によるが，1983 年に富山県で初めて見つかった日本脳炎媒介蚊コガタアカイエカの有機リン，カーバメート抵抗性は，その発生源である水田にイネ害虫防除のため散布した薬剤によって発達したと考えられる．このカの同様な

**表 3.10** 日本における害虫の殺虫剤抵抗性

| 昆虫名 | 薬剤 | 抵抗性比 | 採集地 | 報告者 |
|---|---|---|---|---|
| 農業害虫 | | | | |
| | 有機リン | | | |
| ニカメイガ | フェニトロチオン | 20 | 倉敷，岡山県 | 田中ら，1982 |
| ツマグロヨコバイ | マラソン | 580 | 中河原，愛媛県 | Iwata・Hama, 1972 |
| コナガ | ジクロルボス | 26 | 御坊，和歌山県 | 浜，1986 |
| コナガ | プロチオホス | 472 | 那覇，沖縄県 | 浜，1986 |
| ワタアブラムシ | フェニトロチオン | 44.8 | 富士，静岡県 | 西東ら，1995 |
| モモアカアブラムシ | フェニトロチオン | 592 | 溝辺，鹿児島県 | 鍋島，2003 |
| リンゴコカクモンハマキ | クロロピリホス | 100 | 平鹿，秋田県 | 船山・高橋，1995 |
| ナミハダニ | ジクロルボス | 40 | 掛川，静岡県 | 桑原ら，1983 |
| ナミハダニ | ジメトエート | 163 | 掛川，静岡県 | 桑原ら，1983 |
| カンザワハダニ | マラソン | 689 | 韮山，静岡県 | 桑原ら，1983 |
| カンザワハダニ | ジクロルボス | 12 | 韮山，静岡県 | 桑原ら，1983 |
| ミカンハダニ | ジメトエート | 100 | 静岡，静岡県 | 平井ら，1972 |
| | カーバメート | | | |
| ツマグロヨコバイ | プロポクスル | 169 | 中河原，愛媛県 | Iwata・Hama，1972 |
| イネクビホソハムシ | プロポクスル | 28000 | 酒田，山形県 | 昆野・土門，1998 |
| ワタアブラムシ | ピリミカーブ | 2030 | 富士，静岡県 | 西東ら，1995 |
| モモアカアブラムシ | ピリミカーブ | 2008 | 南国，高知県 | 鍋島，2003 |
| | ピレスロイド | | | |
| コナガ | フェンバリレート | 12000 | 南風原，沖縄県 | 浜，1986 |
| ワタアブラムシ | フェンバリレート | 16490 | 富士，静岡県 | 西東ら，1995 |
| モモアカアブラムシ | フェンバリレート | 463 | 溝辺，鹿児島県 | 鍋島，2003 |
| | IGR | | | |
| コナガ | クロルフルアズロン | 1000 | 神戸，兵庫県 | 足立・山下，1994 |
| | その他 | | | |
| コナガ | Bt | 1000 | 岸和田，大阪府 | 田中・木村，1991 |
| ナミハダニ | ケルセン | 23 | 掛川，静岡県 | 桑原ら，1983 |
| ナミハダニ | フェニソブロモレート | 23 | 掛川，静岡県 | 桑原ら，1983 |
| カンザワハダニ | ケルセン | 30 | 貴志川，和歌山県 | 桑原ら，1983 |
| 衛生害虫 | | | | |
| | 有機リン | | | |
| イエバエ | マラソン | 1667 | 東京湾内，東京都 | 三原，1990 |
| イエバエ | フェニトロチオン | 783 | 東京湾内，東京都 | 三原，1990 |
| チカイエカ | フェニトロチオン | 100 | 新宿，東京都 | 川上，1989 |
| コガタアカイエカ | フェニトロチオン | 27000 | 富山県 | Takahashi・Yasutomi, 1987 |
| チャバネゴキブリ | フェニトロチオン | 24 | 大阪府 | 新庄ら，1988 |
| | カーバメート | | | |
| コガタアカイエカ | プロポクスル | 320 | 富山県 | Takahashi・Yasutomi, 1987 |
| | ピレスロイド | | | |
| イエバエ | ペルメトリン | 673 | 東城，広島 | Yasutomi・Tomioka, 2000 |
| アタマジラミ | フェノトリン | 1600 | 埼玉県 | 葛西ら，2003 |
| | IGR | | | |
| イエバエ | ジフルベンズロン | 21000 | 三里，高知県 | 竹中・松崎，2000 |
| イエバエ | ピリプロキシフェン | 34 | 東城，広島 | Yasutomi・Tomioka, 2000 |

**表 3.11** コナガの殺虫剤抵抗性

$LD_{50}$ を感受性系統と比較した抵抗性比で表示.

| | フェンバリレート | フェンバリレート＋PB | シアノフェンフォス | プロフェノフォス |
|---|---|---|---|---|
| 感受性系統 | 1(4ng/larva) | 1(2ng/larva) | 1(30ng/larva) | 1(70ng/larva) |
| 御坊 1983 | 1.2 | | ＞50 | 12 |
| 那覇 1983 | 6.7 | 9.0 | ＞50 | 13 |
| 溝辺 1984 | 240–4900 | 230 | 1300 | 78 |
| 南風原 1984 | 2400 | 500 | 1600 | 97 |
| 御坊 1985 | 120–1200 | 42 | | |

抵抗性は数年のうちに宮城県から熊本県にわたる 17 地点で確認された. 多くの場合, 有機リン, カーバメート, ピレスロイドに抵抗性が発達すると同系統の未使用薬剤に交差抵抗性が現れ, コナガ, モモアカアブラムシ, ワタアブラムシのように防除薬剤の効力低下に伴って系統の違った薬剤を使用した場合には, それらに対して複合抵抗性が発達する.

水田では 1960 年代に有機リン抵抗性のニカメイガ, ツマグロヨコバイが出現し, 1970 年以後になってウンカ, ヨコバイ防除に使用したカーバメートに抵抗性のツマグロヨコバイ, イネクビホソハムシが出現した.

コナガはアブラナ科野菜の世界的害虫で, わが国では周年栽培のキャベツを中心に 1960 年代後半から多発するようになった. この虫は休眠せず, 夏季には 1 世代を 2 週間で経過し, 暖地では年に 10〜12 世代を重ねるため, 殺虫剤の散布回数も多く, 抵抗性が発達し易い. 1970 年代半ばから, それまで使用されていた有機リン剤ジクロルボスに対する抵抗性集団が日本各地で見付かり, 1980 年には沖縄県のコナガでその他の有機リン剤に対する高い抵抗性が確認された. 表 3.11 に見られるように, 1984 年には, ピレスロイド剤のフェンバリレートに対する高い抵抗性が沖縄（南風原）, 九州（溝辺）で認められ, 1987 年までに関東以西に広がった. このコナガは多くのピレスロイド剤に交差抵抗性を示し, 西南暖地キャベツ栽培地域では有機リン剤, ピレスロイド剤の混用によってもコナガを防除できなくなった. その後, 防除に BT 剤, ネライストキシン関連化合物, キチン合成阻害剤が使用され, 1990 年代には BT 剤, キチン合成阻害剤に対する抵抗性も現れた.

モモアカアブラムシは, 多くの畑作物や果樹を加害し, 同時にウィルス病媒介も行うため早くから化学的防除の対象となり, 殺虫剤抵抗性の出現例も多い. この虫の有機リン抵抗性は 1960 年代より顕在化し, 1980 年代にはアブラムシ専用

**表3.12** 東京湾廃棄物埋立て処分場におけるイエバエの有機リン剤抵抗性発達（三原，1990と未発表データから改写）

散布薬剤：DDT＋リンデン＋マラソン（1967まで），フェンチオン＋ジクロルボス（1968～1980），フェニトロチオン＋テトラメトリン（1980～1989），プロペタンホス＋ジクロルボス（1989以後），プロチオホス（1982年以後隔年）

| 殺虫剤 | LD50(μg／虫) | | | | | | | |
|---|---|---|---|---|---|---|---|---|
| | SRS系統 | 埋立て処分場イエバエ | | | | | | 抵抗性比 |
| | | 1965年 | 1971年 | 1974年 | 1980年 | 1989年 | 1992年 | 1992/SRS |
| マラソン | 0.24 | 18.51 | 215.3 | 215.3 | 215 | ＞400 | ＞400 | 1700 |
| ダイアジノン | 0.018 | 0.83 | 1.36 | 1.95 | 3.35 | 6.5 | 4.7 | 260 |
| フェニトロチオン | 0.029 | 0.13 | 1.59 | 2.59 | 21.76 | 22.7 | 70.2 | 2400 |
| フェンチオン | 0.028 | 0.1 | 0.95 | 1.43 | 7.36 | 4.3 | 9 | 321 |
| ジクロルボス | 0.013 | 0.023 | 0.13 | 0.23 | 9.4 | 0.33 | 0.29 | 22 |
| プロチオホス | 0.46 | | 0.79 | | 8.32 | 2.85 | 1.9 | 4.1 |
| テトラメスリン | 0.162 | | | | | 2.13 | 1.8 | 11.1 |
| ペルメトリン | 0.015 | | | | | 0.038 | 0.055 | 3.7 |

剤であるピリミカーブ抵抗性も出現した．1980年代後半からはこのアブラムシ防除にピレスロイド剤が盛んに用いられ，1990年に和歌山県でペルメトリン抵抗性個体群が発見されると，すぐに各地で抵抗性が報告された．ワタアブラムシについても殺虫剤抵抗性の現状はモモアカアブラムシと同様であり，現時点ではこれらに対してはウンカ・ヨコバイ・アブラムシに有効なネオニコチノイド剤などが防除に使われている．

イエバエで抵抗性が問題になるのは，廃棄物処分場，畜産現場，有機肥料を使う園芸作物栽培場などこのハエが大量に発生し，防除が必要な場所である．東京湾の廃棄物埋立て処分場では，生ゴミなどから大量に発生するハエの防除のために頻繁に殺虫剤散布を続けた結果，1970年代から使われた各種有機リン剤の影響で高度の抵抗性が発達した（表3.12）．例外的に，遅れて防除に導入された非対称型有機リン化合物のプロチオホス，プロペタンホスに対する抵抗性は顕著ではなかった．ピレスロイド剤を多用した畜産現場では，作用点である$Na^+$チャンネルの感受性低下による抵抗性kdr（knock down resistance，ノックダウン抵抗性）が各地で確認されている．

3）殺虫剤抵抗性の分子機構

抵抗性に関わる解毒能力増強の分子機構を要約すると表3.13のとおりである．

イエバエのピレスロイド抵抗性は感受性の数千倍に達する例も多いが，その機構はCYPによる酸化的解毒とkdr因子の複合によることがほとんどである．北米のペルメトリンに6000倍の抵抗性比を示すLPRと名付けられたピレスロイド抵抗性イエバエ系統では，フェノキシベンジルアルコール基をもつピレスロイド化合物を効率よく代謝するCYP6D1と呼ぶ酵素が感受性系統の約40倍生産されている．この酵素のmRNAは感受性系統に比べ10倍転写されている．現在のところこの例が，CYPおよびGSTのアイソフォームの活性増強が抵抗性要因として働くことを厳密に証明した唯一のものである．過剰なmRNA転写は酵素遺伝子のある染色体とは異なる染色体上の要因によって調節されていることは確認されているが，その詳細は不明である．

有機リン抵抗性系統のモモアカアブラムシは，感受性系統に比べCE活性が非常に高く，CEを電気泳動によって分離すると，特定のアイソザイムE4（またはFE4）の活性が高い．その活性程度は抵抗性レベルと相関がある．E4はマラオクソン，ブチルカーバメート，ペルメトリンの（1S）トランス体など限られた化合物を加水分解し，その他の化合物に対してはsequestration（p. 155参照）によって薬剤が作用点に到達するのを妨げる．Sequestrationの解毒容量を加水分解と比べると，ジメチルリン酸エステルに対しては約1/3であるが，ジエチルリン酸エステルに対しては3倍，モノメチル及びジメチルカーバメートに対しては10倍である．すなわち，E4の増加はこれら二つの作用によって多種の薬剤に対する抵抗性要因となる．E4の増加は遺伝子増幅によるもので，E4活性が最も高い抵抗性系統では遺伝子が32倍に増幅している．ネッタイイエカの有機リン抵抗性系統Tem-Rでは遺伝子増幅が250倍以上起きて多量のCEが生産される．

AChEは有機リン剤とカーバメート剤の共通の作用点であり，AChEの薬剤感受性低下による抵抗性は我が国でもツマグロヨコバイ，コナガ，アブラムシ，ハダニ，イエバエ，カなどで知られている．昆虫では通常，球状に近い形をしたAChEが二量体として存在している．AChEの活性中心は酵素構造にあるゴージと呼ばれる穴の底にあって，プロトンリレー機構に関与するSer200（シビレエイ *Torpedo californica* のAChE構成アミノ酸の番号で表示する），Glu327，His440，の3アミノ酸（catalytic triade），AChのアルコキシ基と疎水結合するacyl pocketを構成するアミノ酸（Trp233，Phe288，Phe290，Phe331），アシル基二重結合酸素と水素結合するoxyanion holeのアミノ酸（Gly118，Gly119，Ala201），およびAChのコリン部分と結合するcholine binding siteのTrp84などにより形成されている（図3.13）．ハエ目環縫群に属するキイロショウジョウバエやイエバエなどにはゲノム中に唯一のAChE遺伝子（*o-Ace*）が存在し，有機

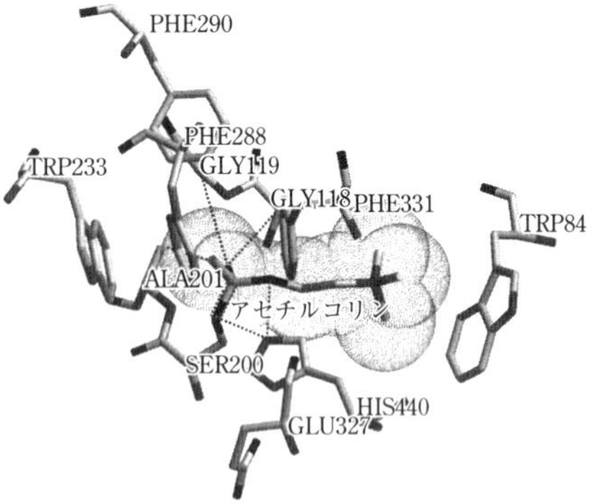


**図 3.13** AChE 活性中心の分子構造
基質 ACh が結合した状態で，点線は活性中心のアミノ酸と ACh の結合を示す．

リン抵抗性のハエでは AChE の保存性の高い数箇所の構造アミノ酸が置換している．その他の昆虫では *o–Ace* 相同 AChE 遺伝子に加え，もう一つの AChE 遺伝子（*p–Ace*）がゲノム中に存在し，これにコードされる酵素の薬剤感受性が低下している．P–Ace では，抵抗性に関わるアミノ酸置換はほとんどが活性中心を構成するアミノ酸に起きている（表 3.13）．富山系統コガタアカイエカ AChE の感受性はほとんどの有機リン化合物に対して 1/1000 以下に，カーバメートに対しては約 1/100 に低下しており，AChE の 331 番アミノ酸が Phe から Trp に置換している．この置換によって感受性低下 AChE では活性中心が狭くなるように変化していると推測され，基質である AChE より形の大きな有機リン化合物やカーバメートが活性中心に結合し難くなると考えられる．置換位置とアミノ酸の種類の違いによって活性中心の立体的変

**表 3.13** *p–Ace* 活性中心のアミノ酸置換と薬剤感受性低下

| アミノ酸置換 | 昆虫種 | 殺虫剤 | 感受性低下程度 |
|---|---|---|---|
| オキシアニオンホール | | | |
| Gly119Ser | アカイエカ［1］ | プロポクスル | 30000 |
| | ハマダラカ *An. gambiae*［2］ | | |
| | ハマダラカ *An. albimanus*［3］ | プロポクスル | 1500 |
| Ala201Ser | ワタアブラムシ［4］ | オメトエート | 150 |
| アシルポケット | | | |
| Phe290Val | ツマグロヨコバイ［5］ | プロポクスル | 115 |
| Phe331Trp | コガタアカイエカ［6］ | フェニトロオクソン | 2000 |
| | カンザワハダニ［7］ | フェントエートオクソン | 1000 |
| Phe331Cys | ナミハダニ［8］ | ジクロルボス | 1000 |
| Ser331Phe | ワタアブラムシ［9］ | ピリミカーブ | 650 |
| | モモアカアブラムシ［10］ | ピリミカーブ | 100 |
| その他の部位 | | | |
| Gly227Ala | コナガ［11］ | プロチオホス | 26 |

（文献 1: M. Weill et al. (2003), 2, 3: M. Weill et al. (2004), 4: S. Toda et al. (2004), 5: M. Terada (unpublished), 6: T. Nabeshima et al. (2004), 7: Y. Aiki et al. (2005), 8: Y. Anazawa et al. (2003), 9: S. Toda et al. (2004), 10: T. Nabeshima et al. (2003), 11: J. H. Baek at al. (2005)）

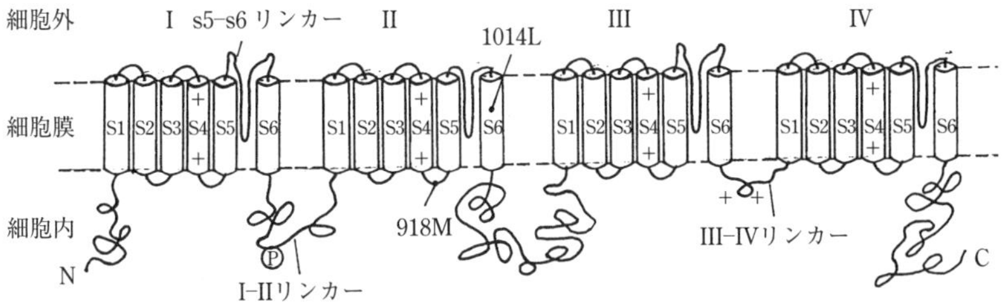


**図 3.14** Na+チャンネルの構成要素と kdr の原因となるアミノ酸置換部位

化や静電的変化が異なるために抵抗性の様相も変化する．

一方，kdr はピレスロイドの作用点である para 型の $Na^+$ チャネルの薬剤感受性が低下する現象である．昆虫の $Na^+$ チャネルは他の動物のものと同様（図 3.14）約 2000 アミノ酸からなり，相同性の高い 4 つのリピート（I～IV）で形成されている．各リピートは脂質膜を貫通する疎水性アミノ酸配列をもつ 6 つのセグメント（s1～s6）で形成され，対応するセグメントのアミノ酸配列の相同性が高く，性質も共通している．ピレスロイド抵抗性イエバエでは，感受性系統のリピート II・6s に存在する Leu1014 が Phe に置換している．kdr より高い抵抗性を示す super–kdr ではもう 1ヵ所，リピート II・4s–5s リンカーの Met918 が Thr に置換している．多くの種で kdr に伴った $Na^+$ チャネルタンパク質でのアミノ酸置換が確認されているが，注目されるのはチャバネゴキブリ，モモアカアブラムシ，アカイエカ，コナガ，コロラドハムシなど多くの昆虫種の kdr 系統においても Leu1014 と相同な位置でアミノ酸置換が起きていることである．

**d. 適応コストと抵抗性管理**

抵抗性の突然変異遺伝子をもった個体は殺虫剤の選抜圧に対して有利であっても，その選抜圧下で抵抗性を維持して生存するためには代償（適応コスト）を払っていると考えられ，殺虫剤の選抜圧がない環境での適応力は感受性個体より劣る場合が多い．そのため，野外の抵抗性集団では，近隣から感受性遺伝子をもつ個体がわずかな割合でも恒常的に流入すると，殺虫剤散布をやめた後に抵抗性遺伝子の頻度が低下する．一般的に解毒酵素の増強により薬剤抵抗性となった個体は酵素タンパク質の増産にコストをかけている．抵抗性モモアカアブラムシは最高で全タンパク質の 1% にもなる CE をもち，感受性個体に比べ多大の適応コストをかけていることは疑いない．この虫では薬剤による淘汰を止めて飼育すると，リバータントと呼ばれる増幅した CE 遺伝子が発現しない変異個体の出現も知られており，コストの大きさが伺える．タンパク質を多量に生産する必要のないアミノ酸置換による薬剤作用点の感受性低下について見ると，アミノ酸置換が多くの場合種を超えて保存されている重要な部位で起きており，その変異が通常環境においてマイナスとなる可能性は十分考えられる．このように殺虫剤のない環境では感受性個体の適応性が勝り，集団内での薬剤感受性の回復が期待される．

抵抗性発達の抑制には，選抜圧を高める過度の薬剤散布を止めて感受性個体の生存を容認することが重要であると言える．このことは薬剤による害虫防除の目的と矛盾するようであるが，同種薬剤の継続使用を避けて空間的，時間的に重点的な薬剤防除を行い，他種防除法を併用することによって実行可能であると考えられる．実際には，対象とする害虫集団における薬剤感受性の実態を監視することが防除法や防除薬剤の選択に必須である．従来の薬剤感受性検定は集団および個体レベルで行っていたが，最近の抵抗性分子機構研究の進展によって遺伝子レベルで抵抗性要因の解析が可能になった．分子生物学的手法は既に明らかになった酵素や作用点の mRNA の塩基配列をもとにプライマーやプローブを作成して遺伝子を検出する．この検出法は特異性が高く，微小昆虫を個体別に測定でき，しかも，対立遺伝子のホモ，ヘテロの区別もできるため正確な遺伝子頻度を推定することが可能である．特に，これまで難しかった解毒酵素アイソフォームの特定や特定アイソフォームの発現を定量できる点が有益である．

### □ 3.2.4 機械的・物理的防除

人間の手で害虫を除去，捕殺したり，目の細かい網などの障壁により作物を保護して害虫被害を軽減する方法は古くから行われ，機械的防除法と呼ばれる．また，光に対する昆虫の行動を利用して害虫を忌避させ，逆に，誘引して処理する方法や太陽熱や熱水によって土壌中の害虫を殺滅するなどの方法もひろく行われている．その他，音波や電気の利用なども考えられる．このような防除手段を物理的防除法と呼ぶ．これらの防除法の中には労力や経済性の面で大面積に適用困難なものもあるが，施設栽培など利用場面に応じて方法を選択すれば明らかな効果が期待でき，他の防除法との併用も容易なものが多いという長所も備えている．以下に主なものを述べる．

#### a. 捕殺

わが国でも，小，中学生を動員してイネのイナゴを手で捕まえ防除していた時期があった．捕まえたイナゴは佃煮などにして食用に供された．エジプトの棉作地域では，やはり小学生程度の学生 20 人程度が指導者とともに花がまだ咲かないワタ畑に入り，一列に並んでワタの葉に産み付けられた ハスモンヨトウ近縁種 *Spodoptera littoralis* の卵塊を葉ごと摘み取っていた（これを egg picking と呼んでいる）．機械的防除手段としての効果と同時に，とれた卵塊の数は殺虫剤による防除が必要かどうかの判断材料となり，さらに，孵化させた幼虫で殺虫剤感受性を検定し，その結果に基づいて防除薬剤が選択される．このように捕殺は害虫密度が低いときには有効であり，付随的メリットもある．

秋に，わら，むしろ，布などで樹幹を幅 40 cm 程度巻き，早春に越冬場所を求めて潜り込んだ昆虫を巻き付け素材とともに焼却する方法を巻き付け法と呼んで，果樹，庭園樹木，街路樹などで利用されている．

#### b. 袋掛け

日本では果実を害虫の被害から守る手段として袋掛けは広く採用され，リンゴ，モモ，ナシ，ブドウなどで行われている．労力はかかるが直接果実を加害する吸蛾類，シンクイムシ類，カメムシ類などには高い効果がある．使用される紙袋も価格，労力，効果などの面で種々工夫されている．

#### c. 防虫網

寒冷紗や不織布等の被覆資材による加害防止はアブラムシ，アザミウマ，ハモグリバエ，コナガなどに対して行われ，効果を挙げている．被覆資材を直接作物に掛けるべた掛けと呼ばれる方式やトンネル方式で特に幼植物を虫害から保護する方法，温室やビニールハウスの開口部や出入り口に害虫侵入防止のために張る方法などがある．侵入防止の観点から害虫の種類によって資材の目合を選択する必要があり，被覆による光量の低下や内部の温度上昇などに注意する必要もある．

#### d. 誘殺

古くから誘蛾灯として水田の畦畔に設置され，蛍光灯やブラックライトを点灯して周辺の害虫を誘引し，下に置かれた水盤で溺れさせて駆除した．優れた効果は期待できなかったが，これを改良したものが害虫の発生予察に長く利用されている．黄色水盤トラップと呼ばれている方法はアブラムシなどが黄色に誘引される性質を利用して捕殺する方法であるが，同様な性質の利用として，黄色の粘着紙にアブラムシ，オンシツコナジラミ，ハモグリバエを，青色粘着紙にアザミウマを誘殺する方法がある．また，アブなどが光沢のある黒色の物体に誘引される性質を利用したトラップ（炭酸ガスとの併用も効果がある）も使われている．これらの方法は誘殺される数によって薬剤防除の必要性判断の材料になる．

**e. 紫外線除去フィルム（UV カットフィルム）**

作物の光合成に紫外線はむしろ有害であるということから，紫外線の透過を制限したUV カットフィルムが開発された．これを使用したハウス内では野菜のうどんこ病や灰色かび病の胞子形成が抑えられ病害を防除できる．また，害虫ではピーマン，キュウリ，トマトなどでアブラムシ，アザミウマ，オンシツコナジラミなど，またエンドウでナモグリバエの生息密度の低下が，そして，虫媒ウイルス病の発生軽減などが報告されている．昆虫は定位行動に紫外線を利用しており，紫外線がない環境下では昆虫の行動が抑圧，攪乱されると考えられる．このため，UV カットフィルム使用のハウスではイチゴの授粉のために導入したミツバチの活動が阻害される．しかし，ヨーロッパから導入されたセイヨウオオマルハナバチは影響を受けずに授粉活動をする．

**f. 紫外線反射フィルム等**

紫外線反射フィルムのマルチングにより果樹その他の作物上の害虫密度が低減することはトマトのアブラムシ，トウガン，キュウリ，イチジク，ミカンなどのアザミウマ類やミカンのコアオハナムグリなどで知られている．シート上に落下した昆虫は正常な歩行，飛び立ちができない．これも昆虫が紫外線を定位に利用しているためで，天空からの光を背面に受けて歩行，飛翔する“光背反応”が，光反射シートによる下方からの強い反射光のために撹乱されると考えられる．キュウリにつくミナミキイロアザミウマに対して効果の高い反射波長は360～380 nm の近紫外光であると報告されている．紫外線を反射する銀白色のテープを作物上に張ってアブラムシの飛来を抑制する方法や反射資材を織り込んだ防虫ネットによるアザミウマの侵入防止も有効である．

**g. 黄色蛍光灯によるヤガ類の防除**

夜間行動するヤガ類は光に当たると飛翔が抑制される．この性質を利用して施設内に黄色蛍光灯（最大波長 580 nm）を設置して，これら害虫の侵入を防ぐ方法である．ただし，作物の光周反応に悪影響を及ぼさないよう照度，設置位置などを工夫する必要がある．これまで効果が確認されている害虫は吸蛾類，ヨウトウムシ類，タバコガ，オオタバコガ，チャノホソガなどである．

**h. 熱による施設土壌の消毒**

夏季に利用しない施設などの土壌を熱水や太陽熱を利用して消毒する方法は広

く利用されている．太陽熱利用は少ない費用で防除ができる．温室やハウスの土壌に湛水後，透明ビニールで覆い2〜3週間処理することで，線虫や植物病害の防除に効果がある．短期間のビニール被覆のみによってもマメハモグリバエ蛹防除に効果がある．温室効果ガスの利用制限によって土壌病原菌や線虫に対して広く使用されていた臭化メチルが利用できなくなったため，このような方法の活用が求められる．

**i. 湛水，散水**

水田裏作に栽培されている作物の土壌害虫防除には，稲作による湛水の効果があるといわれている．積極的に湛水によって防除を成功させている例は少ないが，アブラナ科作物の害虫であるキスジノミハムシの防除を実際に行っている例が知られている．また，コナガやハダニでは降雨による死亡が個体数増加抑制に働いていることはよく知られており，散水による害虫防除の可能性の検討が必要である．

### □ 3.2.5 耕種的防除と耐虫性品種

**a. 耕種的防除**

耕種的防除は作物と寄生昆虫の生態的関係を研究し，それに基づいて害虫の被害を回避，軽減するものである．その方法は，害虫の攻撃に耐えうる健全な作物を育成することや，害虫の増殖を阻害または抑制する生物的環境をつくることである．前者は肥培管理，水管理をとおして行われ，後者には輪作，混作，耕起方法の選択，植え付け時期の調節，他の増殖場所や隠れ場所の撤去，障壁植物やおとり植物の栽培などが挙げられる．

健全な作物の育成には第一に各作物に適した温湿度条件が必要であるが，野外圃場では人工的にそれらを調節することは難しいので，栽培の適地，適期に栽培することが原則になる．しかし，これは作物栽培時期と害虫の発生時期との一致を意味する．そのために重要な対策が耐虫性品種の育成や害虫の発生時期を避けて栽培できる品種の育成である．施設栽培では温湿度の調節がある程度できるので，健全作物の栽培に努めることができる．また，温湿度の調節によって害虫の繁殖を抑制する試みも可能である．

一般に，窒素肥料過多で栽培された作物は害虫の増殖を助長すると言われる．有機肥料を十分に施した，均衡の取れた肥培管理と水管理によって健全な作物を育てることが害虫発生を抑える面からも望ましい．珪酸を多く摂取した水稲ではニカメイガ幼虫の発育，生存が劣るといわれている．播種や栽植の密度も健全作物の育成には重要な要因であるが，害虫の発生にも影響する．

輪作は寄主範囲の狭い害虫や移動性の小さい害虫に対して特に効果が期待される．次作に重要害虫の非寄主である作物を栽培することによって，害虫の定着や増殖に時間がかかるためである．特に土壌害虫（センチュウ，ハムシやコメツキムシ幼虫）では，輪作によってその生活環の回転が妨げられ，増殖抑制効果が上がる場合が多い．北海道十勝地方ではコムギ，ビート，ジャガイモ，豆類の4年輪作によって線虫害を回避している農家が多い．ネコブセンチュウに対しては，マリーゴールド，クロタラリア，ギニアグラスなどの対抗植物を前作に栽培すると土壌中の線虫密度が下がり，被害軽減につながると言われる．

また，2〜3種の作物を混作して害虫の被害を軽減する方法も広く実践されている．混作は熱帯地方で盛んに行われ，作物の管理や収穫に機械の利用が難しく大規模栽培には適さないが，肥料効率，単位面積当たり収穫量は多く，害虫の被害も軽減できる栽培法である．混作する作物は発生害虫が重ならない組み合わせを選択する必要がある．アブラムシによる作物病原ウィルスの媒介は，飛来したアブラムシの一時的吸汁によって起こるため，薬剤による防除では十分な効果が得られないことも多い．そこで，野菜の周囲にトウモロコシ，麦類，ヒエなど背丈の高いイネ科作物を障壁として植え，ウィルス媒介虫として重要なモモアカアブラムシ，ワタアブラムシ，ヒゲナガアブラムシ類の飛来を防ぐ方法が採用されている．ムギの間にスイカを栽培し，スイカを加害するアブラムシ，ハムシなどの被害を軽減するのも同様である．インド南部での見聞によると，キャベツ栽培において，キャベツ数畝にコナガの好むカラシナ1畝をおとり植物として間作し，カラシナにコナガを集めてそこだけに殺虫剤を処理して，キャベツ幼植物を保護するという方法が試みられていた．

植え付け前の全面耕起は土壌中で越冬している害虫を掘り出すことになり，それらの生存率を低下させる．この場合，鋤の種類によって効果が異なると言われ，直接虫を傷つける影響も考えられる．クリ園ではクリシギゾウムシが土中で休眠している間に株下を耕起して発生を抑制する．ハウス栽培では，植え付け前に耕起，除草し，太陽熱でアザミウマなどを殺すと後の発生を抑えることができる．

植え付け時期を調節して，作物の感受性時期を害虫発生最盛期からずらして被害を軽減する方法は一年生作物では非常に有効である．アブラナ科野菜の冬季栽培はチョウ目害虫の被害回避には極めて有効である．越冬後のイネミズゾウムシ成虫は田植え直後の田に侵入し，葉を食害して産卵する．その最盛期は5月であるため，6月中旬の移植はこの害虫の被害を軽減することにつながる．

日本でのニカメイガの発生は近年非常に少ない．この理由はいくつか考えられるが，概して化学的防除による結果ではなく，稲の栽培法の変化によると思われる．育苗箱での育苗と機械移植による稲の早期栽培では，第2世代幼虫の食入時にすでに出穂時期に入っており，幼虫の生存率が著しく下がる．さらに，コンバインによる刈り取りで稲藁が砕かれるために，越冬幼虫が多く死亡する．この他の抑制要因として，穂数型品種の栽培，珪酸肥料使用量の増加などが挙げられる．

圃場内外の雑草の刈り取りなどによって害虫の隠れ場所や増殖場所を除去することは防除の基本である．斑点米の原因となるカメムシの防除には田圃周辺の雑草の事前除去が有効である．この場合カメムシ類がすでに増殖している雑草地を刈るのは，かえってカメムシを田圃に追い込むことになり逆効果である．果樹では，落葉やひこばえの除去はハモグリガの，剪定枝の処分はハマキガ類の，下草の除草，株もとの清掃はハダニ，チャノキイロアザミウマ，ゴマダラカミキリ，ヨコバイ類などの，粗皮削りはカイガラムシ類，ハダニ，シンクイムシ類の防除にそれぞれ有効である．収穫残渣の処理は作物病害の防除に必須であるが，害虫の防除にも有効である．

**b. 接木法**

苗木とともにフランスに侵入して全国に蔓延していたブドウネアブラムシ *Phylloxera vastatrix* は1860年頃フランスの全ブドウ園面積の1/3に当たる100万haを荒廃させた．このときには，このアブラムシの原産地である米国東部に野生する強い免疫性を備えたブドウを台木として使い，接木によって被害防止に成功した．この方法はその後世界中のブドウ栽培に採用されている．

接木は果樹の遺伝的性質の維持，成熟の短縮，土壌病虫害対策などに広く利用されている技術であり，臭化メチルの使用禁止に伴う土壌害虫対策のために再認識されるべきである．害虫に関しては特に線虫対策として有効で，今日，野菜ではナス，トマト，キュウリ，スイカでは一般に普及している．台木は病害虫に耐性を示す同種の品種や野生種が使われることが多いが，スイカの場合はカンピョウやトウガンが用いられる．リンゴでは近縁種のマルバカイドウ，モモでは野生桃といった台木が使われる．

### c. 耐虫性品種

害虫の蔓延を抑制し，克服する遺伝的性質をもった作物の品種を耐虫性品種と呼ぶ．耐虫性品種育成の一般的方法は，野生品種などのもつ耐虫性遺伝子を栽培品種との交配，選抜，固定の育種操作によって栽培品種の中に導入するものである．従来の作物育種は，主要遺伝子の形質を指標に行う遺伝学的方法と，統計的手法を取り入れてポリジーンによって調節される優良形質を選抜する統計遺伝学的手法によっていたが，近年発達した遺伝子操作技術によって目的遺伝子を栽培品種のゲノムに導入することも可能になり，いわゆる，遺伝子組み換え作物の作出も盛んである．遺伝子組み換えによれば，異種生物の遺伝子を導入することもでき，昆虫のトリプシン阻害タンパク，プロテイネース阻害タンパク，レクチン，Bt 毒素タンパクなどの遺伝子が各種作物に導入されて実験的には耐虫性が確認されているが，実際栽培されているものは Bt 毒素タンパク遺伝子を導入した数種の作物だけである．

国際イネ研究所（IRRI，マニラ郊外にロックフェラー，フォード両財団により 1960 年に設立された）は 1966 年に IR-8 と呼ぶ多収品種を育成することに成功した．この品種は，台湾の低脚烏尖という短桿，低草丈のジャポニカ稲品種とインドネシアのペタというインディカ稲品種を交配してできた多収品種で窒素肥料効率がよく，日長感受性が低く広範囲で栽培可能，栽培期間が短い等の特徴をもつ．しかし病害虫抵抗性をもたなかったために，フィリピンで大規模に栽培されたが増収とはならなかった．この失敗を克服するために，病害虫抵抗性因子の導入に努め，IR-26 という優れた品種が作られた．これは当時問題であったトビイロウンカに対して抵抗性をもっていた．ところが，栽培が始まって 2 年するとこの品種を加害するトビイロウンカが発生するようになった．このトビイロウンカはバイオタイプ II と呼ばれる．そこで，このタイプのウンカに抵抗性をもつ品種 IR-36 が育成されたが，これも 5 年間でバイオタイプ III のトビイロウンカによって加害されるようになってしまった．トビイロウンカには 4 種のバイオタイプがあり，自然集団はこれらが混合しているために，容易に抵抗性稲品種を加害するバイオタイプが選抜されてしまうことが明らかになった．現在栽培されている IR-64 は主要抵抗性因子に加えていくつかのマイナー因子をもつ品種で，長年トビイロウンカ抵抗性が維持されている．現在明らかにされているイネのトビイロウンカ抵抗性遺伝子は *Bph1, bph2, Bph3, bph4, bph5, Bph6, bph7, bph8, Bph9*（大文字で始まる遺伝子は優性，小文字は劣性）の 9 種類ある．日本でもインド品種，Mudgo を遺伝資源とする *Bph1* をもった品種，西海 81, 82, 165, 168, 180, 190 号，南海 111 号が作られている．これらの品種は現在日本に中国大陸から飛来するトビイロウンカ・バイオタイプⅠに対しては抵抗性を示す．その他，中間母本として *bph2* をもつ農 4 号，*bph4* をもつ農 7 号，*BPh3* をもつ農 10 号が育成されている．ツマグロヨコバイに対しては品種，Rantaj–Emas を遺伝子源として耐虫性品種，愛知 42 号が作出された．この品種はツマグロヨコバイの媒介するイネ萎縮病に対する耐病性も備えている．その他，品種 Tadukan を遺伝資源とする関東 PL6 も育種されている．

畑作物，野菜などでは線虫による被害が大きいので，線虫に対する抵抗性品種は多数育種され，実用化されている．しかし，ダイズシストセンチュウで知られているように，1 種の線虫に多種のレースが存在して，その中には抵抗性品種を加害するものも存在する．このため，栽培する品種を選択する際には栽培地域にどのレースの線虫が生息しているかを調べることが必須となっている．その他の害虫に対して話題となっている品種を挙げると，コナガ，モンシロチョウ，モモアカアブラムシに耐虫性を示すナタネ，キャベツのワックスレス型品種，ハスモンヨトウ耐虫性ダイズ品種である，ひめしらず，操田大豆，IAC100 などや，クワシロカイガラムシ耐虫性チャ品種，さやまかおり，はつもみじ，べにたちわせ，宮崎 4 号などがある．

変わった耐虫性植物としては，*Acremonium lolii* というエンドファイトをペレニアルライグラス，トールフェスクに感染させて作成したシバツトガ耐虫性芝が報告されている．ただ，種子繁殖すると耐虫性が低下するといわれる．

**d. 遺伝子操作によってつくられる耐虫性作物**

1）形質転換による Bt 毒素を発現する耐虫性作物の作成

傷のついた植物がアグロバクテリウムに感染すると，クラウンゴールという腫瘍ができる．その際，菌体自身は植物細胞に侵入せず，菌のもつ腫瘍誘導プラスミド（Ti プラスミド）の中の T–DNA と呼ぶ領域が，植物細胞内に転移される．T–DNA は植物細胞の染色体に組み込まれ，脱分化的細胞分裂を促進する．

クローン化された遺伝子を植物細胞へ導入するには，T–DNA 断片を組み込んだ，大腸菌の中で複製できる中間ベクターのクローニング部位に，目的遺伝子を挿入する．この中間ベクターにはあらかじめアンピシリン抵抗性遺伝子 *pBR322* およびカナマイシン抵抗性遺伝子 *NPTII* が組み込まれていて，後の手順で形質転換大腸菌と植物細胞の選択に利用される．

組換えベクター・プラスミドは大腸菌に導入され，さらに，接合によってアグロバクテリウムに転移される．アグロバクテリウムの中で，プラスミドはTiプラスミドのT-DNAの左右のボーダーの間に相同的に組換えられる．組換えTiプラスミドをもつアグロバクテリウムを植物細胞に接種し，カナマイシン抵抗性によって目的遺伝子をもつ細胞が選択される．植物細胞からは確立された方法に従って植物体が作られる．

Bt毒素遺伝子もこの組み換え植物作成の手順によって各種作物に導入されている．1178アミノ酸からなるBtの$\delta$-エンドトキシンはそのままでは形質転換植物においてほとんど発現しない．毒素遺伝子の十分な発現のために，殺虫性ドメインである1から615番目のアミノ残基のみをコードする部分で，しかも，1から453番目のアミノ酸コドンは植物型に改良したものをT-DNAベクターに組み込んで形質転換をおこなう．さらに，このT-DNAベクターは二重のCaMVプロモーターをもち，転写量が5倍に増加するよう改良されている．新たに作出した形質転換植物は，比較的毒素低感受性のヨトウムシなど多くの昆虫の幼虫に対して防除効果を示す．

これまでに，Bt毒素による耐虫性作物としてジャガイモ（コロラドハムシ等対象），トウモロコシ（ヨーロッパアワノメイガ等），ワタ（オオタバコガ等）の組み換え作物がつくられ，米国で1996年から商業栽培された．その後，アルゼンチン，カナダ，ブラジル，中国などで広く栽培されている．現在，日本国内での商業生産は行われていない．

2）組み換え作物における問題点

遺伝子組み換え技術によって，これまでの育種技術では困難な新しい特性をもった作物品種を作り出す可能性が生まれた．同時に，その生産物の組み換え食品の安全性や環境中に出た組み換え作物の生態系への悪影響に対する懸念も生まれた．食品としての安全性は「食品衛生法」の中で実質的同等性について確認されている．すなわち，導入した遺伝子が作る新規のタンパク質が既知の毒素やアレルゲンと相同性がないこと，消化などによってもそれらができないこと，栄養成分や生理活性物質などが非組み換え食品と比べて変動がないことなどの資料が求められ，評価の後に認められる．生物多様性に与える影響に関しては，2001年国際的に合意された「バイオセーフティに関するカルタヘナの議定書」に基づいて日本でも「遺伝子組み換え生物等の使用等の規制による生物多様性の確保に関する法律」が2004年2月に施行された．これにより，組み換え作物が周辺野生生物を競合によって駆逐する，近縁野性種と交雑してその特性を失わせて組み換え作物の性質に置き換わる，周辺生物に影響を及ぼす物質を非組み換え作物より多量に生産するなどの悪影響がないことを確認する必要がある．実際に組み換え作物を栽培する際に問題になるのは，近隣で栽培されている非組み換えの同種または近縁種作物との交雑である．栽培する作物別に交雑防止のための隔離距離の設定や収穫物の混入防止措置が定められているが，いかに非組み換え作物の栽培農家や消費者の理解を得て共存するかが将来の課題である．

## □ 3.2.6 生物的防除

生物的防除にはフェロモン，ホルモンなどを用いた防除を含める考えもあるが，ここでは農業害虫の生物的抑制要因である広い意味での天敵生物を利用して行う防除と定義する．天敵生物はテントウムシ，アシナガバチ，カブリダニ，クモなどの捕食生物（predator），コマユバチ，タマゴコバチ，ヤドリバエなどの寄生生物（parasitoid），細菌，菌類，ウイルス，線虫，原生動物などの害虫の病原微生物（pathogen）に分けられる．昆虫における寄生生物は多くがその寄主を殺すために，真の寄生者とは区別して捕食寄生者（parasitoid）と呼んでいる．天敵生物の利用法は大別して4つに分類される．作物圃場は人為的に管理された場所であり，本来の自然環境とは異なり害虫とその天敵の平衡が維持されにくい環境になっており，特に，一年生作物の単一栽培圃場ではその傾向が強い．しかし，このような場所でも栽培体系の見直し，天敵に影響の少ない殺虫剤の選択や薬剤の散布時期･回数などの吟味によって，圃場の中での土着天敵の働きを助長（encouragement）して，害虫被害を軽減することが可能である．これが天敵の保護と活性化である．次に，侵入害虫など急激に被害を拡大している害虫に対して，害虫の起源地から天敵を導入して定着させ，永続的に害虫を防除する方法である．この方法は古くから行われ成功例も多いことから古典的生物的防除法と呼ばれる．その他に，有力土着天敵を選んで増殖して防除に利用する方法（土着天敵利用）や商業的に大量に増殖した天敵を放飼する方法（生物農薬的利用）の二つがあり，どちらも必ずしも定着を目的とせず，栽培期間中の害虫防除のために天敵を放飼するやり方である．

### a. 天敵導入の成功例

外国などからの栽培植物の導入に伴って侵入して大発生し，甚大な被害を与える害虫に対して，その起源地域から天敵を移入して放飼し，定着させる古典的生

表3.14 わが国で成功した害虫防除のための天敵導入

| 導入天敵 | 害虫 | 作物 | 導入元 | 導入年 |
|---|---|---|---|---|
| ベダリアテントウ | イセリアカイガラムシ | カンキツ | 台湾 | 1911 |
| シルベストリコバチ | ミカントゲコナジラミ | カンキツ | 中国 | 1925 |
| ワタムシヤドリコバチ | リンゴワタムシ | リンゴ | 米国 | 1931 |
| ルビーアカヤドリコバチ | ルビーロウムシ | カンキツ | 九州 | 1948 |
| ヤノネキイロコバチとヤノネツヤコバチ | ヤノネカイガラムシ | カンキツ | 中国 | 1980 |
| チュウゴクオナガコバチ | クリタマバチ | クリ | 中国 | 1982 |

物的防除が19世紀後半から盛んに試みられた．米国カリフォルニア州のオレンジ栽培地域で害虫化したイセリアカイガラムシを駆除する目的で，この害虫の起源地オーストラリアから捕食天敵ベダリアテントウムシが移入され，1888年その防除に成功した．これを契機に，ベダリアテントウムシはカリフォルニアからイセリアカイガラムシ防除のために世界各地に移出されることとなり，32カ国以上で利用された．日本でもこの害虫の蔓延に際して，台湾からベダリアテントウムシを静岡県下に移入し，防除に成功した．これが日本での天敵導入による害虫防除の最初の成功例である（表3.14）．その後，九州で大繁殖していた柑橘の害虫ミカントゲコナジラミの寄生蜂シルベストリコバチが中国広東省からシルヴェストリ（1925）によって導入され，青森県のリンゴの害虫リンゴワタムシに対しては，寄生天敵ワタムシヤドリコバチが米国オレゴン州から導入され，いずれも成功した．

カンキツ，カキ，チャなどの害虫ルビーロウカイガラムシ（ルビーロウムシ）の寄生蜂ルビーアカヤドリコバチは，安松（1946）によって福岡県で発見され，四国，九州の果樹園に放飼された．この天敵の定着によってルビーロウムシは柑橘などの主要害虫ではなくなった．ヤノネカイガラムシは柑橘の大害虫で薬剤による防除も難しい種であった．1980年に中国から2種の寄生蜂ヤノネキイロコバチとヤノネツヤコバチが導入され，このカイガラムシの駆除に成功した．

1940年代に岡山県のクリ園に虫癭を作るクリタマバチ *Dryocosmus kuriphilus* が発生して大きな被害を与え，この害虫は1950年代には全国に広まった．野生のクリや栽培品種の中にも被害を受け難いものがあることがわかり，その抵抗性を導入した品種が作られ，これまでの品種と置き換えることによって被害は回避された．ところが，1960年を過ぎた頃から，抵抗性品種を加害するクリタマバチが現れるようになった．その原因が種々議論されたが，結局，以前のハチとアイソザイム・パターンなどが明らかに異なるバイオタイプの出現であると結論された．同様のバイオタイプは中国では早くから知られており，それが日本に侵入したものと考えられた．そこで，中国から新しいクリタマバチのバイオタイプに対する天敵の導入が試みられた．1982年に導入されたチュウゴクオナガコバチ *Trymus sinensis*，260頭はつくば市の果樹試験場クリ園に放された．5〜6年後にはこの付近のクリタマバチ被害は問題にならないほどになり，今日では東北地方から中部地方までこの天敵が生息地域を広げている．このように，導入天敵による害虫防除の成功例が果樹など多年生作物で多いことは，果樹園などでは天敵の活動を支える環境が比較的維持されやすいためと考えられる．

**b. 土着天敵の利用**

わが国の土着天敵利用の試みはニカメイガの卵寄生蜂で始められ，ズイムシアカタマゴバチを代替寄主スジマダラメイガにより大量増殖して放飼された．1970年にはリンゴ害虫のクワコナカイガラムシの防除目的で，カボチャやジャガイモ芽出しでこの虫を育てて土着のクワコナカイガラトビコバチが大量増殖されて商品化された．この生産販売は生産コストがかさむために1年で中止されたが，その後しばらく，その生産と放飼は青森県，長野県で継続された．近年，捕食天敵としてはカブリダニ，ハナカメムシ，クサカゲロウ，テントウムシ，寄生昆虫ではタマゴコバチ類やその他の寄生蜂で害虫防除の可能性が検討され，安定した増殖方法が確立したものでは生物農薬として登録されるものも多い．

土着天敵を利用するには，天敵を導入するのとは違い，害虫の発生地域で有力な種を探す必要がある．はじめに対象害虫の天敵を調査してリストアップし，それぞれの生態的特徴を調査する．その内容は一般の生態の他，寄生または捕食に関して，害虫のどのようなステージに働くか，発生時期は何時か，増殖能力はどの程度か，などの情報である．次に，作物圃場で対象害虫の密度抑制にどの程度能力を発揮するかを実験的に確認して，有力な種を選び出す．ナス圃場でのミナミキイロアザミウマの有力天敵であるナミヒメハナカメムシの発見では農薬の無散布圃場での観察に始まって，農薬散布によってナミヒメハナカメムシを除去したときのミナミキイロアザミウマの増殖の様相によって天敵としての能力を確認している．

土着天敵微生物の必要条件は寄主範囲が狭く，害虫以外の生物に影響を及ぼさないことである．この点で，チョウ目害虫の多角体病ウイルス，顆粒病ウイルスは寄主特異性が高いために安全性が高く有望で，マツカレハの細胞質多角体病ウイルス，ハスモンヨトウの核多角体病ウイルス，チャノコカクモンハマキとチャハマキの顆粒病ウイルスなどが利用可能である．細菌では，出芽細菌パスツリアがネコブセンチュウの防除に利用されており，米国でマメコガネ防除にその乳化病細菌，*Bacillus popilliae* が市販されている．糸状菌では，サツマイモネコブセンチュウに対して *Monacrosporium phymatophagum* が，カミキリムシに対して硬化病菌 *Bauveria brongniartii* が，コガネムシに対して *Paecilomyces kogane* がわが国で登録，販売されている．線虫では，*Steinernema* 属線虫が土壌害虫であるコガネムシ類，シバオサゾウムシ，タマナヤガ幼虫防除に使用されている．これらの線虫は共生細菌を持っており，これが線虫に感染した寄主の体内で増殖して敗

**表 3.15** わが国で登録されている天敵農薬

| | | |
|---|---|---|
| 微生物 | スタイナーネマ・カーポカプサエ剤 | シバのシバオサゾウムシ，タマナヤガ |
| | スタイナーネマ・クシダイ水和剤 | シバのコガネムシ類，シバオサゾウムシ |
| | スタイナーネマ・グラセライ剤 | サツマイモ，ブルーベリー，シバのコガネムシ幼虫 |
| | パスツーリアペネトランス水和剤 | 野菜等のネコブセンチュウ |
| | モナクロスポリウム・フィマトパガム剤 | サツマイモネコブセンチュウ |
| | ボーベリア・ブロンニアティ剤 | 果樹・樹木のカミキリムシ類 |
| | ボーベリア・バシアーナ乳剤 | 野菜のアザミウマ，コナジラミ，コナガ |
| | チャハマキ顆粒病ウィルス・リンゴコカクモンハマキ顆粒病ウィルス | 果樹，チャのリンゴコカクモンハマキ，チャノコカクモンハマキ |
| | バーティシリウム・レカニ水和剤 | 施設野菜のアブラムシ，コナジラミ |
| | ペキロマイセス・フモソロセウス剤 | 施設トマトのコナジラミ |
| 捕食天敵 | チリカブリダニ剤 | 施設の野菜，果樹，花卉のハダニ類， |
| | ククメリスカブリダニ剤 | 施設の野菜，シクラメンのアザミウマ類 |
| | ミヤコカブリダニ剤 | 施設野菜のハダニ類，果樹のハダニ |
| | ショクガタマバエ剤 | 施設野菜のアブラムシ |
| | タイリクヒメハナカメムシ剤 | 施設野菜のアザミウマ類 |
| | アリガタシマアザミウマ剤 | 施設野菜のアザミウマ類 |
| | ナミテントウ剤 | 施設野菜のアブラムシ類 |
| | ヤマトクサカゲロウ剤 | 施設野菜のアブラムシ類 |
| 捕食寄生天敵 | オンシツツヤコバチ剤 | 施設の野菜，ポインセチアのオンシツコナジラミ |
| | イサイアヒメコバチ・ハモグリコマユバチ剤 | 施設野菜のマメハモグリバエ |
| | コレマンアブラバチ剤 | 施設野菜のアブラムシ類 |
| | イサイアヒメコバチ剤 | 施設野菜のマメハモグリバエ |
| | ハモグリコマユバチ剤 | 施設野菜のマメハモグリバエ |
| | サバクツヤコバチ剤 | 施設野菜のコナジラミ類 |
| | チチュウカイツヤコバチ | 施設野菜のタバココナジラミ |
| | ハモグリミドリヒメコバチ | 施設野菜のハモグリバエ類 |

血症を起こさせて害虫を殺す．土着天敵微生物の多くは次に述べる生物農薬として登録され販売されている（表 3.15）．

### c. 生物農薬

大量に増殖した天敵を放飼して，害虫を防除した後は，放した天敵も死滅するような天敵利用法を農薬的と称し，用いる天敵を生物農薬と呼んでいる．放飼される天敵は他の動物や環境に悪影響を与えないことが原則であるため，寄主特異性の高いことが要求される．天敵微生物では特に環境中に広がることはかえってリスクとなることが多いため，散布時のみの効力を期待する使用法が採用されている．生物農薬はわが国で商品として販売するためには農薬取締法に沿った登録が必要である．1995 年に導入天敵のチリカブリダニ，オンシツツヤコバチが最初に生物農薬として登録された．その後，土着天敵，天敵微生物も含めて多くの種が登録されている（表 3.15）．

微生物殺虫剤として最もよく知られ，広く使用されているものは *Bacillus thuringiensis*（Bt）である．この細菌はカイコの卒倒病の病原菌として石渡（1901）によって日本で最初に記録され，その後，ドイツで分離された細菌に対して命名された．その芽胞に含まれる $\delta$ エンドトキシンが殺虫成分でチョウ目昆虫に強い作用があるため，1940 年代にフランスで殺虫剤として開発された．今日ではチョウ目害虫のほか，コウチュウ目（*Bt tenebrionis*）やハエ目（*Bt israelensis*）害虫対象の Bt 剤も使われている．Bt については殺虫剤の項で解説した．他の微生物についてみると，カミキリムシの白きょう病菌である *Beauveria brongniatii*，コナジラミの糸状菌 *Paecilomyces fumosoroseus*，ハマキガの顆粒病ウイルス，線虫の細菌パストリアおよび，コウチュウ目，チョウ目幼虫の昆虫寄生性線虫スタイナーネマなどが登録されている．また，わが国で生物農薬として登録されている捕食天敵，寄生天敵は表 3.15 のとおりで，捕食天敵，捕食寄生天敵ともに施設栽培作物の微小難防除害虫が防除対象である．害虫の増殖に伴って放飼した天敵も増殖しながら害虫の密度を抑制するものが多いが，導入種であれば野外に大量に放飼することは避けるべきであり，また，これらを野外圃場に放飼しても防除効果は期待し難い．生物農薬を利用する場合には，天敵の活動環境が整っていることが重要で，放飼は予防的観点から対象害虫の発生初期から始める必要がある．そのためには，害虫の発生状況を継続的に観察し放飼適期を逃さないこと，放飼後の害虫密度の推移によっては追加放飼を行うことなどが必要である．

#### d. 天敵に作用の少ない殺虫剤の利用

作物圃場では一般的に多種の害虫が発生し，特定の種を天敵によって防除しても収穫物の確保にはつながらない場合が多い．また，天敵を放飼するために害虫の密度を一時的に下げる必要も生じる．このような場合に他の手段との併用が求められるが，広く採用されているのが，天敵には作用が小さく，使用天敵の対象外の害虫に有効な薬剤の使用である．多少天敵に作用がある薬剤でも残効が切れてから天敵を放飼するのも選択肢の一つである．現在，殺虫剤の販売に際して天敵に対する影響についての情報が付随している場合も多く，天敵利用の弱点補強につながると期待される．作物圃場では害虫防除のために散布された殺虫剤は害虫だけでなく天敵に対しても選択圧となって，薬剤抵抗性を獲得した天敵も出現する．実際，わが国でも有機リン及び，ピレスロイド抵抗性ケナガカブリダニの存在が確認されている．薬剤抵抗性を備えた天敵の積極的利用も考えられる．

### □ 3.2.7 生殖制御による防除

有性生殖によって増殖する害虫では，その集団の雄のみを操作することによって防除目的を達成することが可能である．その手段として強力な誘引物質を利用して雄を集めて除去する方法（3.2.3 項）と，ここで主に述べる不妊化した雄を大量に放し，野外での正常な雌雄の交配を妨げて防除する不妊虫放飼とがある．

害虫を不妊化する薬剤の開発が一時期盛んに行われた．その理由は不妊化による防除が殺虫剤散布より効率的なためであった．例えば，ハエ類で見られるような雌が一生に一回しか交尾しない害虫において，個体数が毎世代 5 倍に増殖する集団（増殖は漸化式：$A_{n+1}=5A_n$ で表せる）に対して 90% の殺虫効果をもつ殺虫剤で防除を毎世代繰り返したとすると，個体数は毎世代半分に減少するが（$A_{n+1}=1/2\times A_n$），不妊効果 90% の不妊剤散布では毎世代個体数が理論的には 1/20 に減少する（$A_n+1=1/20\times A_n$）．しかし，安全な薬剤が開発できずに防除は実用化されなかった．不妊雄の放飼による害虫防除は 1930 年にアメリカ，テキサス州で家畜害虫ラセンウジバエ *Cochiliomia hominivorax* の防除について研究していた Knipling によって考えられた方法である．これは，直接不妊剤などを野外に撒くものではなく，室内で飼育した害虫の雄を不妊化して野外に放し，野外の雌と交尾した際に次世代ができなくする方法である．もちろん，放飼した不妊虫が野外の雄と完全に競争的に交尾できることが前提であり，放飼虫が作物，他生物に害を及ぼさないことも重要である．対象とする害虫種雌が一生に一回しか交尾しない（一夫性でもよい）という性質も望ましい．また，野外の害虫数の何倍もの害虫を飼育して不妊化して放飼する必要があるので，害虫の生息密度が低いとこの方法を経済的に実行しやすい．ラセンウジバエはこれらの条件を満たしており，その被害額も防除費用を超えるものであったため，1958年にフロリダ半島で本格的防除事業が開始された．不妊化は放射線を利用して行われ，1960年にはこの根絶事業は成功し，1964年にはテキサスでの根絶も成功して米国全土からこの害虫は一掃された．1990年にはメキシコでも根絶に成功した．ラセンウジバエでは個体密度の変動は殆どない状況で不妊虫が放飼されたが，仮に他の条件は同じで，毎世代5倍に増殖する集団に初期野外個体数（$A_1$）の10倍の不妊虫を毎世代放飼したと仮定すると，世代間の個体数は漸化式：$A_{n+1}=5A_n \times A_n/(10A_1+A_n)$ で表され，害虫は初期世代の1/2，1/10，1/200，1/80000と世代を経るに従って急激に減少することがわかる．

沖縄県全域および鹿児島県奄美群島には，多種の野菜，果実を加害するミカンコミバエ，ウリミバエが東南アジアから進入定着して大きな被害を与え，これらの農産物の本土への移入は害虫の侵入が懸念されるため長く禁止され，これら害虫の根絶が望まれていた．ミカンコミバエについては，1962〜3年に米国が行った太平洋マリアナ諸島ロタ島での雄除去法による根絶成功に習って，1971年から奄美大島でこの害虫の根絶事業が開始された．メチルオイゲノール97%，殺虫剤ジブロム3%の混合液10 gを含浸させた4.5×4.5×0.9 cmのテックス板を空中から散布して，ミカンコミバエの雄を誘殺する方法によって1979年には奄美大島，喜界島，徳之島の3島で，翌年には沖永良部島，与論島でこの害虫は根絶された．その後，沖縄群島（1982年），宮古群島（1984年），八重山群島（1985年）においても根絶が成功して，この地域の発生地指定が解除された．

ウリミバエについては，1972年から沖縄の本土復帰特別事業として放射線不妊虫放飼による根絶計画が策定された（図3.15）．まず，石垣島に週100万匹のウリミバエを生産する施設が造られ，1975年久米島で毎週400万匹の不妊虫放飼を開始し，1978年，この島での根絶に成功した．その後，奄美大島，沖縄本島に不妊虫大量増殖施設が造られ，根絶事業は本格化し，不妊虫は喜界島では1981年8月から毎週400万匹，奄美大島では1985年9月から毎週4000万〜5000万匹が放飼され，また沖縄群島では1986年11月から本島中南部で毎週8700万匹が，1987年3月からは本島北部と周辺の島々でも毎週6600万匹が放飼されて，沖縄群島全体では最盛期には1億8500万匹／週が放たれた．これによ

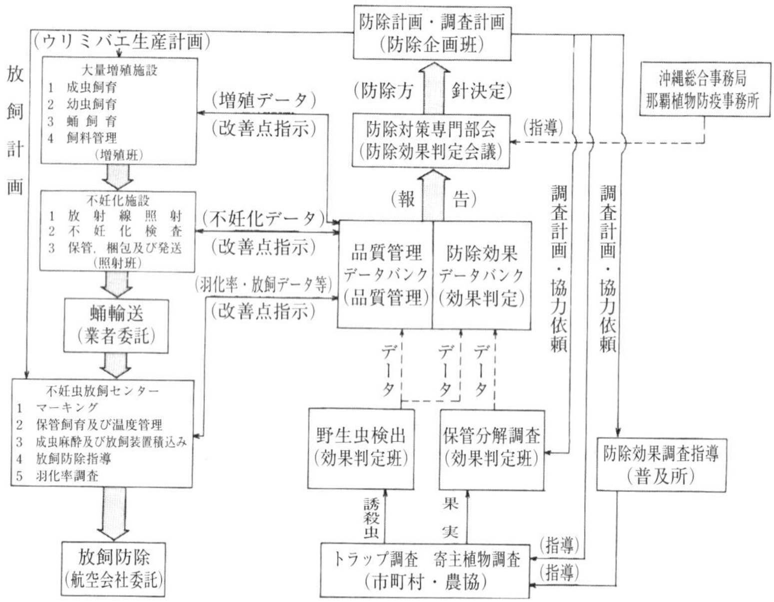


**図 3.15** 沖縄県におけるウリミバエ不妊虫放飼防除フローチャート
(ウリミバエ根絶防除事業概要より)

って 1990 年までに奄美群島全域,沖縄群島および宮古群島でウリミバエの根絶は成功し,果菜類や熱帯性果実の本土への出荷規制も解除された.残る八重山群島にも 1990 年以降不妊虫が放飼され,1993 年 10 月,同群島からも野生のウリミバエは姿を消し,日本全域からウリミバエが根絶された.奄美群島の根絶防除には,10 年 7 カ月の歳月と 34 億円の直接防除費(人件費を除く)と 80 億匹の不妊虫が放飼された.また宮古・沖縄の両群島には 62 億円の直接防除費と 374 億匹の不妊虫がつぎこまれた.こうして南西諸島全体のウリミバエ根絶防除には直接防除費だけでも 204 億円の巨費が投じられたが,根絶で得られる農業生産の恩恵は年間 100 億円以上と推定されている.また小笠原諸島のミカンコミバエについても 1975 年から不妊虫放飼による防除が開始され,1985 年までに根絶に成功した.

このウリミバエ根絶事業は,応用昆虫学に関連したいくつもの課題を克服しながら進められ,その間に蓄積された知見は貴重なものが多い.まず,人工飼料によるミバエのこれまで経験したことのない大規模な飼育法の確立であり,常に野生のハエと比較して増殖したハエの生存力が劣化しないような品質管理が求められた．コバルト60からのガンマ線でハエを不妊化する際の照射時期と線量（60〜80グレイ，人間の限界被曝線量よりはるかに高い）の決定も重要で，照射後のハエの性的競争力が野生のものに近くなければ防除効率が著しく下がってしまう．また，野外でのウリミバエの生息密度の推定を正確に行うことは，不妊虫放飼前に密度低下のために行う殺虫剤などを使った抑圧防除の規模や不妊虫放飼数の決定や効果判定の鍵となる．これにはこのハエの誘引物質キュウルアを用いたトラップとマーキング法の組み合わせで成功した．その他にも，生きた蛹の保存法，野外に放飼する際の容器，放飼方法などの検討も必要であった．

### □ 3.2.8 法令による規制

人間活動のグローバル化に伴って作物病害虫，感染症などが海外から日本に侵入する機会が急速に増加している．それらの新たな侵入に対しては生物的拮抗機能，例えば害虫に対する天敵，病害に対する免疫などが働き難く，定着，蔓延して深刻な被害を与える可能性が大きい．また，国内においても一部地域の有害動植物が分布域を広げて被害を拡大することもある．このような危機に対抗する手段として法律による規制がある．農作物保護に関しては「植物防疫法」によっており，その目的は「輸出入植物及び国内植物を検疫し，並びに植物に有害な動植物を駆除し，及びそのまん延を防止し，もって農業生産の安全及び助長を図る」となっている．内容は国際検疫（輸入検疫と輸出検疫），国内検疫（移動規制と種苗検疫），緊急防除，国内防除（発生予察）である．

衛生害虫の防除に関しては，「感染症の予防及び感染症の患者に対する医療に関する法律」（感染症新法）が2003年11月に一部改正され，その中の「ねずみ族，昆虫等の駆除」という項目で感染症媒介昆虫の駆除について述べられている．「検疫法」は感染症新法を踏まえて外国からの船舶，航空機による感染症の国内への侵入阻止のための検疫を規定している．

#### a. 植物検疫

1）国際植物検疫

国際間の物流が盛んになるに従い，輸入植物検疫の重要性は増すが，一方では検疫や貿易措置が国際貿易の不当な障壁や制限になる可能性があり，科学的根拠に基づいた公平な検疫措置を実施して国際間の調和を図る必要がある．そのための国際基準作成と実施のために衛生植物検疫措置の適用に関する協定（SPS, 1995年1月発効）及び国際植物防疫条約（IPPC，2005年10月発効）が結ばれている．今後は，侵入病害虫を効果的に防止するために，危惧される病害虫に関する最新情報等に基づいたリスク解析を行って，それによって検疫措置を講ずる必要がある．

**輸入植物検疫**　まん延すると有用な植物に損害を与えるおそれがある検疫有害動植物の侵入を防ぐため，貨物，携帯品，郵便物などにより輸入されるすべての植物とその容器包装を検査する．「検疫有害動植物」とは国内に存在しないものと，国内の一部に存在し，国の発生予察事業などによる防除措置がとられているもの（指定有害動植物）を指す．日本に存在しない輸入禁止検疫有害動植物のうち害虫には，現在，チチュウカイミバエ，ミカンコミバエ，クインスランドミバエ，ウリミバエ，コドリンガ，コロラドハムシ，ヘシアンバエ，ジャガイモシストセンチュウ，ジャガイモシロシストセンチュウ，カンキツネモグリセンチュウ，イネクキセンチュウなどが指定され，それらの発生地域，寄主植物が同時に指定されており，指定害虫はもちろん指定地域（経由も含む）からの寄主植物（果実なども含む）の輸入が禁止されている．また，土と土付き植物は輸入禁止で，輸入禁止品の容器包装も同様である．有害動植物の発生が危惧される場合には，農産物輸出国の栽培地に日本の植物防疫官が出向き検疫，消毒の状況を確認して輸入が決められる（海外検疫）．海外検疫が必要な検疫有害動植物に指定されてものにはテンサイシストセンチュウ，ニセネコブセンチュウ，バナナネモグリセンチュウがある．果樹苗木，球根，イモ類など直ちにウイルス病などの罹病が判別できないものについては，隔離圃場で栽培して精密な検査を行う．

**輸出植物検疫**　輸出相手国が検査証明を要求する品目について，その輸入国の要求する条件に適合しているかを検査し，検査に合格すればその旨の検査証明証を交付する．この場合には証明証がないものは輸出できない．要求内容には栽培地検査の含まれることも多い．科学的根拠に基づいた輸出相手国への解禁要請を行うことも必要になる．

2）国内植物検疫

新たに侵入し，またはすでに国内の一部の地域に存在している有害動植物のまん延を防止するために，種苗検査と移動規制の制度がある．種苗検査は，繁殖用に供する植物で農林水産大臣が指定するものについて，栽培地検査等の措置を行う．現在は一部県道で生産されるジャガイモについて実施されている．移動規制は，省令で定める地域内にある植物について，その移動を制限または禁止する措置である．現在，カンキツグリーニング病は，柑橘生産に大きな打撃を与える病害であるため，発生地の沖縄県から柑橘類を持ち出す際には，植物防疫官の検査が必要になっている．同時にその媒介昆虫であるミカンキジラミの防除，罹病木の処分も行っている．さらに，アリモドキゾウムシのまん延防止のため，沖縄県，奄美群島，トカラ列島，小笠原諸島からのサツマイモ生塊根の移動が規制されている．

3）緊急防除

侵入種あるいは既存種がまん延し，緊急に防除する必要な場合についての規定で，防除内容，地方公共団体及び民間団体に対する協力命令や補償などについて定められている．これまで緊急防除によって撲滅に成功した例として，八丈島のミカンネモグリセンチュウ，鹿児島県のアリモドキゾウムシ，イモゾウムシなどがある．2007年3月には鹿児島県喜界町においてカンキツグリーニング病およびミカンキジラミの緊急防除が発令された．

### b. 法律による感染症の発生予防とまん延阻止

主要感染症は感染症新法の中で1類から4類に分類され，それらすべてで診断した医師の全例報告の義務を定めている．感染症媒介のねずみ及び昆虫の駆除については感染症新法の中で，感染症予防の基本指針を厚生労働大臣が定め，それに従って都道府県は予防計画を定めることが述べられている．さらに，1～3類感染症の発生予防，まん延阻止のためのねずみ及び昆虫の駆除は都道府県知事の指示で行うことが定められている．発生区域での実際の駆除は，知事がそこの管理者またはその代理者に命じて実施する．その中で昆虫などによって媒介される可能性のあるものは，ペスト（1類），コレラ，細菌性赤痢，腸チフス，パラチフス（以上2類），腸管出血性大腸菌感染症（3類）である．4類にはウェストナイル熱，黄熱，回帰熱，Q熱，つつがむし病，デング熱，日本紅斑熱，日本脳炎，発疹チフス，マラリア，野兎病，ライム病がある．1999年にニューヨークで米国初の患者が出てから数年で米国全土に拡大したウェストナイル熱の監視が当面の課題となっている．

水際での感染症の侵入防止には検疫法によって，1類感染症（エボラ出血熱，クリミア・コンゴ出血熱，SARS，痘そう，ペスト，マールブルグ病，ラッサ熱）及びコレラ，黄熱，国内に常在しない感染症の病原体について，外国からの船舶，航空機の検疫と，感染症患者が見付かった場合の措置が定められている．その他のわが国に常在しない感染症として4類のデング熱，マラリア，ウェストナイル熱が意識されており，ペスト，コレラ，黄熱とともに媒介昆虫も検疫対象にする必要があり，その検査と駆除が定められている．

一般的な衛生害虫防除に関しては，「労働安全衛生法」，「廃棄物の処理及び清掃に関する法律」，「建築物における衛生的環境の確保に関する法律」などにより，それぞれの関連する施設，建物でのねずみ，昆虫の防除が義務付けられている．

## 3.3　害虫各論

### 3.3.1　主要作物害虫

#### a.　イネ害虫

1970 年までの日本における水稲栽培は高収量安定生産を目標に，化学肥料投入，早植え，化学薬剤による病害虫や雑草の防除を組み込んで行われた．その後，農業人口の高齢化や減反政策により栽培面積が 3 分の 2 以下に減少する中，栽培者は機械化による省力栽培で生産コスト削減を目指しつつ，高品質米生産を追及している．

表 3.16 に日本の主なイネ害虫を掲げた．イネ害虫は生育初期に加害するもの

**表 3.16**　イネの主要な害虫

<table>
<tr><th></th><th>西南日本</th><th>中日本</th><th>北日本</th></tr>
<tr><td>生育初期</td><td></td><td></td><td></td></tr>
<tr><td></td><td colspan="2">ツマグロヨコバイ</td><td></td></tr>
<tr><td></td><td colspan="3">ヒメトビウンカ</td></tr>
<tr><td></td><td colspan="3">イネミズゾウムシ</td></tr>
<tr><td></td><td></td><td colspan="2">イネドロオイムシ</td></tr>
<tr><td></td><td></td><td></td><td>イネハモグリバエ</td></tr>
<tr><td></td><td></td><td colspan="2">イネヒメハモグリバエ</td></tr>
<tr><td></td><td colspan="2">イネゾウムシ</td><td></td></tr>
<tr><td></td><td colspan="3">ニカメイガ第 1 世代</td></tr>
<tr><td>成育中後期</td><td></td><td></td><td></td></tr>
<tr><td></td><td colspan="3">ツマグロヨコバイ</td></tr>
<tr><td></td><td colspan="3">ヒメトビウンカ</td></tr>
<tr><td></td><td>セジロウンカ</td><td></td><td></td></tr>
<tr><td></td><td>トビイロウンカ</td><td></td><td></td></tr>
<tr><td></td><td colspan="3">ニカメイガ第 2 世代</td></tr>
<tr><td></td><td>コブノメイガ</td><td></td><td></td></tr>
<tr><td></td><td>イネツトムシ</td><td></td><td></td></tr>
<tr><td></td><td colspan="3">カメムシ類</td></tr>
</table>

表 3.17 イネ害虫発生面積の変動

| | 1975 | 1981 | 1987 | 1993 | 1995 | 1997 | 1999 | 2001 | 2003 | 2005 (1000ha) |
|---|---|---|---|---|---|---|---|---|---|---|
| ニカメイガ第1世代 | 536 | 305 | 169 | 218 | 148 | 161 | 99 | 72 | 81 | 82 |
| コブノメイガ | – | – | 658 | 598 | 769 | 305 | 329 | 316 | 572 | 276 |
| ツマグロヨコバイ | 1239 | 929 | 981 | 778 | 710 | 737 | 705 | 691 | 571 | 603 |
| ヒメトビウンカ | 510 | 501 | 893 | 990 | 698 | 667 | 569 | 665 | 591 | 621 |
| セジロウンカ | 695 | 950 | 1293 | 1098 | 1031 | 792 | 672 | 719 | 847 | 763 |
| トビイロウンカ | 513 | 258 | 740 | 299 | 213 | 172 | 80 | 55 | 68 | 155 |
| 斑点米カメムシ類 | 427 | 284 | 193 | 256 | 321 | 345 | 529 | 547 | 483 | 531 |
| イネドロオイムシ | 653 | 446 | 408 | 328 | 379 | 403 | 271 | 204 | 214 | 138 |
| イネミズゾウムシ | 0 | 139 | 1230 | 1143 | 1097 | 956 | 844 | 720 | 697 | 644 |

と生育中後期に加害するものに大まかに分けられ，北日本，中日本，西南日本で多少害虫の種類も異なる．これまでの害虫発生の変化を見ると，1970年までのイネ栽培法の変化の中で，かつては重要害虫であったイネクロカメムシ，イナゴ類，サンカメイガなどの被害は極めて減少した．1970年以後には稚苗の機械移植と稲わら粉砕を伴う収穫の機械化などの影響によりニカメイガが激減した．表3.17には1975年から最近までの主要害虫の日本での発生面積を示した．海外から飛来する害虫の変動は飛来源での発生状況や害虫防除と関係があると考えられるが，セジロウンカ，トビイロウンカ，コブノメイガは年による発生の変動が大きい．吸汁性のウンカ，ヨコバイが媒介するウィルス病（イネ萎縮病：ツマグロヨヨバイ，イネ縞葉枯病：ヒメトビウンカ）などの発生も耐病性品種の実用化などによって問題ないレベルに落ちている．逆に，1976年米国からわが国に侵入したイネミズゾウムシは短期間のうちに日本全土に分布を広げ，主要害虫となった．近年の米品質重視の影響もあり，吸汁性カメムシによる斑点米の問題が重要視されている．イネミズゾウムシ，イネドロオイムシ，ツマグロヨコバイなどの本田初期害虫に対しては浸透性殺虫剤の育苗箱施用が広く行われ，最近では育苗箱への1回の処理によって初期〜中期のほとんどの害虫に対応できる薬剤も開発された．

1) イネミズゾウムシ

イネミズゾウムシは1976年愛知県知多半島地域の水田で初めて発見されたが，すでにこの地域に広く分布していた．当時の被害は移植間もないイネの葉身におけるかすり状の食痕と食害による株絶えであり，その後の生育不良につながるところもあった．その後急激に分布が拡大し，図3.16に見られるように1984年に

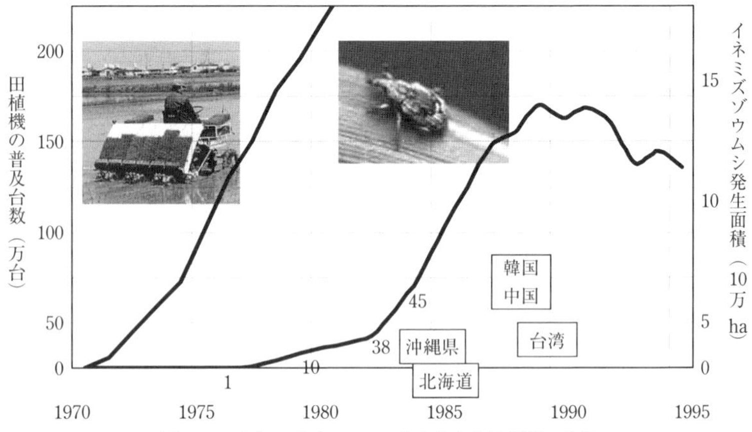


**図 3.16** イネミズゾウムシの分布拡大と田植機の普及
発生面積曲線に付した数字は発生都道府県数を示す.

は 45 都府県に広がり，1985 年には沖縄県，1986 年には北海道と海を渡って日本全国に広がった．その後，本種は 1990 年までに韓国，中国本土，台湾へ侵入した．日本には雌成虫のみが生息し，一化性で単為生殖によって増殖する．このことと成虫が飛翔，水中の遊泳をし，長期間休眠することなどが，有効天敵のいない日本で急速に分布を拡大した理由と考えられる．

成虫はイネ科植物を餌にしており，竹林，笹藪，雑木林，土提の雑草地の湿度の保たれる地表近くで越冬する．越冬後，成虫は水田に移動してイネを摂食すると卵巣が発育し，水面下のイネ葉鞘の組織内に 1 個ずつ産卵する．産卵数は 70 個程度とされる．若齢幼虫はイネの根に侵入して食害し，成長すると外に出て，背面にあるドーサルフックを根に挿入して呼吸しながら根を食害する．4 齢経過後イネ根付近で土繭をつくって蛹化する．7–8 月に羽化した成虫は水田周辺でイネ科雑草の葉を摂食した後，越冬地に移動する．

イネ苗機械移植が普及した頃にイネミズゾウムシの分布拡大が起きたことが，殺虫剤の育苗箱施用法開発・普及を促進した一因であると考えられる．

2）斑点米カメムシ

米の品質重視が最近の傾向であり，米の等級は容積重，整粒割合，形質，水分含量，着色米や異物の混入率によって 1，2，3 等，等外に分けられる．着色米としての斑点米の混入はこの等級を左右する重要な要因であるため，特にその原因となるカメムシの防除に関心が集まっている．着色米混入率の限度は 1 等で

0.1%，2等で0.3%，3等で0.7%，等外が5%である．カメムシによりイネ登熟期に籾が吸汁加害されると斑点米となり，収穫後の米に混入する．その他にも着色米の原因にはイネシンガレセンチュウ（黒点米），イネゾウムシ（穿孔米），病原菌（腹黒米，褐色米）などが知られているが，カメムシによる斑点米がもっとも多い．加害するカメムシの種類は地域によって異なるが，全国では50種を越える．特に重要なのは次に示す種である．トゲシラホシカメムシ，シラホシカメムシ，オオトゲシラホシカメムシ，ミナミアオカメムシ（以上カメムシ科），ホソハリカメムシ（ヘリカメムシ科），コバネヒョウタンナガカメムシ，ヒラタヒョウタンナガカメムシ（以上ナガカメムシ科）アカヒゲホソミドリカスミカメ，ナガムギカスミカメ，アカスジカスミカメ（以上カスミカメムシ科）クモヘリカメムシ（ホソヘリカメムシ科）．これらのカメムシのほとんどは水田の畦畔や周囲の休耕田などのイネ科雑草上で生活していて，出穂後にイネに飛来して加害するため，被害予防には雑草の管理が有効であり，薬剤散布による防除ではそのタイミングが効果に強く影響する．

### b. 畑作物害虫

畑作物の害虫の主な種類を表3.18に示した．2005年の全国の作付面積を見ると，ムギ類が27万ha，ジャガイモが9万ha，サツマイモが4万ha，ダイズが13万haである．ムギ類の害虫として発生面積の大きいのはアブラムシ類であるが，実際に薬剤によって防除されている面積は，発生面積の10分の1程度であり，重要度は高くない．その他害虫の発生も少ない．ジャガイモの害虫としてニジュウヤホシテントウが挙げられ，防除の対象にはなっているが，発生面積は小さい．サツマイモでは食葉性のナカジロシタバ，ハスモンヨトウとイモを食害するコガネムシ類幼虫が重要である．沖縄県ではアリモドキゾウムシ，イモゾウムシの害が大きく，他県への侵入を防ぐために国内検疫の対象となっている．

ダイズは輸入に依存する割合が高く，国内での栽培面積は減少傾向にあり，栽培の目的は枝豆の生産に移っている．主産地である北海道，東北ではタネバエ，マメシンクイガ対象に防除が行われ，関東以南ではアブラムシ類，食葉性のコガネムシ類成虫，ハスモンヨトウ，実を食害するシロイチモジマダラメイガが重要害虫で防除対象となっている．全国的にはカメムシ類の被害が大きい．

サトウキビは南西諸島が栽培の中心で，約2万ha作付けされており，カンシャコバネナガカメムシとカンシャクシコメツキ類幼虫が主な害虫で発生面積の比率は50%以上で防除対象である．テンサイは現在，北海道のみで7万ha栽培されており，葉を加害するヨトウムシ，ウワバ類，マキバカスミカメが主な害虫である．

### c. 野菜害虫

主要野菜の主な害虫を表3.18に掲げた．このほかに表3.19に示した広食性微小害虫が重要である．野菜栽培の特徴は地域によって作型が多様であり，しかも，露地栽培に加えて施設栽培が広く行われていることである．したがって，害虫の種類や発生も作型によって異なることが多い．

露地栽培作物の茎葉部を加害する害虫として北日本ではアブラナ科野菜のヨトウガ，タマナヤガ，ネギ類のネギアザミウマが代表であり，西南日本では広食性のハスモンヨトウ，アブラナ科野菜のハイマダラノメイガ，コナガ，ナス科作物のニジュウヤホシテントウムシ，タバコガの被害が大きく，アブラナ科野菜のタマナギンウワバ，カブラヤガ，モンシロチョウ，ネギ類のネギハモグリバエ，セリ科野菜のキアゲハは全国的である．多くの作物の芽生えや根部を加害する害虫ではタネバエが北日本で，ウリ類のウリハムシが西南日本で被害が大きく，コガネムシ類やアブラナ科野菜のキスジノミハムシの発生は全国的である．その他，果実を加害するカメムシ類も重要である．

施設栽培では外界と隔離されているために，いったん侵入した害虫は発育環境が良好な中で天敵なども存在しないので急激に増殖する．閉鎖空間での薬剤散布は作業者への影響もあり，植物が繁茂した状態では殺虫剤の効果も上がらない．近年問題になっているのはアブラムシ，アザミウマ，コナジラミ，ハモグリバエ，ハダニなど広食性で微小な害虫が多い．この中には，近年，日本に侵入し，急速に分布拡大したオンシツコナジラミ（1974），ミナミキイロアザミウマ（1978），タバココナジラミ・バイオタイプB（旧名シルバーリーフコナジラミ，1989）マメハモグリバエ（1990），ミカンキイロアザミウマ（1990），トマトハモグリバエ（1999），アシグロハモグリバエ（2001）が含まれる（表3.14）．微小害虫には植物ウィルス病を媒介するものも多く（表3.20），各種の殺虫剤に抵抗性を発達させている虫が多いため，殺虫剤によっても病原媒介を防ぐことは難しい．これらの害虫対策には，紫外線カットフィルムや紫外線反射マルチなどの物理的方法や発生初期の天敵放飼などが効果を挙げている．

### d. 果樹害虫

果樹は栽培地域が集中している場合が多く，柑橘の全国作付面積6万ha（2005年）の95％が東海，和歌山，中国，四国，九州の県で栽培されている．

**表 3.18** 作物別害虫（イネ害虫を除く）

| | |
|---|---|
| **畑作物** | |
| ムギ類 | アブラムシ類，ムギキモグリバエ，ムギクロハモグリバエ |
| トウモロコシ | アブラムシ類，アワヨトウ，アワノメイガ，トビイロムナボソコメツキ |
| ダイズ | ダイズアブラムシ，ジャガイモヒゲナガアブラムシ，シロイチモジマダラメイガ，マメシンクイガ，マメヒメサヤムシガ，ウコンノメイガ，ハスモンヨトウ，カメムシ類，ヒメコガネ，マメコガネ，ハダニ類，ダイズシストセンチュウ |
| ジャガイモ | アブラムシ類，ジャガイモガ，ヨトウガ，テントウムシダマシ類，ハリガネムシ類，ナスノミハムシ，ジャガイモシストセンチュウ |
| サツマイモ | イモキバガ，ナカジロシタバ，エビガラスズメ，ハスモンヨトウ，ヒルガオハモグリガ，ハリガネムシ類，コガネムシ類，アリモドキゾウムシ，イモゾウムシ，サツマイモネコブセンチュウ |
| **野菜** | |
| アブラナ科野菜（キャベツ，ハクサイ，ダイコン，カブ，ブロッコリ，カリフラワー等） | アブラムシ類，コナガ，ハイマダラノメイガ，キスジノミハムシ，ヨトウムシ類，モンシロチョウ，タマナギンウワバ，ヤサイゾウムシ，カブラハバチ，ネキリムシ類，ネコブセンチュウ類 |
| トマト | アブラムシ類，オンシツコナジラミ，タバココナジラミ，ニジュウヤホシテントウムシ，オオタバコガ，ハスモンヨトウ，ハモグリバエ類，トマトサビダニ，ネコブセンチュウ類 |
| ナス | アブラムシ類，アザミウマ類，コナジラミ類，ニジュウヤホシテントウムシ，ハスモンヨトウ，ジャガイモガ，ハダニ類，ネキリムシ類，チャノホコリダニ，ネコブセンチュウ類 |
| ウリ類（キュウリ，メロン，スイカ，カボチャ） | アブラムシ類，ヤサイネアブラムシ，アザミウマ類，コナジラミ類，トマトハモグリバエ，ウリハムシ，タネバエ，ハダニ類，ネコブセンチュウ類 |
| ネギ類（ネギ，タマネギ，ニンニク） | ネギアブラムシ，ネギアザミウマ，ネギハモグリバエ，ヨトウムシ類，ネギコガ，ネダニ |
| ニンジン | アブラムシ類，キアゲハ，ネキリムシ類，ニンジンメムシ，センチュウ類 |
| ホウレンソウ | アブラムシ類，アザミウマ類，タネバエ，シロオビノメイガ，コナダニ，ネコブセンチュウ類 |
| イチゴ | アブラムシ類，アザミウマ類，ハスモンヨトウ，コガネムシ類，ハダニ類， |
| **果樹** | |
| カンキツ | アブラムシ類，アザミウマ類，カメムシ類，カイガラムシ類，コナカイガラムシ類，コナジラミ類，ミカンキジラミ，ミカンハモグリガ，ハマキムシ類，ゴマダラカミキリ，コアオハナムグリ，ミカンバエ，ミカンハダニ，ミカンサビダニ |
| リンゴ | アブラムシ類，リンゴワタムシ，モモシンクイガ，ナシヒメシンクイ，カイガラムシ類，カメムシ類，ハマキガ類，ギンモンハモグリガ，キンモンホソガ，ヒメシロモンドクガ，ハダニ類 |
| オウトウ | アブラムシ類，ウメシロカイガラムシ，コスカシバ，オウトウショウジョウバエ，オウトウハマダラミバエ，ハダニ類 |
| モモ | アブラムシ類，ウメシロカイガラムシ，カメムシ類，シンクイムシ類，モモハモグリガ，コスカシバ，ハダニ類 |
| ナシ | アブラムシ類，ナシマルカイガラムシ，クワコナカイガラムシ，カメムシ類，シンクイムシ類，ハマキムシ類，ナシチビガ，ハダニ類，ニセナシサビダニ |
| ブドウ | チャノキイロアザミウマ，フタテンヒメヨコバイ，ブドウスカシバ，ブドウトラカミキリ，コガネムシ類，ハダニ類 |
| カキ | フジコナカイガラムシ，カメムシ類，チャノキイロアザミウマ，カキクダアザミウマ，カキノヘタムシガ，ヒメコスカシバ，イラガ類 |
| クリ | モモノゴマダラノメイガ，コウモリガ，ミノガ類，ネスジキノカワガ |
| **特用作物** | |
| チャ | アブラムシ類，クワシロカイガラムシ，チャノキイロアザミウマ，チャノミドリヒメヨコバイ，チャノホソガ，チャハマキ，チャノコカクモンハマキ，ヨモギエダシャク，チャドクガ，ナガチャコガネ，カンザワハダニ，チャノホコリダニ，センチュウ類 |
| テンサイ | ネキリムシ類，ヨトウガ，テンサイトビハムシ，カメノコハムシ，キタネコブセンチュウ |
| サトウキビ | アブラムシ類，イナゴ類，ハリガネムシ類，コガネムシ類，メイガ類，カンシャコバネナガカメムシ |

**表 3.19** 主な広食性微小害虫

| | |
|---|---|
| **アブラムシ** | |
| ワタアブラムシ | 柑橘，ナシ，ジャガイモ，スイカ，キウリ，イチゴ，サトイモなど |
| モモアカアブラムシ | ナス，トマト，ジャガイモ，ハクサイ，ダイコンなど |
| ユキヤナギアブラムシ | リンゴ，ナシ，柑橘，ビワ |
| **コナジラミ** | |
| オンシツコナジラミ | トマト，キュウリ，カボチャ，ナス，インゲン，花卉 |
| タバココナジラミ（バイオタイプBおよびQ） | ダイズ，インゲン，サツマイモ，トマト，カボチャ，キュウリ，ナス，メロン，セロリー，ミツバ，キャベツ，花卉 |
| **アザミウマ** | |
| チャノキイロアザミウマ | 柑橘，ナシ |
| ミナミキイロアザミウマ | キュウリ，ナス，ピーマン，花卉 |
| ミカンキイロアザミウマ | 柑橘，ブドウ，トマト，イチゴ，キュウリ，ナス，ピーマン，花卉 |
| **ハモグリバエ** | |
| ナスハモグリバエ | トマト，メロン |
| マメハモグリバエ | トマト，キュウリ，セロリー，インゲン，花卉 |
| トマトハモグリバエ | ナス，トマト，ピーマン，キュウリ，カボチャ，スイカ，キャベツ，ハクサイ，ダイズ，インゲン，シュンギク |
| アシグロハモグリバエ | トマト，ピーマン，キュウリ，カボチャ，セロリー，シュンギク，ハクサイ，ホウレンソウ，花卉 |
| **ハダニ** | |
| ナミハダニ | リンゴ，ナシ，モモ，ブドウ，ナス，スイカ，イチゴ，花卉 |
| カンザワハダニ | バラ科果樹，柑橘，カキ，ブドウ，ビワ，イチジク，チャ，ダイズ，インゲン，ナス，サトイモ，サツマイモ，ウリ，イチゴ，ホップ，花卉 |
| ミカンハダニ | 柑橘， |
| クワオオハダニ | リンゴ，ナシ |
| リンゴハダニ | バラ科果樹 |

この中には，近年，日本に侵入し，急速に分布拡大したオンシツコナジラミ（1974），ミナミキイロアザミウマ（1978），タバココナジラミ・バイオタイプB（旧名　シルバーリーフコナジラミ）（1989）マメハモグリバエ（1990），ミカンキイロアザミウマ（1990），トマトハモグリバエ（1999），アシグロハモグリバエ（2001）が含まれ，また，植物のウィルス病を媒介するものも含まれる．タバココナジラミ・バイオタイプBはトマト黄化葉巻病ウィルスを，ミカンキイロアザミウマはトマト黄化えそ病ウィルスなどを媒介する．

同様にリンゴは東北6県と長野県で全作付面積4万haの約95%が栽培されている．以下同様に，ナシ1万6千haの40%以上が福島県，茨城県，千葉県，長野県，鳥取県で，モモ1万haの70%以上が福島県，山梨県，長野県，和歌山県，岡山県で，ブドウ2万haの60%以上が北海道，山形県，山梨県，長野県，岡山県，福島県で，カキの2万5千haの50%以上が山形県，福島県，岐阜県，愛知県，奈良県，和歌山県，福岡県で，クリ2万5千haの40%以上が茨城県，愛媛県，熊本県で栽培されている．各果物の産地は収穫時期の拡大，高品質化に取り組んでおり，病害虫防除には非常に力を入れている．そのため，防

表 3.20 日本で発生する作物ウィルス病と媒介昆虫

かっこ内はウイルスのコード名.

| | |
|---|---|
| ツマグロヨコバイ | イネ萎縮病（RDV），イネわい化病（RTSV）, |
| イナズマヨコバイ | イネ萎縮病（RDV） |
| ヒメトビウンカ | イネ縞葉枯病（RSV），イネ黒条萎縮病（RBSDV） |
| モモアカアブラムシ | キュウリモザイク病（CMV），ジャガイモモザイク病（PVY），ジャガイモ葉巻病（PLRV），ダイズモザイク病（SMV），ダイズわい化病（SbDV），カボチャモザイク病（WMV） |
| ワタアブラムシ | キュウリモザイク病（CMV），ジャガイモモザイク病（PVY），ダイズモザイク病（SMV），カボチャモザイク病（WMV） |
| ジャガイモヒゲナガアブラムシ | ジャガイモ葉巻病（PLRV），ダイズモザイク病（SMV） |
| ダイズアブラムシ | ダイズモザイク病（SMV） |
| ミカンキイロアザミウマ | トマト黄化えそ病（TSWV），シクラメンえそ斑紋病（INSV），キク茎えそ病（CSNV） |
| ミナミキイロアザミウマ | メロン黄化えそ病（MYSV），スイカ灰白色斑紋病（WSMoV） |
| ヒラズハナアザミウマ | トマト黄化えそ病（TSWV） |
| タバココナジラミ（バイオタイプ B） | トマト黄化葉巻病（TYLCV），メロン退緑黄化病（CCYV） |
| オンシツコナジラミ | キュウリ黄化病（BPYV），（トマト黄化病（TICV）） |
| ネギアザミウマ | トルコギキョウえそ輪紋病（IYSV），タマネギえそ条斑病（IYSV） |

除薬剤の散布回数が多く，他の防除手段の導入による散布回数削減が課題である．

主な果樹害虫を表 3.18 に示した．最近問題になっている広食性微小昆虫のアブラムシ，アザミウマ，ハダニにも果樹を加害するものがある．アブラムシではミカンのミカンクロアブラムシ，リンゴのモモアカアブラムシ，リンゴミドリアブラムシ，ナシのワタアブラムシ，モモのモモアカアブラムシ，クリのクリイガアブラムシなどが主で，新梢が伸びる時期に寄生し，成長を抑制する．また，寄生が多くなるとスス病発生の原因となる．アザミウマの中ではチャノキイロアザミウマがミカン，ブドウ，カキの花芯を食害するために果実に障害が生じる．ハダニでは柑橘のミカンハダニ，リンゴのリンゴハダニ，ナミハダニ，ナシのナミハダニ，カンザワハダニ，クワオオハダニ，ブドウのナミハダニ，カンザワハダニが防除対象で，殺ダニ剤抵抗性の出現や，ピレスロイド剤の散布などによるリサージェンスが問題となっている．

果樹ではカイガラムシも害虫として重要であり，ミカンのヤノネカイガラムシ，リンゴ，ナシのクワコナカイガラムシ，ナシマルカイガラムシ，クリのカツラマルカイガラムシが特に被害が大きいが，天敵の導入によって被害が抑制されているものも多い．果実内部を食害するシンクイムシでは，リンゴ，ナシ，モモのモモシンクイガ，ナシヒメシンクイ，モモ，クリのモモノゴマダラノメイガの被害が大きい．いずれも，孵化幼虫が果実内部に侵入して食害するが，ナシヒメシンクイはモモの新梢にも侵入し，心折れを起こす．果実を加害するものとしてはカメムシ類と吸汁性ヤガのアケビコノハ，アカエグリバが挙げられる．いずれも，周辺林地などから飛来して果実から吸汁する．口針挿入部からは肥厚や腐敗が広がる．

葉をつづって加害するハマキムシ類は，果実も葉とともにつづることも多く被害は葉，果実両方に及ぶ．リンゴ，ナシでリンゴコカクモンハマキ，チャハマキなどの発生が多い．また，葉に潜って葉肉を食害するハモグリガの発生も多く，柑橘でのミカンハモグリガ，リンゴではギンモンハモグリガ，キンモンホソガ，ナシではナシチビガ，カキではカキホソガが重要である．最近，果樹のシンクイムシ，ハマキ，ハモグリガに使用され防除効果が確認されている，同時に複数種を対象にしたフェロモン化合物を用いる交信撹乱法は今後に期待がもてる．

その他には，果樹の幹や枝に侵入して樹を枯らす原因となる，柑橘のゴマダラカミキリとブドウのブドウトラカミキリの防除が必要である．クリのクリタマバチもバイオタイプ出現で被害が拡大したが，チュウゴクオナガコバチの導入で沈静化しつつある．また，沖縄で発生が拡大しているカンキツグリーニング病の病原細菌を媒介するミカンキジラミの防除も問題である．

### e. その他作物の害虫

2005年の統計でチャは全国で4万9千ha栽培されており，1千ha以上栽培している府県は多い順に静岡県，鹿児島県，三重県，熊本県，福岡県，京都府，宮崎県，埼玉県，佐賀県，岐阜県である．北海道，東北，信越ではほとんど栽培されておらず，中国四国が少ない．害虫としては葉を加害するものが主でカンザワハダニ，チャノコカクモンハマキ，チャハマキ，ヨモギエダシャクなどが主要な種であるが，特に摘採の対象である新芽を加害するチャノキイロアザミウマ，チャノミドリヒメヨコバイ，ウスミドリカスミカメ，コミカンアブラムシは重要である．その他には枝幹に寄生するクワシロカイガラムシが防除対象となる．

花卉は施設で栽培されるものが多いため，害虫としては表3.19に掲げた広食性微小害虫が特に重要視されている．

### f. 土壌害虫

土壌中に生息して作物の根や芽生えなどを食害する昆虫を，地上部を加害するものと区別して土壌害虫と呼ぶことがある．コガネムシ幼虫，ハリガネムシと言われるコメツキムシ幼虫，ネキリムシといわれるタマナヤガ，カブラヤガ幼虫やネダニ，センチュウ類などが防除の対象となる．これらの害虫防除には粒剤の土壌混和や燻蒸剤の処理が行われる．特にセンチュウ防除に有効であった臭化メチルの使用禁止によって代替薬剤の開発や抵抗性品種，対抗植物の利用，輪作などの総合的対策が望まれる．

### □ 3.3.2 貯穀・乾燥食品・衣類などの害虫

食料の貯蔵設備，包装材料の進歩などによって，家庭で貯穀や食品に害虫が発生する機会は少なくなってきているが，乾燥品などでは購入時点で既に害虫が入っていたり，保存時の注意を怠ったときなどには虫が付くことがある．また，倉庫に食料を大量に長期間貯蔵する場合や輸入食糧の輸送過程などには依然害虫が発生する機会は存在する．しかし，食料，食品の害虫防除に殺虫剤を直接散布することは許されない．また，家屋害虫として挙げた乾燥木材，衣類，書籍の害虫に対しても家庭での薬剤散布は難しい．そこで，昔から行われている虫干しや大掃除を見直し，予防的処置の重要性を再確認する必要がある．主な害虫を表 3.21 に掲げた．それぞれの害虫は食性によって食害するものが異なり，豆類のマメゾウムシ，木材のシロアリのように狭食性のもの，植物質または動物質をもっぱら

**表 3.21**　貯蔵食品害虫，家屋害虫

| | | |
|---|---|---|
| 貯蔵食品 | 貯穀 | コウチュウ目：コメノゴミムシダマシ，ガイマイゴミムシダマシ，コクヌスト，コクヌストモドキ，ヒラタコクヌストモドキ，ノコギリヒラタムシ，カクムネヒラタムシ，コナナガシンクイムシ，ジンサンシバンムシ，タバコシバンムシ，コクゾウムシ，ココクゾウムシ，<br>チョウ目：ガイマイツヅリガ，ノシメマダラメイガ，スジマダラメイガ，スジコナマダラメイガ，バクガ，イッテンコクガ<br>チャタテムシ目：ヒラタチャタテ |
| | 貯蔵豆類 | コウチュウ目：アズキゾウムシ，インゲンマメゾウムシ |
| | 乾燥食品 | コウチュウ目：コクゾウムシ，ココクゾウムシ，タバコシバンムシ，ジンサンシバンムシ，ヒメマルカツオブシムシ，ハラジロカツオブシムシ<br>チョウ目：ガイマイツヅリガ，ノシメマダラメイガ，スジマダラメイガ<br>チャタテムシ目：コチャタテムシ，ヒラタチャタテ<br>無気門類ダニ：ケナガコナダニ，サトウダニ |
| 家屋害虫 | 建材 | シロアリ目：ヤマトシロアリ，イエシロアリ，アメリカカンザイシロアリ |
| | 乾燥木材 | コウチュウ目：ヒラタキクイムシ，ナガシンクイムシ，マツザイシバンムシ |
| | 衣類 | コウチュウ目：ハラジロカツオブシムシ<br>チョウ目：イガ |
| | 書籍 | シミ目：ヤマトシミ，セイヨウシミ |

食べる種，どちらも食害する広食性の種などが見られる．動物性繊維を加害するカツオブシムシやイガはケラチン分解酵素を持っている．シロアリの被害は顕著で，全国的に分布するヤマトシロアリは湿気の多い床下などの材を食害し，その中に巣をつくり数万頭の集団になる．ヤマトシロアリの被害は家屋の下部で湿度の高い部分に留まるが，千葉県以西の本州南岸と四国，九州，沖縄に生息するイエシロアリは数十万頭のコロニーをつくることもあり，巣は屋内に限らず，屋外の松などの立ち木や木材などに営巣し蟻道を作って家屋に侵入することもある．水を運び，家屋上部までも食害するため被害は激しい．最近，東北南部から九州までの各地の家屋で加害が確認されているアメリカカンザイシロアリは米国からの侵入種と考えられる．このシロアリは小さいコロニーで生活するが，水分の補給を必要としないために木造家屋のあらゆる部分を食害するので，分布拡大に注意する必要がある．シロアリ防除にはあらかじめ食害され易い部分の建材を薬剤処理する方法もあるが有効期間には限りがあり，古くなった家屋では早期発見に努め，巣の撤去も含めた徹底した防除が必要である．シロアリ以外の家屋害虫の化学的防除には，一般的に燻煙，燻蒸などの方法が採用される．貯穀，食品については，低温貯蔵（10℃）や密閉貯蔵などの他，リン化アルミニウム，酸化エチレン，炭酸ガスを用いた燻蒸が行われる．衣料，書籍には防虫剤（樟脳，ナフタリン，パラジクロルベンゼン，エンペントリン）を使用すると予防効果がある．

### □ 3.3.3 森林害虫

森林は農作物の圃場と比べるとはるかに生態系が複雑であり，安定しているために，特定害虫の大発生によって大きな被害がでることは少ない．しかし，稀に起きる食葉性昆虫の大発生によって葉のほとんどが食害されて多くの樹木が枯死する場合もある．健全木に被害を与える害虫を一次害虫と呼び，食葉性害虫が主であるが，吸汁性，材侵入性害虫などもここに含める（表 3.22）．一次害虫の食害によって樹木が衰弱したときには，二次害虫と呼ばれる穿孔性のキクイムシ，ゾウムシ，カミキリムシが寄生して被害を拡大する．樹木の衰弱は虫の食害以外にも風，雪，火災，土壌浸食などによっても起き，高い発生頻度や木材の利用を考えると二次害虫の被害は軽視できない．苗圃においては根を食害するコガネムシやカブラヤガの幼虫が防除の対象になっている．

第二次大戦後日本でもっとも問題になった森林害虫はアカマツ，クロマツの枯損をもたらした松くい虫であり，長年の原因追求の末，1970 年頃マツノザイセ

**表 3.22** 主要森林害虫

| | | |
|---|---|---|
| 一次害虫 | 食葉性害虫 | マツカレハ：マツ属 |
| | | ツガカレハ：針葉樹 |
| | | スギドクガ：スギ，ヒノキ，ヒマラヤスギ，クロマツ |
| | | マイマイガ：広食性 |
| | | モンクロシャチホコ：サクラ，ヤナギ，ヤマナラシ |
| | | セグロシャチホコ：ポプラ，ヤナギ，ヤマナラシ |
| | | マツノクロホシハバチ：カラマツ，アカマツ，クロマツ |
| | | マツノキハバチ：アカマツ，クロマツ |
| | | オオアカズヒラタハバチ：ドイツトウヒ，エゾマツ，ハリモミ |
| | | スギハムシ：針葉樹 |
| | 虫えい形成害虫 | マツノタマバエ：アカマツ，クロマツ |
| | | マツノシントメタマバエ：アカマツ，クロマツ |
| | | スギタマバエ：スギ |
| | 材加害虫 | マツノシンマダラメイガ：マツ類 |
| | | コウモリガ：広食性 |
| | 吸汁性害虫 | マツモグリカイガラムシ：マツ類 |
| | | トドマツオオアブラ：トドマツ |
| | | エゾマツカサアブラ：エゾマツ，トウヒ |
| 二次害虫 | | キクイムシ（マツノキクイムシ，キイロコキクイムシ，ヤツバキクイムシ等） |
| | | ゾウムシ（マツノシラホシゾウムシ，マツキボシゾウムシ等） |
| | | カミキリムシ（マツノマダラカミキリ，スギカミキリ，スギノアカネトラカミキリ等） |
| 苗圃の害虫 | | カブラヤガ：広食性 |
| | | コガネムシ（ヒメコガネ，ツヤコガネ，ドウガネブイブイ，スジコガネ等） |

マツノマダラカミキリはマツノザイセンチュウの媒介者として重要性が高い．

ンチュウによって松枯れが引き起こされること，および，その媒介者がマツノマダラカミキリであることが突き止められた．その後の研究によって，このセンチュウと媒介者の生態が明らかになった．マツノザイセンチュウは25℃で1世代4〜5日と短く，短期間で増殖する．マツの急激な萎凋の原因は明らかではないが，マツが枯れ始めると寄生しているセンチュウは分散型第3期幼虫となりマツノマダラカミキリの蛹室周囲に集まってくる．そこで，耐久型の分散型第4期幼虫へ脱皮して羽化直後のカミキリムシ成虫に乗り移り，気門から気管に入り込む．その数は1頭のカミキリムシに平均1万頭である．外に出たカミキリムシ成虫がマツの新芽を後食している間にセンチュウは成虫から這い出て，健全なマツに侵入する．その後，カミキリムシはセンチュウの寄生によって樹脂分泌が停止した木などに産卵する．このようなセンチュウとカミキリムシの生活環の同調によって感染が広がってゆく．マツノザイセンチュウの原産地北米ではマツの殆どがこのセンチュウに抵抗性で，センチュウの感染によって枯死することはない．日本での深刻な被害発生は日本のアカマツ，クロマツがザイセンチュウ感受性であったことに起因している．また，松枯れの全国への蔓延の主な原因はマツノマダラカミキリが生息しているマツ丸太の移動であったと考えられる．

害虫による被害拡大の防止は被害木の適切な処理が第一であり，大規模な薬剤散布の実施には効果の検証と生態系への影響の配慮が必要である．

### □3.3.4　家畜害虫

主な家畜害虫には表3.23に示す種が知られている．多種類の吸血性害虫がおり，病原体を媒介するものも多い．また，一部の昆虫，ダニでは生活史の一部，または大部分を家畜の体内（組織内または消化管内）でおくるものもある．このような体の内部に侵入する節足動物は，消化管などに寄生する線虫，吸虫，条虫などの内部寄生虫とは区別して扱われる．さらに，直接家畜に害とならないが，

**表3.23**　主な家畜害虫

| | |
|---|---|
| 吸血性害虫 | カ：アカイエカ，オオクロヤブカ，コガタアカイエカ，シナハマダラカ<br>アブ：アカウシアブ，イヨシロオビアブ，ウシアブ，シロフアブ，フタスジアブ<br>サシバエ：サシバエ，ノサシバエ<br>ブユ：アオキツメトゲブユ，ウマブユ，キアシオオブユ，ヒメアシマダラブユ<br>ヌカカ：ニワトリヌカカ，ミヤマヌカカ<br>シラミ，ハジラミ：ウシジラミ，ニワトリハジラミ<br>マダニ：ウシオマダニ，フタトゲチマダニ<br>ワクモ：トリサシダニ，ワクモ |
| 体の内部にまで侵入する害虫 | ハエ：ウシバエ（皮膚下），ウマバエ（消化管）<br>ダニ：ヒゼンダニ類（皮膚） |
| 病原媒介虫 | カ：脳炎，セタリア症<br>アブ： スピロプラズマ病，白血病<br>イエバエ：テラジア眼虫症<br>サシバエ：牛乳房炎<br>マダニ：タイレリア病，バベシア病 |
| その他（糞などからの大量発生） | ハエ：イエバエ，ヒメイエバエ，オオクロバエ，センチニクバエ |

糞尿から大量に発生する昆虫を加えている．これらの害虫によって家畜に重篤な疾病が引き起こされる以外にも，家畜は刺咬，吸血などのストレスによって発育や繁殖に悪影響を受けて，生産性の低下がもたらされる．

大型家畜の害虫防除には薬浴，シャワーなどによる薬剤処理とともに，最近ではポアオンと呼ぶ，ピレスロイド剤を家畜の背筋に沿ってのみ薬剤を処理して全身のダニなどを防除する方法も考案されている．アブに対しては黒色トラップと炭酸ガスを併用して大量に誘殺する方法も有効である．糞尿などから発生するハエ類などの防除には，特に飼育環境の衛生管理が重要である．

### □ 3.3.5 衛生害虫

人間と昆虫は，多くの接点を持っているが，ヒトの健康にも多岐にわたって関わっている．最も重要なのは，疾病の媒介（2.6 節を参照）であるが，そのほかにも，例えば，外部寄生・吸血・刺咬・毒液注入・アレルギーなどの直接害に加え，不快感や衛生状態に関わるなどの間接害を与えるものもある．ダニも同じ病害を及ぼすので，合わせて述べる．

#### a. ベクターとして重要な昆虫

ベクター（疾病を媒介する昆虫・ダニ）と疾病との関係を図示したのが図 3.17 である．これらは，代表的なものであって，実際にはこれよりはるかに多数の疾

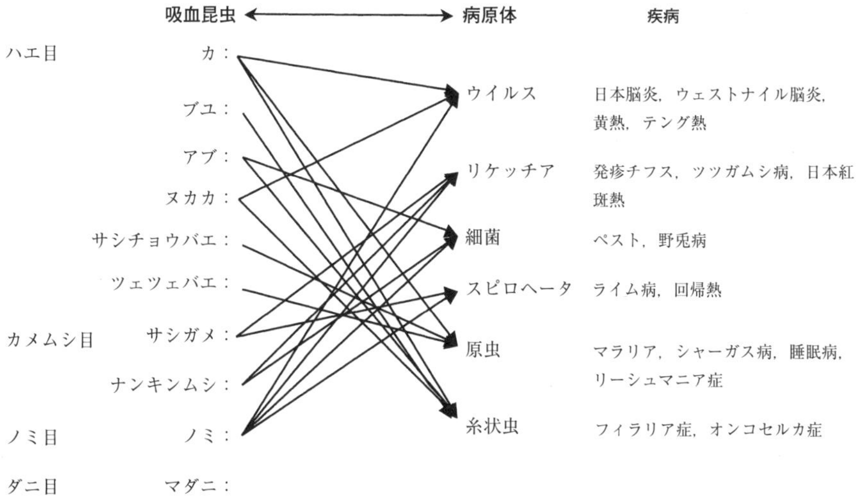


**図 3.17** ベクター昆虫と媒介疾病の関係

**表 3.24** 疾病の媒介にかかわる昆虫と媒介される疾病

| 昆虫およびダニの種類 | | | 病原体 | 疾病 | 分布など |
|---|---|---|---|---|---|
| ハエ目 | 蚊類 | コガタアカイエカ | ウイルス | 日本脳炎 | 日本，東南アジア全域 |
| | | アカイエカ | 糸状虫 | バンクロフト糸状虫症 | 南西日本，熱帯亜熱帯世界各地 |
| | | ハマダラカ | 原虫 | マラリア | 日本，熱帯亜熱帯ほか世界各地 |
| | | ヤブカ | ウイルス | デング熱 | 世界各地 |
| | ハエ類 | ツェツェバエ | 原虫 | トリパノソーマ症（睡眠病） | アフリカ |
| | | サシチョウバエ | ウイルス | パパタチ熱 | 地中海沿岸など各地 |
| | | | 原虫 | リーシュマニア | 世界各地 |
| | ブユ類 | | 糸状虫 | オンコセルカ症 | アフリカ，中南米 |
| | アブ類 | | 糸状虫 | ロア糸状症 | アフリカ |
| シラミ目 | シラミ | コロモジラミ | リケッチア | 発診チフス | 世界各地 |
| | | | スピロヒータ | 回帰熱 | |
| カメムシ目 | サシガメ | アカモンサシガメなど | 原虫 | トリパノソーマ症（シャガス病） | 中南米 |
| ノミ目 | ノミ | ケオプスネズミノミ | 細菌 | ペスト | 世界各地 |
| ダニ類 | マダニ | | ウイルス | ロシア春夏脳炎，ダニ脳炎，跳躍病，コロラドダニ脳炎 | |
| | | | 細菌 | 野兎病 | |
| | | | リケッチア | 日本紅斑熱，ロッキー山紅斑熱，Q 熱 | |
| | | | スピロヒータ | ライム病 | |
| | ヒメダニ | | スピロヒータ | 回帰熱 | |
| | ツツガムシ | | リケッチア | ツツガムシ病（古典型，新型） | |

病がベクターによって媒介されている．例えば，この図では，節足動物によって媒介されるウイルス病（アルボウイルス病）として代表的なものが 4 つ挙げてあるが，実際にアルボウイルスは 300 以上知られている．表 3.24 に疾病媒介昆虫及びダニ類の種類と媒介疾病，その病原体をまとめてある．

1）ハエ目昆虫

最も重要なベクターは吸血性のハエ目昆虫のカ類，ハエ類，ブユ類，アブ類である．それぞれについて以下に概説する．

**カ（蚊）類**　カは2.6.6項でも述べたとおり，ウイルス病から寄生虫病にわたる多様な病原体の媒介にかかわり，重篤な疾病を媒介する．マラリアだけでも年間4～5億人が感染し300万人近い人が死亡している（表2.9参照）．デング熱・フィラリア症など再興感染症としての重要性に加え，西ナイル脳炎など新興感染症の媒介者としても重要である．カの生活史はほとんどの種に共通である．卵から孵った幼虫（ボーフラ）は，4回脱皮して蛹となり，羽化する．羽化した雌雄のカは群飛して交尾し，雌だけが動物の血液を吸って蛋白源として，産卵する．蚊の多くは乾燥や低温・高温に対して耐性をもち，卵期で休眠するもの，成虫で越冬するものが多い．

カ類は様々な疾病の媒介にかかわっており，超一級の感染症媒介者である．以下日本を中心とした主な媒介カを紹介する．

イエカ類：　アカイエカ *Culex pipiens pallens* は日本中に分布する普通種である．少しのたまり水，雨水桝，ドブなどの汚水に発生する．夜間吸血性．バンクロフト糸状虫の主要な中間宿主で媒介種であった．犬の糸状虫の媒介種でもある．チカイエカ *C. p. molestus* は，アカイエカの亜種とされ，都市化に伴って，下水やビルの地下，地下鉄などの閉鎖された溜まり水で発生するようになったと考えられている．無吸血産卵で繁殖するのが特徴である．アカイエカの亜種として，ネッタイイエカ *C. p.fatigans* がある．広く熱帯・亜熱帯に分布し，沖縄県・九州南部におり，主要なバンクロフト糸状虫の媒介種であった．コガタアカイエカ *Culex tritaeniorhynchus* は日本脳炎の主要な媒介種である（2.6.6項参照）．夜間吸血性で，水田のような広くきれいな水域で発生する．水稲の早期栽培や水田管理の変化（中干しをする），農薬の使用などで激減している．

ヤブカ類：　ヒトスジシマカ *Aedes albopictus* は，胸部中央に特徴的な白線が入っており脚の各節にも白帯がある．竹の切り株や墓地の水差しなどわずかな汚れた水域に発生する．最近生息域を東北地方北部にまで広げ，北限が高緯度に動いているといわれている．デング熱ウイルスの主な媒介者である．ヒトスジシマカの近縁種であるネッタイシマカ *Aedes aegypti* は，広く熱帯亜熱帯に分布して，黄熱，デング熱の媒介者となっている．トウゴウヤブカ *Aedea togoi* は広く日本中に分布する．墓地・竹藪・水たまりなどの小水域や海岸のロックプールのような塩水混じりの水域でも発生する．バンクロフト糸状虫，イヌ糸状虫の媒介主となっている．

ハマダラカ類：　シナハマダラカ *Anopheles sinensis* は日本を含む東アジアに分布し，水田や湿地の比較的広いきれいな水域で発生する．夜間吸血する．熱帯熱・三日熱・四日熱マラリア原虫の媒介種である．コガタハマダラカ *An. minimus* は東南アジアに分布し，各種マラリアの主要媒介種になっている．ガンビエハマダラカ *An. gambie* はアフリカサハラ以南の熱帯熱マラリアの最も重要な媒介種である．

**ハエ類**　病気を媒介するハエ類では，ツェツェバエとサシチョウバエが重要である．ツェツェバエ *Glossina palpalis, G.morsitans* はアフリカのサバンナに発生する．雌成虫は毎日吸血し，子宮付属腺でミルクカゼインを作る．卵胎生で，幼虫は子宮内でミルクを摂取して育ち，老熟幼虫となって産下され，直ちに土中に入って蛹化する．原虫アフリカトリパノソーマ（*Tripanosoma gambiense*）による睡眠病を媒介する．サシチョウバエ *Phlebotomus chinensis, P.papatati* は，体長は 2〜3 mm と小さく，体と翅は毛でおおわれている．発生地域が広大で特定も難しく防除は困難である．雌が吸血し，ウイルス症であるパパタチ熱および原虫病であるリーシュマニア類を媒介する．日本にはサシチョウバエが分布しないためリーシュマニア症はない．クロキンバエ *Phormia regina* は急性灰白髄炎ウイルスの媒介者として知られる．またショウジョウバエの仲間であるメマトイ *Amiota* spp. は東洋眼虫（線虫）を媒介する．

**西ナイル脳炎**

カによって媒介される疾病のうち西ナイル脳炎は，主に鳥を宿主とするウイルス病で，もともとアフリカ・中近東およびヨーロッパに分布し，アメリカ大陸やアジア，オーストラリアにはなかった．西ナイル脳炎ウイルスは，日本脳炎や東部西部馬脳炎，カルフォルニア脳炎，リフトバレー脳炎ウイルスなどと近縁で，これらは免疫学的干渉によって分布地域を住み分けているといわれてきた．しかし，1999 年突然アメリカニューヨークの市街地で患者が発生し，死者も出る事態になった．東部馬脳炎のある地域の流行であった．これを食い止めることはできず，3〜4 年の間に全米に広がり，毎年数千人の患者と数百人の死者を出す最重要な感染症の一つになってしまった．すでに北米大陸にとどまらず，中米から南米大陸に広がって定着している．西ナイル脳炎は，イエカ属 *Culex* spp. やヤブカ属 *Aedes* spp. の多くのカが媒介者となりうること，日本にいるこれらのカが，媒介種になり得ることが実験的に確かめられたことなどから，いつ日本に侵入し定着してもおかしくないとされている．脳炎ウイルスの住み分け説も怪しくなっている．

**ブユ類**　ブユはメス成虫が人畜から吸血し，水辺の水草などに産卵する．孵った幼虫は流水中で育ち蛹となり，羽化する．防除は水量流速などを計算して一定量の殺虫剤を流水に投入する．アフリカおよび中南米では，それぞれ *Simulium damnosum* と *S.ochraceum* が主な媒介種として回旋糸状虫症（オンコセルカ症）を媒介する．

**アブ類**　雌成虫が昼間ヒトや家畜を刺咬吸血し，水田や湿地に産卵する．幼虫は泥の中で育ち，咀嚼性の口器をもち肉食性である．アフリカでは，メクラアブ類 *Chrysops* spp. がロア糸状虫を媒介する．

2）カメムシ目・シラミ目・ノミ目の媒介昆虫

**サシガメ類**　サシガメは，その生態が南京虫と類似し，行動が俊敏で，屋内の家具やベッド，壁の隙間などに潜み，夜間ヒトが寝静まったころ出てきて吸血する．アカモンサシガメ *Panstrongylus megistus*，ブラジルサシガメ *Triatoma infestans*，ベネズエラサシガメ（＝オオサシガメ）*Rhodnius prolixus* など中南米に分布するサシガメ類は，原虫トリパノソーマ *Trypanosoma cruzi* によるシャーガス病の媒介者として重要である．

**シラミ類**　コロモジラミ *Pediculus humanus corporis* は，雌雄の幼虫成虫がヒトを毎日吸血する．雌成虫は下着の繊維などに産卵し，幼虫は数日で成虫化する．高温多湿を嫌い，夏よりは冬多く発生する．リケッチア症である発疹チフス（病原体：*Richettsia prowazeki*）の重要媒介種である．スピロヒータ症（ボレリア症）の一種回帰熱（病原体：*Borrelia recurrentis*）の媒介種でもある．

**ノミ類**　ノミ類の幼虫はウジ虫状で咀嚼型の口器をもち，ゴミの中の有機物を食べて生育し，完全変態をして成虫になる．成虫は翅がなく，飛び跳ねる．宿主特異性は低く，動物ノミもヒトを刺す．ケオプスネズミノミ *Xenopsylla cheopis* はペスト菌 *Yersinia pestis* の重要な媒介者である．また，リケッチア症の一つである発疹熱の媒介者にもなる．

3）ダニ類

ダニは現在3万種以上が記載されており，衛生動物として重要なダニは，① マダニ類およびヒメダニ類，② ツツガムシ類，③ 中気門類，④ ヒゼンダニ類に含まれる．このうち① と② が重要な疾病媒介者となっている．

**マダニ類とヒメダニ類**　幼虫・若虫・成虫とすべてのステージが吸血性で，吸血して成長脱皮し，次の吸血の機会をじっと待つ．マダニ類は，体が厚くて硬く，顎体部が前方に突出しており，上から見た時顎体部が見える．一方ヒメダニ類は皮膚が柔らかく，顎体部は腹側にあって上からは見えない．吸血によって数倍の大きさに肥大する．日本では，マダニ類のフタトゲチマダニ *Haemaphisalis longicornis*，タカサゴキララマダニ *Ambryoma testudinarium*，ヤマトマダニ *Ixodes ovatus*，シュルツェマダニ *Ixodes persulcatus*，などの人刺咬症例が多い．また，ライム病や日本紅斑熱などを媒介する（コラム）．世界的にはマダニ類は重要な疾病媒介者が多く，ロッキー山紅斑熱などの各種紅斑熱群リケッチア症，ライム病などのスピロヒータ症，コロラドダニ熱やロシア春夏脳炎などのウイルス病などの媒介者となっている．ヒメダニ類についても日本では疾病媒介は知られていないが，アフリカではヒメダニの一種 *Ornitodoros moubata* が回帰熱（スピロヒータ症 *Borrelia dutonii*）の重要な媒介種になっている．

**ツツガムシ**　リケッチア症のツツガムシ病媒介者である．古典型ツツガムシ病は，東北地方の日本海側に流れる信濃川・阿賀野川・最上川・雄物川などの大河の河川敷にいるハタネズミを吸血源とするアカツツガムシ *Leptotrombidium akamushi* によって媒介される．第二次大戦後，各地で新型ツツガムシ病が見つかり，それまで地方病・風土病の熱病として知られていたものがツツガムシ病であることが確認されている．これらの新型ツツガムシ病では，フトゲツツガムシ *L.pallidum*，タテツツガムシ *L. scutellare*，トサツツガムシ *L. tosa* が主な媒介種となっている．ほとんど全国的に分布し，年間 800 人程度の患者が出ている．

**日本紅斑熱とライム病**

北米大陸ではチマダニやカクマダニなどのマダニによって媒介されるロッキー山紅斑熱が毎年多くの患者を出し重要である．わが国には紅斑熱群のリケッチア症はないとされてきた．しかし，1984 年に日本紅斑熱の最初の症例が徳島県で報告された．マダニ類によって媒介される疾病で，高熱・発赤・刺し口などツツガムシ病と症状が似ている．その後毎年 60–70 の症例が日本各地から報告されるようになっている．2007 年には三重県伊勢地域だけで 20 名の患者が発生し，ちょっとした流行という状況にある．一方，ライム病は，欧米の一部で知られた病気であったが，今では日本を含め世界各地でマダニ媒介性スピロヒータの疾病として知られるようになった．*Ixodes* spp. のマダニが主要媒介種で，北日本ではシュルツェマダニ *I. persulcatus* が主要媒介種とされる．初期症状として刺し口を中心とした慢性遊走性紅斑が特徴的であるが，のちに心臓や中枢神経系が侵され，慢性関節リュウマチに似た症状を呈するようになる．

### b. 外部寄生する昆虫とダニ

一般の寄生虫を内部寄生虫といい，昆虫やダニで皮膚や粘膜などへ寄生するものを外部寄生虫という．シラミは体毛に付着して生活史全体を人体に依存して生存しているので，やや広義にとらえて外部寄生虫として扱う．

**ハエ類**　　ニクバエ類 *Sarcophaga* spp. は卵胎生で，メス成虫は通常生肉に産仔する．しかし，化膿した傷口に産仔し幼虫が粘液や膿を食べて育つこともある．また，身動きできない病人や新生児室の乳児の鼻・目などの粘膜や耳にも産

**表 3.25**　直接害を与える昆虫とダニ

| | |
|---|---|
| **外部寄生する昆虫とダニ** | |
| ハエ類 | ニクバエ，　モグリバエ（ハエウジ症） |
| ノミ | スナノミ |
| ダニ | ヒゼンダニ（疥癬） |
| シラミ | コロモジラミ，アタマジラミ，ケジラミ |
| **吸血する昆虫とダニ** | |
| カ（蚊） | 各種カ類 |
| アブ | シロフアブ，　ヤマトアブ |
| ブユ | アオキツメトゲブユ　ニッポンヤマブユ |
| シラミ | アタマジラミ　コロモジラミ　ケジラミ |
| ノミ | ヒトノミ　ネコノミ　イヌノミ |
| ダニ | イエダニ　ワクモ（トリサシダニ） |
| その他 | ヌカカ，サシバエ，ナンキンムシ |
| **咬む虫と刺す昆虫など** | |
| ハチ類 | キイロスズメバチ，ケブカスズメバチ，ミツバチ，・アシナガバチ，アリガタバチ，シバンムシアリガタバチ， |
| アリ類 | オオハリアリ，トビイロシリアゲアリ，ヒアリ |
| ダニ類 | 各種ダニ類，　シラミダニ（偶発的刺咬） |
| クモ類 | カバキコマチグモ，セアカゴケグモ，クロゴケグモ |
| その他 | サソリ類，ムカデ類 |
| **不快昆虫・衛生害虫** | |
| ハエ類 | イエバエ，ヒメイエバエ，ケブカクロバエ，センチニクバエ，クロショウジョウバエ |
| ゴキブリ類 | クロゴキブリ ,ワモンゴキブリ，チャバネゴキブリ |
| ユスリカ | セスジユスリカ |
| カメムシ | スコットカメムシ，クサギカメムシ |
| その他の虫 | ヤスデ，ダンゴムシ，ゲジゲジ |
| **毒虫** | |
| チョウ目 | ドクガ，チャドクガ，モンシロドクガ，マツカレハ，イラガ |
| コウチュウ目 | アオバアリガタハネカクシ，カミキリモドキ，マメハンミョウ |
| **アレルゲンになる昆虫・ダニ** | |
| ヒョウヒダニ類 | コナヒョウヒダニ，　ヤケヒョウヒダニ |
| その他 | ユスリカ類，カ類，ハチ類 |

仔し寄生する例も多くある．老熟幼虫は皮膚を離れて乾燥した場所で蛹化し羽化する．中南米に見られるヒトヒフバエ *Dermatobia hominis* やアフリカのヒトクイバエ *Cordylobia anthrophaga* は，皮膚から侵入した孵化幼虫が皮下で育つ．老熟幼虫は皮膚から飛び出し落下して蛹化・羽化する．

**スナノミ**　中南米とアフリカ中部にいるスナノミ *Tunga penetrans* は，雌雄の成虫が吸血のために人を襲い，交尾した後雌はヒトの皮膚内に侵入し皮下で吸血し，床や地上に産卵する．孵化した幼虫は土中で育ち蛹化して成虫となる．

**ダニ**　ヒゼンダニ *Sarcoples scabiei* は疥癬とも呼ばれ，ヒトの皮下にトンネルを作って寄生し，あらゆる発育ステージのダニが一緒に生活している．イヌやネコの疥癬がヒトに寄生することもある．ニキビダニ *Demodex folliculorum, D. brevis* は毛嚢虫ともいわれ，毛包内および皮脂腺内に寄生し，幼虫から若虫成虫となり産卵し，すべてのステージが一緒に生活する．

**シラミ**　アタマジラミ，ケジラミ，コロモジラミは，ヒトの体内に直接寄生してはいないが，体毛や衣類に付着して吸血する．ヒトの体表で一生を送り，一種の寄生状態にある．これらについては前項および次項に述べてある．

### c. 吸血する虫

**カ（蚊）・アブ・ブユ・ヌカカ類**　カは最も一般的な吸血害虫で，吸血によって痒み痛みを伴う．これは，唾液腺成分によるアレルギー反応で，重症化するケースも知られている．アブは，シロフアブ *Tabanus trigeminus* やヤマトアブ *T. rufidens* などが激しくヒトや家畜を襲う．ブユは農山村や高原の観光地などの清流に発生し，激しくヒトから吸血し，強い掻痒感を伴い皮膚炎の原因となる．アオキツメトゲブユ *Simulium aokii* やニッポンヤマブユ *S. nacojapi* などが人をよく襲う．また，ヌカカは体長 1～2 mm の微小な昆虫でメス成虫が人畜から吸血する．

**サシバエ *Stomoxy scalcitrans***　家畜の敷き藁などで幼虫が育ち，成虫は牛や馬を激しく吸血し被害を与える．

**シラミ類**　アタマジラミ *Pediculus humanus capitis* は，コロモジラミ（疾病媒介の項で既述）と形態的によく似ているが，生態的にはまったく異なり，人の頭髪に住みつき頭皮から吸血する．卵を髪の毛に 1 個ずつ産み付ける．ケジラミ *Phihirus pubis* は体長 1 mm 内外でやや幅広く陰部に寄生しており，性交によって広がる．幼虫成虫とも強大な爪で陰毛を挟んでいる．雌成虫は 1 個ずつ陰毛に産卵する．トコジラミ *Cimex lectularius* はカメムシ目昆虫で南京虫とも呼ばれる．体は扁平楕円形で吸血すると著しく膨らむ．幼虫・雌雄の成虫がともに吸血する．昼間はベッドや畳の隙間その他間隙に潜み夜間に寝ているヒトや動物から吸血する．

**ノミ類**　ヒトノミ *Pulex irritans* のほかにネコノミ，イヌノミの被害も多い．赤い発疹が残りいつまでもかゆい．雌雄の成虫が吸血する．

**ダニ類**　イエダニ *Ornithonyssus bacoti* は，主にネズミについて吸血するが，ネズミが死んだ時などにネズミから離れヒトを刺し，激しいかゆみを与える．雌雄ともに吸血性であるが，幼虫と第2若虫は吸血しない．ワクモ（トリサシダニ）*Dermanisssus gallinae* は人家に営巣したスズメやハトなどの巣におり，雛が巣立つと這い出してヒトを襲う．

**d. 刺したり咬んだりする虫**

**ハチ類**　スズメバチ類に刺されてショック死（アナフィラキシーショック）する人は，林業従事者を中心に年間50人に達する．秋口にコロニーが大きくなったころ，野外活動などで近づいた児童などが被害にあうことも多い．オオスズメバチ *Vespa mandarinia japonica*，キイロスズメバチ *V. xanthoptera*，ケブカスズメバチ *V. simillins* が重要である．これらの社会性昆虫で刺すのはメスが中性化した働き蜂で，産卵管が毒針に変化している．ミツバチではニホンミツバチ *Apis cerana* とセイヨウミツバチ *A.mellifera* の被害が大きい．シバンムシアリガタバチ *Cephalonomia gallicola* の被害も時々ある．屋内の畳床などを加害するシバンムシの寄生蜂であるが，唾液の中にある蟻酸を出し，激しい痛みを与える．

**蟻類**　オオハリアリ *Euronera solitaria* とシリアゲアリ類 *Crematogaster* spp. がヒトを噛む．ヒアリ（fire ant）類 *Solenopsis* spp. は，アルカロイド性の毒液によってやけどにも近い激しい痛み・焼灼感を与え，重症化することがある．

**ダニ**　噛むダニとして，イエダニやワクモ（トリサシダニ）がある（吸血する虫の項参照）．ツメダニ類は，粉類の食品や新しいタタミなどに発生するコナダニ（貯蔵穀物ダニ）類を捕食するが，大発生するとヒトの皮膚を咬んで皮疹を起こす．

**クモ類**　カバキコマチグモ *Chiracanthium japonicum* は，ススキの葉を巻いて営巣する．日本ではこのクモによる咬症が多い．セアカゴケグモ *Latrodectus hasseltii* はオーストラリアに分布するクモであるが，1995年に大阪堺市で発見された．現在では大阪湾岸一帯とその内陸部に分布を拡大し，その他の港湾地域でも定着が確認されている．

### e. 不快害虫，衛生害虫

直接的な害を及ぼさないが，人々に不快感を与えたり，不衛生な環境から発生し衛生状態の指標となるような昆虫（狭義の衛生害虫）がいる．

イエバエ *Musca domestica* は世界に広く分布し，日本でもごく普通にみられるハエである．幼虫は塵溜めや畜舎などで発生し，成虫は人家に侵入する．ごみの埋め立て場などで大発生して大きな問題となったことがある．ヒメイエバエ *Fannia canicularis* は，塵溜め，便所，鶏小屋などで発生する．人家に侵入しよく飛びまわる．ケブカクロバエ センチニクバエ，クロショウジョウバエなどは，不快害虫・衛生害虫として重要である．

ゴキブリ類のうちクロゴキブリ *Periplaneta fuliginosa*，ワモンゴキブリ *P. americana*，チャバネゴキブリ *Bllatella germanica* などは，人家内を主な住みかとするようになって，嫌われ者の代表になった．家屋構造の変化とともに外部からの侵入が減って以前よりは少なくなったが，前には分布しなかった北海道でも冬を越して定着している．またユスリカ類が，各地で河川の浄化に伴い大発生し周辺住民に被害を及ぼしたことがある．初冬に越冬のため集団飛来し家屋に浸入するカメムシ類も迷惑がられる虫の一つである．

### f. 毒虫

毒虫としては，ドクガ，チャドクガ，モンシロドクガ，マツカレハ，イラガなどの幼虫がある．体表にある毒針毛はタンパク質性の毒で，激しい痛みとかゆみを与える．コウチュウ目昆虫のアオバアリガタハネカクシは，草地や河原に生息しており，幼虫は雑食性で，成虫（体長 7 mm）は夏灯火に飛来する．体液中に毒物ペデリンを含み，止まった虫を払うと体液が付着し線状皮膚炎になる．カミキリモドキ類やマメハンミョウは，カンタリジンを含む毒液を出し，皮膚につくと発赤腫脹し小水疱を作る．

### g. アレルゲンになる昆虫・ダニ

屋内塵（house dust）のアレルゲンとなるダニは無気門亜目のヒョウヒダニ類で，その主なものはコナヒョウヒダニ *Dermatophagoides farinae* とヤケヒョウヒダニ *D.pteronyssinus* の 2 種である．これらのダニは，塵の中の有機物を食べて成長し，その死骸を含む虫体と糞が主に小児気管支喘息や鼻アレルギーのアレルゲンとなる．ユスリカ類は大発生した後人家内の灯火に集まり，死んで乾燥し粉状になって舞い上がり，抗原として吸引され，喘息の原因になることがある．カ類の唾液成分はアレルゲンとなって蚊に刺される度に，かゆみや痛みを伴うアレルギー反応を起こす．蚊アレルギーが重症化する例は多く，死亡例も多数報告されている．ハチ類の毒もアレルゲンとなり，ショック死の原因となる．

# 4. 昆虫の利用

われわれ人類が産業規模で利用してきた昆虫は，既知種が約100万種という昆虫全体からすればほんのわずかである．その中でカイコとミツバチは古くから利用され，現在でも世界的な規模と範囲で引き継がれ重要な地位を保っている．

昆虫の産業利用には，① 天敵昆虫や花粉媒介昆虫のように昆虫個体が持つ行動，習性の利用，② カイコの繭（絹），ミツバチのハチミツ，カイガラムシが生産するワックス（ラック）など昆虫が生産し，分泌物として体外に出す生産物の利用，③ 昆虫に感染する微生物やウイルスなど昆虫関連微生物の利用，さらには④ 昆虫が持っている特異的な機能の利用，の4つに大分される（図4.1）．最初の2つは従来型の昆虫利用であり，あとの2つ，特に昆虫機能の利用は比較的新しく，わが国を中心に技術開発が進んでいる分野である．

## 4.1 個体としての利用

### 4.1.1 天敵

昆虫を個体として用いる例としてもっとも知られているのが，天敵の利用である．天敵の利用には，まず，農業生態系のなかに生息する土着あるいは導入した天敵昆虫の活用があり，総合害虫管理（IPM）の重要な構成要素として位置づけられる．もう一つは，特定害虫の防除を目的に，製品化された天敵昆虫を生態系の中で農薬のように繰り返し使用するもので，いわゆる天敵農薬である．天敵農薬として利用される昆虫は，害虫に対する捕食あるいは寄生などの天敵としての機能をもつことが求められる．天敵農薬は，標的となる害虫がきわめて限定され，特異性が高いのが普通である．逆に，この特異性の高さは，対象となる害虫の範囲が少ないということになる．このような，天敵農薬は，化学農薬で問題となる抵抗性の発達が回避できる．一方で，質のいい天敵を大量に増殖・生産するための人工飼料育や代替餌の開発は現在も重要な課題となっている．

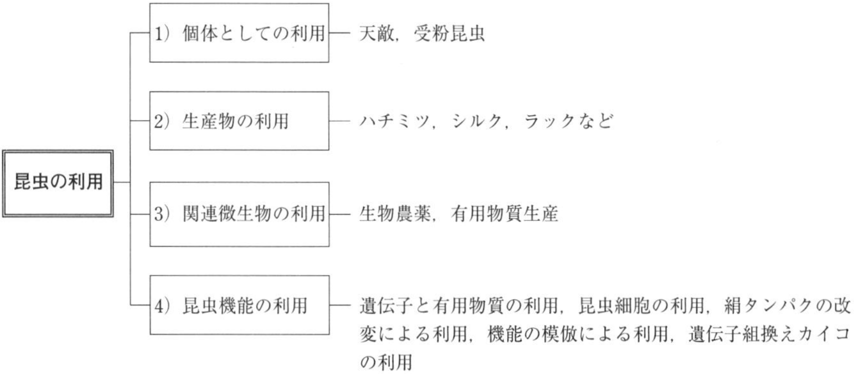


**図 4.1** 昆虫の産業利用のおもな種別

**図 4.2** タイリクヒメハナカメムシ成虫（左）とその天敵製（右）
タイリクヒメハナカメムシの体長は約 2 mm．天敵製剤は住友化学（株）のオリスター-A.

天敵昆虫を用いた生物農薬は，農薬取締法に則ってとり扱わなければならない．生物農薬として天敵昆虫が初めて登録されたのはルビーアカヤドリコバチ剤で 1951 年のことであるが，この製剤はその後登録が失効している．本格的な商業目的の天敵農薬としては，1970 年の，リンゴ害虫クワコナカイガラムシに対するクワコナカイガラヤドリバチ製剤が最初である．現在（2008 年 9 月），わが国で登録された生物農薬 78 品目のうち，天敵昆虫製剤（ダニを含む）は 16 種で，コマユバチ類，コバチ類，タマバエ類，ナミテントウ，アザミウマ類，ハナカメムシ類，カブリダニ類などがある．しかしながら，天敵農薬が，わが国の農薬市場で占める割合は売上高では 1% 以下と低い．

### □4.1.2　受粉昆虫

昆虫個体利用のもう一つの典型例は，作物の花粉媒介に用いられる受粉昆虫（pollinator）である．受粉昆虫は，ミツバチを含むハナバチの仲間である．マルハナバチなどの受粉昆虫は天敵農薬より市場での伸びが著しい．ハウストマトの受粉用に1992年から日本に本格的に導入されたヨーロッパ産セイヨウオオマルハナバチは全国的に普及して効果を上げている反面，土着のマルハナバチ類との競合や野外へ逃亡した個体群の定着など生態系の攪乱に対する懸念も生じている．一方，米国では花粉媒介昆虫としてのミツバチの利用が広がっている．1983年のLevinのデータによると，ミツバチの受粉による果実生産等の経済的価値は，ハチミツを始めとする蜂生産品の135倍とされる．

## 4.2　生産物の利用

ミツバチが生産するハチミツと副産物，カイコが生産する絹（シルク），カイガラムシ類がつくるワックス，ラックなどは，昆虫が生産し体外に分泌する高分子物質の利用である．

### □4.2.1　ハチミツとミツバチ副産物

ハチミツの利用は非常に古く，紀元前1万5千年には，人類が採取・利用していたという記録がある．世界のハチミツ生産量は年間約120万tで，約2割を中国，以下2位のアメリカとロシア，ウクライナなど上位数カ国で約半分の量を占める．わが国の生産量は2001年には2700 t，その約15倍の約40200 tを中国，南米などから輸入している．ハチミツを得るためにミツバチを飼育する産業が養蜂であるが，ハチミツ以外のミツバチ生産物も有効に利用されている．ハチミツはミツバチが植物の生産物を収集して加工したものだが，ミツバチ自身が作るものとしてロイヤルゼリー，蜜蝋ワックスがある．ロイヤルゼリーは健康食品としてわが国が世界一の消費国となっている．また，ワックスは融点が高いという特性をもつことから化粧品，日用品に広く用いられている．ロイヤルゼリーやミツバチが植物の新芽や樹脂を集めたプロポリスは日本では健康食品としてそれぞれ200～300億円規模の市場が確立されている．

### □4.2.2　養蚕とシルク

カイコが生産する繭から絹（シルク）を得て利用する養蚕は，養蜂と並んで非

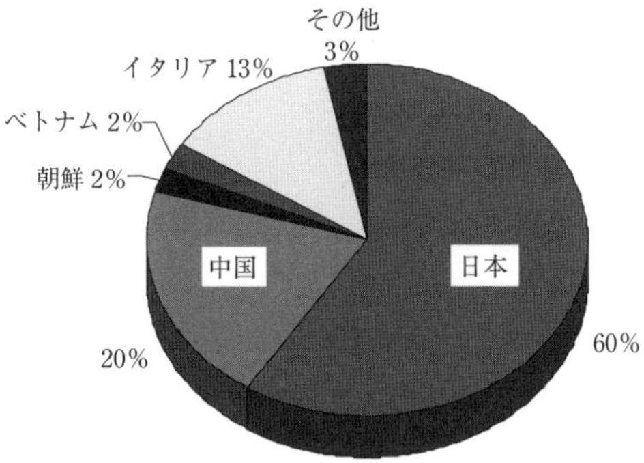


**図 4.3** 1930 年（昭和 5 年）における世界の国別繭生産
（総計約 62 万t）

常に古くから行われていた．養蚕は約 5000 年前に中国で野生種クワコを飼い慣らすことによって発生したとされ，そこからシルクロード（絹の道）を経て，全世界に広がった．ヨーロッパに伝わったのは約 5 世紀であり，わが国には朝鮮半島経由および中国大陸から直接というルートで，1〜2 世紀の弥生時代に伝わった．

わが国では，1859 年の横浜開港以来，太平洋戦争の開戦に至るまで，生糸は全輸出の 60% 以上を占める，国の重要産物であった．生糸で得られた外貨は，欧米からの工業製品や機械類の購入，さらには軍艦，航空機などの軍備に充てられ，日本の近代化，工業国化に大きく貢献した．戦前の 1930（昭和 5 年）には，約 40 万 t という史上最高量の繭が生産され，全世界の繭生産の約 6 割を占めていた．しかしながら戦後は，ナイロンなど化学繊維の普及による絹の需要減退，労働力の安い海外絹製品の増加，養蚕現場における後継者不足などから，急激に養蚕は衰えていった．現在，国内の繭生産量は最盛期の 800 分の 1 以下に縮小している．この打開策として，わが国しか生産できないブランドシルクや衣料以外の分野への用途拡大など多くの対策がなされてきたが，回復は難しい状況にある（5.2 節参照）．

明治以来，隆盛をきわめていた蚕糸業を背景に，カイコを実験材料とし，生物学，生理学，遺伝学などの分野の学問が大いに進展した．世界的な発見も少なくない．1865 年にエンドウ豆で発見されたメンデルの遺伝の法則は，1900 年に入り植物で再発見されたが，動物において最初に確認したのは蚕遺伝学者外山亀太郎で 1906 年のことである．外山はカイコの繭色遺伝にメンデルの法則が成り立つことを示した．1933年にはヒトに先んじ，性染色体が性の決定に主導的役割を果たすことが，橋本春雄によりカイコで見いだされた．1944年には，田島弥太郎が，放射線照射による切り取った染色体の一部を性染色体に転座させ，幼虫期の斑紋の違いで雌雄を鑑別できる系統を開発している．さらに，1972年には，鈴木義昭がカイコ絹糸腺からmRNAを単離している．これは真核生物から核酸が抽出された最初である．その他，内分泌学，病理学においてカイコで発見された生物学の基本原理は枚挙にいとまがない．養蚕学という実学は，カイコの生物学という基礎学問と一体となってわが国の養蚕業を発展させてきたといえる．

### □ 4.2.3 カイガラムシ類の生産物

東南アジア地域を中心にし，カイガラムシ類の生産物が各種材料として生産され，世界的に利用されている．それらは，イボタロウムシの分泌物からの白蝋，ラックカイガラムシの生産物シェラックから作るセラック樹脂塗料や食品コーティング剤，コチニールカイガラムシが生産するコチニール色素などで化学合成品にない天然物有用物質として様々な分野で利用されている．

## 4.3 昆虫関連微生物の利用

昆虫関連微生物を利用した昆虫産業として，生物農薬として昆虫感染細菌バチルス・チューリンゲンシス（*Bacillus thuringiensis*, BT）とその毒素やバキュロウイルスの例が挙げられる．特にBTは，チョウ目に効果がある微生物農薬として欧米では早くから使用されてきた．養蚕業が農業の主要地位を占めていた日本では遅れ，農薬登録がなされたのは1981年である．また，天敵糸状菌ボーベリア（*Beauveria brongniartii*）は，わが国で最初の糸状菌生物農薬としてカミキリムシ類の防除に用いられている．ウイルス製剤としては，2000年以降わが国ではバキュロウイルス科に属する顆粒病ウイルス（Granulosis virus, GV）がチャノコカクモンハマキとチャハマキを対象に，核多角体病ウイルス（NPV）がハスモンヨトウを対象に登録されている．

一方，昆虫関連微生物を利用した昆虫産業として高く評価されているのが，カイコとカイコの病原ウイルス（カイコ核多角体病ウイルス，*Bombyx mori* nuclear polyhedrosis virus, BmNPV）を用いた有用物質の生産である．ある企業は1993年からこの系を用いてネコインターフェロンを主剤とした動物用医薬品を製造，販売している．ネコインターフェロンはウイルス性ネコ風邪の治療薬で，その市

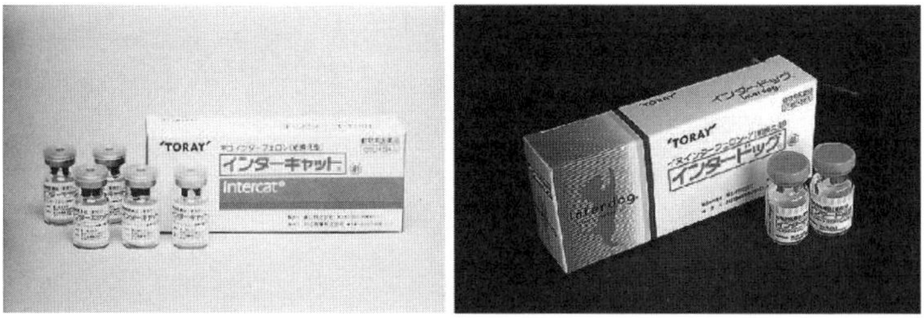


**図 4.4**　東レの動物用医薬品インターキャット（左）とインタードッグ（右）

場は 2000 年時点で 13 億円だった．最近では，イヌのアトピー性皮膚炎薬も生産し，市場を拡大している．この系は，バイオテクノロジーという先端技術を応用した新しい昆虫利用産業の嚆矢とも言うべきものである．また，有用物質の大量生産，商品化とは事業化も別な企業によりなされている．それがタンパク質の受注生産である．カイコと BmNPV を用いて，バイオ関係の大学や研究所，民間の研究者から依頼された遺伝子にもとづいてタンパク質を生産・供給するシステムで，カイコ–BmNPV のタンパク質発現系の優秀性を利用したものである．

## 4.4　昆虫機能の利用

“昆虫機能”は，他の生物にはみられない昆虫に特異的な生体・生理機能という意味で用いられる．この用語が使われ始めたのは 1986 年頃である．当時，日本の養蚕業が急激に衰退していたことを受け，それに代わる産業を見つけ出すことが農林水産関係者に求められていた．昆虫機能の利用は，その頃から急速に進展し始めた分子遺伝学，遺伝子工学的な手法を取り入れ，これまであまり着目されてなかった昆虫機能を分子レベルで解明することによって新た分野への利用法を目指すものと位置づけられた．

1992 年に『昆虫利用技術開発の総合的推進に関する報告』（農林水産技術情報協会）が出されている．この報告では，昆虫機能の利用について，遺伝子，昆虫細胞，生理活性物質，昆虫由来有用物質，昆虫神経伝達機構，昆虫の形態・行動機能の面から現状と今後の展開が示されていた．その後，昆虫機能の解明やその利用をテーマとした大型研究プロジェクトが大学や国の研究所で進められ，現在，昆虫機能の利用については，① 遺伝子と有用物質の利用，② 昆虫細胞の利用，③ 絹タンパク質の機能改変による利用，の分野が中心となっている．特に，2000 年に農業生物資源研究所の研究グループが開発した，④ 遺伝子組換えカイコについては，実用化が近いものとして期待されている．

昆虫機能の解析の基盤としてカイコゲノムの解析は特に重要である．カイコゲノムは2004年にドラフト解読，2007年に91%のシーケンス解読が達成された(2.2節参照)．今後，このゲノム情報を利用して，昆虫機能利用のための技術開発は大きく進展する．

### □ 4.4.1 遺伝子と有用物質の利用

昆虫遺伝子を利用した初めての実用化例は，1994年にある企業が開発したゲンジボタルのルシフェラーゼ遺伝子を用いた汚染菌の検出キットある．現在では，さまざまな昆虫機能の解明が遺伝子レベルで進み，利用技術の開発が試みられている．

#### a. 昆虫抗微生物物質

人など哺乳動物のような抗原・抗体反応による免疫系をもたない昆虫は，病原菌，ウイルスなどを殺すタンパク質やペプチドを体内に作ることで外敵に対抗する．このよう昆虫由来の抗菌タンパク質，ペプチドは多くの研究者によりカイコ，ハエ，カブトムシなどさまざまな昆虫から200種以上が単離され，遺伝子も同定されている．最近では，農業生物資源研究所の研究グループにより，抗ウイルス作用をもつタンパクの発見や，抗ガン活性を持つ改変昆虫由来ペプチドの作出など新たな発展が見られ，医療分野への応用が視野に入りつつある．

#### b. 抗血液凝固物質プロリキシンS

カやサシガメ類など吸血性の昆虫では，吸血の際に抗血液凝固物質を分泌することによって効率的に吸血している．三重大学医学部のグループは，吸血昆虫オオサシガメから，ヒト血液の凝固を抑えるタンパク質プロリキシンSを得ている．このタンパク質は，血液凝固系のうちの一つのステップを阻害することによって凝固を阻止する．興味あることには，プロリキシンSは人の平滑筋を弛緩させる作用も持っていた．この物質の大量生産が可能になれば，抗血栓薬や筋肉弛緩剤など医薬の分野で応用できる可能性が高い．

#### c. シロアリセルラーゼ

1998年に農業生物資源研究所の研究グループは，シロアリのような食材性昆虫の多くは自身のセルラーゼをもち，セルロースを消化することを明らかにした．現在，シロアリ類のセルラーゼを遺伝子構造に基づいて改変し，大腸菌での大量発現に適したセルラーゼが選抜されている．そのセルロース分解活性は天然のものよりはるかに高く，また，凍結乾燥による常温保存法も開発されている．近年，地球上に膨大な量が存在するセルロースがバイオマスとして注目されていることから，シロアリ由来の人工セルラーゼの利用が期待されている．

**d. 幼若ホルモンメチルトランスフェラーゼ（JHAMT）**

カイコゲノムの解読達成から，そのゲノム情報が殺虫剤開発に有効な手段となりつつある．昆虫の発育を制御するホルモンの代謝系や受容体，神経伝達に関わる受容体などを同定することで，効率的に新規農薬が開発される．

その一つの例として，JH の生合成に関与する JHMNT 遺伝子の単離があげられる．農業生物資源研究所の研究グループによって，JH 合成の最終ステップに

**驚異的な環境耐性をもつネムリユスリカ**

ネムリユスリカ（*Polypedilum vanderplanki*）はアフリカの半乾燥地帯に生息するハエ目昆虫である．このユスリカの幼虫は水生であるが，乾燥状態に置かれると体内水分のほとんどを失いクリプトビオシスという無代謝の特殊な状態になる．一旦この状態に入ると，水を与えない限り非常に長期間の活動停止が可能である．17 年間活動を停止していた後に，水を与えたところ蘇生したという記録もある．クリプトビオシスにあるネムリユスリカは，200℃の高温，－270℃の低温，高線量の放射線など極限ともいえるストレスに対して驚異的な耐性能力を有している．農業生物資源研究所の研究グループは，トレハロースがこのクリプトビオシスに決定的な役割を果たしていることを明らかにし，トレハロースを細胞内外に出し入れする機能をもつトレハローストランスポーターを単離している．クリプトビオシスでは，ユスリカ体内に多量に蓄積したトレハロースがガラス化した状態になることで，タンパク，DNA, 膜などの生体分子を保護していることもわかった．このようなクリプトビオシスの分子機構は，生体組織や食品類の常温保存，培養細胞や生物遺伝資源の保存・維持など，広範な分野で有効利用が期待されている．

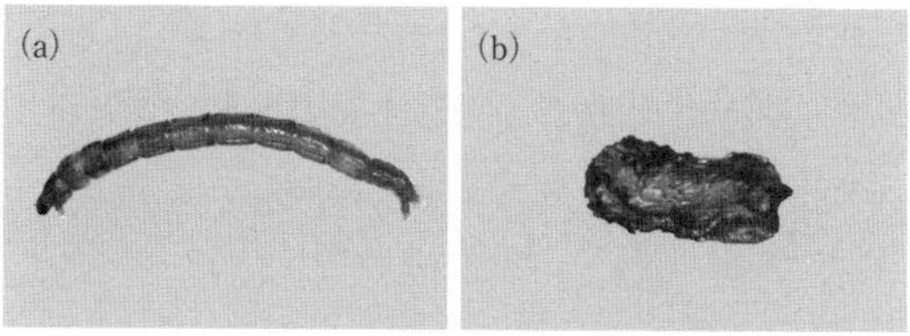


ネムリユスリカのクリプトビオシス
正常な状態のネムリユスリカ幼虫（a）と乾燥状態の幼虫（b）．終齢幼虫の体長は約 8 mm，重さは 1 mg ほど．（写真提供：生物研・奥田隆氏）

関わるこの酵素がJH量の変動に決定的な役割を果たしていることが明らかにされた．また，現在では，カイコを用い，合成から，輸送，作用，分解まで，JHの生理機能に関わるすべての遺伝子を網羅的に解析する研究が進んでおり，これらが明らかになることで，JHの作用を効果的に阻害する薬剤の探索が容易に行えるようになる．

### □ 4.4.2 昆虫細胞の利用

昆虫の培養細胞は，37℃という温度を必要とせず室温で培養できる，ガン化した細胞ではなく正常な細胞から細胞株を樹立できる，$CO_2$インキュベーターを必要としない等，ほ乳類の細胞にはない利点をもっている．

昆虫細胞の利用は，これまで主として天敵ウイルスの大量生産であったが，近年では有用物質の生産システムに関わる技術開発が進んでいる．特に，バキュロウイルス遺伝子発現系を用いた生産システムの開発が米国，日本で進んでいる．バキュロウイルス遺伝子発現系として開発された培養細胞にはヨトウガの一種 *Spodoptera frugiperda* に由来するSf系とイラクサギンウワバ *Trichoplusia ni* 由来のHigh Five系がある．現在，国内で市販されている，バキュロウイルス発現あるいは形質転換用昆虫培養細胞は8種類である．市販はされてないが，農業生物資源研究所ジーンバンクには現在30数種の培養細胞が維持され，配布が可能となっている．昆虫培養細胞はタンパク質の受注生産にも利用されており，微生物や無細胞発現系で生産が困難なタンパク質を生産できるという利点を生かし有効利用されている．現在，9つの企業がこの受注生産事業を行っている．

### □ 4.4.3 絹タンパク質の機能改変による利用

昆虫産生物としてのシルクを衣料素材以外に利用するため，フィブロイン，セリシンという二つの絹タンパク質の新たな用途開発が進んでいる．シルクは人体に対する生体適合性，天然生体高分子としての安全性に優れていることから，農業生物資源研究所を中心に工業や医療分野を対象にさまざまな素材開発が試みられている．

#### a. 絹粉末を用いたコーティング材と化粧品

肌ざわりの良さや保湿性などの絹の特性を保持するため，絹を物理的に粉砕することによって粒径1～5 $\mu$m の超微粉末が作成された．この微粉末は樹脂と混合することによって表面塗布材に使われ，シルク100％の化粧品類も開発，実用化されている．

### b. 化学加工による抗ウイルス剤

絹タンパク質をクロロ硫酸と反応させると抗血液凝固作用を持つ物質が得られる．この物質は同時にエイズウイルス（HIV）の感染，増殖を抑制する活性も持っていた．現在，エイズ感染予防剤として企業と開発を進めている．

### c. シルクスポンジの軟骨再生材料

農業生物資源研究所の研究グループは，ゲル化したシルク水溶液を凍結・融解するだけという簡単な手順でシルク100%のスポンジを調製することに成功している．このスポンジは優れた強度と生分解性をもつとともに，スポンジ孔内で良好な細胞増殖が行われるので，軟骨再生の基材に適している．さらに，遺伝子組換え技術を利用し，シルクタンパク質を改変することによる細胞接着性の改良などに取り組んでいる．

### d. セリシンの利用

絹の膠タンパク質であるセリシンは，抗酸化作用，抗腫瘍作用などを有することが明らかにされている．これまで材料供給に課題があり化粧品や石鹸などへの利用はあったが，医療用途については未開拓であった．農業生物資源研究所は2001年に，セリシンだけを生産するカイコ品種“セリシンホープ”を育成し，特許を取得している（特許3374177号）．セリシンホープが生産する繭からは，高分子量のセリシンが高純度で得られるので，ゲル，フィルムなど様々な形態に調製することで医療用材料への適用が期待される．

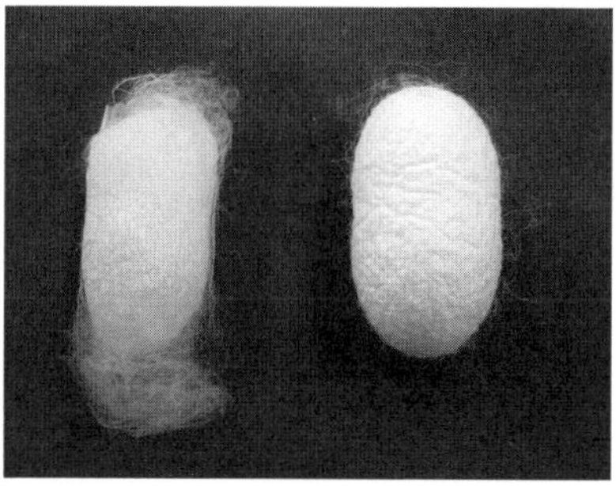

**図4.5**　セリシンホープ繭（左）と正常繭（右）
セリシンホープの繭層は正常繭の繭層の重さの約4分の1であるが，ほぼ100%セリシンタンパク質からなっている。

### □ 4.4.4 昆虫機能の模倣による利用

昆虫に特異的な代謝，運動機能，構造などの模倣による利用もある．特異的な代謝を模倣した例として，スズメバチ幼虫が分泌する栄養液の組成に基づく栄養ドリンクの商品化がある．この栄養ドリンクは，一分間に1000回以上も収縮するというスズメバチの飛翔筋を支えるスタミナ源がスズメバチ幼虫の分泌液であることに着目し，その分泌液のアミノ酸組成をまねて調製したものである．体内における脂質の利用を高めることから，マラソンなど持久系スポーツでのサプライ用スポーツ飲料として市販されている．

また，チョウの翅の構造を模倣したユニークな繊維が実用化されている．南米アマゾン地方に生息するモルフォチョウは，独特のブルーの金属光沢の翅をもち，工芸品としても利用されていることで有名である．このモルフォチョウの金属光沢は，独特の構造が光の干渉現象を引き起こすことで生じる，いわゆる構造色である．CDディスクの裏面の虹色光沢も同様の干渉現象によるものである．ある企業が，モルフォチョウ翅の表面構造をナノテク技術で模倣した繊維を開発した．この繊維を用いて作った衣服はモルフォチョウの翅に似た光沢をもち，また，色素で染めたものではないので，色あせも起こらないという利点もある．

### □ 4.4.5 遺伝子組換えカイコの利用

新たな産業を目指した昆虫機能の利用としてもっとも期待されるのが遺伝子組換えカイコである．遺伝子組換えカイコは，2000年に農業生物資源研究所の研究グループによって開発された．昆虫の遺伝子組換えは1982年にキイロショウジョウバエで初めて成功し，ガラス針を用いた胚発生初期の卵へのDNAの微量注射法および導入する遺伝子のベクターとしてのトランスポゾンの利用が基本技術となっていた．カイコにおいては，卵殻が堅い，ショウジョウバエで用いられたトランスポゾンが機能しないという難点があったが，これらが克服されて成功にいたった．現在では，DNAを注射した卵の約40%が孵化し，遺伝子組換えカイコの蛾区率は注射卵数に対して約3%という値まで高められている．

遺伝子組換えカイコの利用については，二つの方向がある．一つは有用物質生産であり，もう一つは機能性繊維の開発である．

#### a. 遺伝子組換えカイコを用いた有用物質生産

カイコを用いた有用物質生産には，これまで，カイコと病原であるバキュロウイルスを用いた系が産業化されている（4.3節参照）．カイコを用いる点では同じ

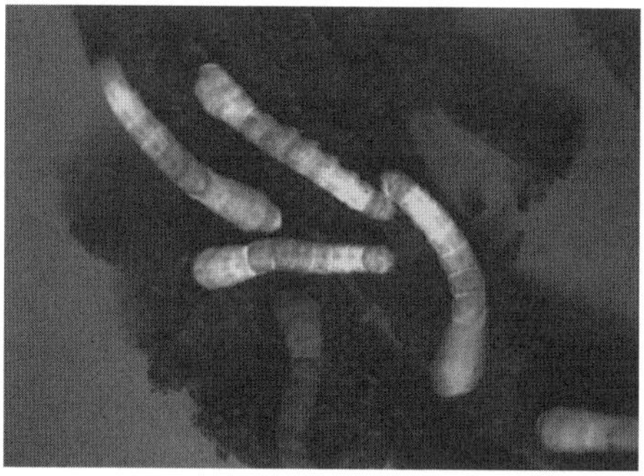

**図 4.6**　蛍光色素（GFP）を導入した遺伝子組換えカイコ 1 齢幼虫
蛍光実体顕微鏡で見たもの．明るく光って見えるのが組換えカイコ．暗く見えるのが正常のカイコ．（写真提供：生物研・田村俊樹氏）

だが，バキュロウイルスの系では有用物質の生産が一世代限りなのに対して，遺伝子組換えカイコでは一旦組換え系統が作出されれば有用物質が継続的に生産できるという利点がある．

農業生物資源研究所は複数の企業と連携し，市場価値が見込めそうないくつかの有用物質について実用化に向けた生産法の研究開発を進めている．有用物質生産はカイコの絹糸腺に外来遺伝子を発現させることで行う．フィブロインを生産する後部絹糸腺での発現では，ヒトコラーゲンの一部ミニコラーゲン生産に成功しており，ネコインターフェロンについても繭から活性がある分子として抽出されている．また，セリシンが生産される中部絹糸腺に発現させる方法は，水溶液の状態で生産物が得られ，抽出が比較的容易という利点がある．この方法では，医療分野でのサイトカインや診断薬としての利用を目的にした抗体，酵素など活性のあるタンパク質が得られている．

現時点で組換えカイコを用いた有用物質生産の産業化例はないが，今後この分野は飛躍的に進展する可能性が大きく，民間企業も強い関心を持っている．そのためには，個々の遺伝子発現レベルの高度化，タンパク質の分泌様式の改良など，残された課題を早急に解決する必要がある．

**b.　機能性繊維の作出**

絹タンパク質フィブロイン遺伝子の発現系を利用し，クモ糸，テンサン糸などの遺伝子の一部を入れることによって本来の繭糸の性質が改変され，新たな機能が付与される．すでに GFP や DsRed という蛍光色素タンパクを発現させた繭糸の作出に成功しており，絹糸，絹布という製品段階まで蛍光が維持されている．また，クモ糸に関しては，信州大繊維学部が民間企業と共同で，ジョロウグモの遺伝子をカイコの絹糸腺で発現させることにより，クモ糸成分が約 10% 含まれる糸を得ている．この糸は従来のものより丈夫で柔らかく，繊維製品への応用が検討されている．

一方，遺伝子組換えカイコは遺伝子機能の解析にも有効な方法となる．遺伝子プロモーターを選ぶことによって，組換えカイコに導入した遺伝子を特定の組織，器官で発現させる *GAL4/UAS* 系が構築されている．また，遺伝子の発現を一時的に抑えたり，再発現させたりできる *Tet-Off* の系もカイコで利用できることがわかっている．これらの手法を用いることによって，これまで未知だった昆虫特異的な遺伝子の機能が効率的に明らかにされる．

# 5. 昆虫と社会

## 5.1 生物多様性と環境教育

### □ 5.1.1 生物多様性（biodiversity）とは

一般に，自然生態系における生物群集の種構成や各種の個体数は，ある程度変動しながらも，それが一定の範囲内に保たれていることが多い．これを生態系のバランス（持続性）といい，バランスが保たれるのは，生態系にもとの状態に戻ろうとする復元力があり，全体として系を持続し，保つ相互作用がかかっていることによる．自然の極相林は動植物の種構成も多様で，物質循環やエネルギーの移動など，バランスが保たれている生態系である．老木が倒れた後や地すべりなどで生じるギャップ（森林の間隙）は，小さな自然撹乱として森林の随所に発生するが，周囲からの種子が分散して稚樹が伸び，数十年かけてもとに戻る．そこには明るい環境で生育するギャップ特有の樹種が見られ，このような小さな撹乱が森林の樹種の多様性を高めている．これによって動物相や昆虫相の多様性も高く維持されている．

ところが，森林の伐採，山野への家畜の放牧，宅地やゴルフ場開発などの過度の人間活動は，多くの種で構成されている生物群集を単純化し，自然の生態系内で調節されていたさまざまな相互作用を弱める．その結果，多くの希少種は消滅し，少数の種が大発生する単純な生物相へと生態系が変化してしまうこともある．

生物多様性の3つの要素は，種多様性・遺伝的多様性・生態系多様性である．よって，生物多様性を保全するには，保全の対象となる生物種が生活している生態系そのものを，できるだけ広い生息地として残すことが望ましい．狭い生息地では集団サイズが小さい時に起こるボトルネック（びん首効果）や遺伝的浮動によって，遺伝的多様性が損なわれる可能性があるので注意を要する．

保全すべき種の個体数や分布などの実態調査は重要であり，現在，IUCN（国際自然保護連合）の定めた基準により，環境省が主導して日本でも全国や各地域ごとで，絶滅危惧種の生物リスト（レッドリスト）づくりが行われている．最も絶滅に瀕している絶滅危惧I類には，昆虫ではヒヌマイトトンボ（図5.1），ベッコウトンボなどの希少なトンボ目，ヤンバルテナガコガネ（図5.2），ムカシゲンゴロウ科などコウチュウ目，オオルリシジミなどのチョウ目など，合計110種が環境省のレッドリスト（2007年）に掲載されている．

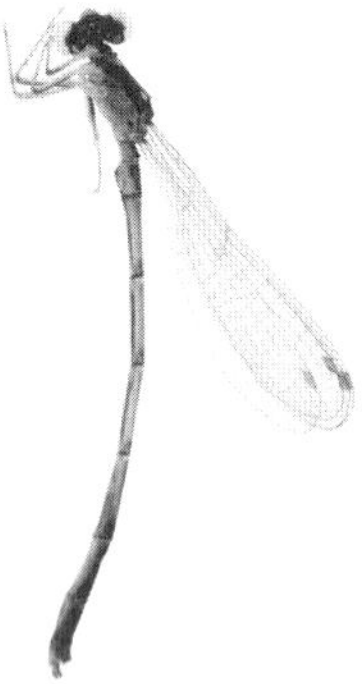

**図5.1**　ヒヌマイトトンボ（写真提供：多様性生物希少標本ネットワーク）

### □ 5.1.2　森林生態系の保全と昆虫相

日本人は，古くから森林を身近な自然として，また重要な資源として利用してきた．樹木を一方的に伐採せずに，伐採した跡地には植林し，薪や炭を燃料とし，下草を刈るなどして森林を保ってきた．いわゆる里山の使われ方である．里山は二次生態系（人の手が入った生態系）であるが，このような生態系にも特有の動植物は存在する．例えば，国蝶であるオオムラサキ（図5.3）は，元来は谷川沿いや氾濫原の河畔林などに生えていたエノキ・クヌギを利用して生息していた．しかし，20世紀後半には河川改修工事が進んだため，河畔林は伐採されて減少し，オオムラサキは希少種になったのである．

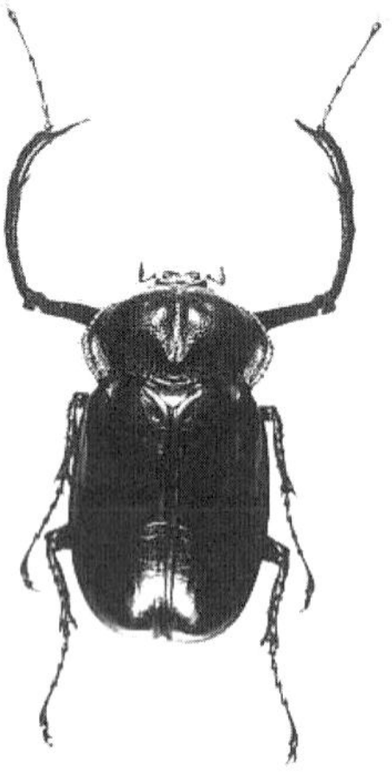

**図5.2**　ヤンバルテナガコガネ（写真提供：農林水産技術情報協会）

同様に，里山を構成するクヌギやナラは薪炭林として手入れをすることで，日光が差し込む明るい林の周辺部には秋の七草であるフジバカマやキキョウが生息していた．人間がときどき手を入れる程度の緩やかな撹乱があるために，遷移が薄暗い極相林にまで進まないので，二次遷移状態の明るい林に生息する生物種は多い．近年，このような里山や草原が放置されたり土地の開発などにより急速に失われつつあり，保全対策が急がれている．例えば，オオルリシジミは食草がマ

図 5.3　オオムラサキ（写真提供：毛利甫氏）

メ科クララだけという単食性のチョウである．もともとの生息地が草原や河川敷のような火入れや草刈りを受ける環境であることから，その個体数減少は里山の放棄，河川改修，宅地開発などの影響を受けやすい．同時に，農薬散布の影響なども考えられる．これは同様に絶滅に瀕しているオオウラギンヒョウモン，ヒョウモンモドキ，シルビアシジミのような河川敷・草原性のチョウ類に共通している．

一方，人間の手がほとんど加わっていない原初自然生態系の森林については，国立公園や世界遺産（屋久島，白神山地，知床半島など）に指定し，無許可で開発が行われないような保全対策が立てられている．

### □ 5.1.3　集水域および水田生態系の保全

河川は山地に端を発し，海まで下る間に，地形・地質・植生の面でさまざまに異なる自然環境を経る．特に，集水域は湖沼，ため池，水田，休耕田など多様な形態をとり，それが小川や用水路などで網目状に繋がっているのが特徴である．集水域の水位は季節によって大きく変動し，これが多様な生物の生息地を生み出している．

水田生態系はモンスーン・アジアに広く発達し，節足動物，両生類，魚類，鳥類などが生息している．水田に棲む生物の移動分散を通して，生息域は畦周辺，水路，ため池，休耕田，周辺農地，雑木林，ときには遠隔地の越冬場所まで及ぶ．水田にその生活の一部，または大部分を依存している生物が多く，その保全には生活環が完結するように各種の環境要素からなる生活空間（成虫の交尾，産卵場所，寝場所など）が保証される必要がある（桐谷圭治，2004）．例えば，日本に発生するトンボ目の 30%，31 種が水田を産卵場所としているという．その他にも，カメムシ目のタガメ（図 5.4），コオイムシ，タイコウチ，ミズカマキリ，またコウチュウ目では各種のゲンゴロウ，ガムシ，ホタルなどが水田とその周辺を繁殖場所にしている．

水田生態系における休耕田の役割が注目され始めている．北海道立中央農事試験場が休耕田を活用して整備した湿地ビオトープ（p. 232 参照）では，植物・水生生物の種数増加が見られると同時に，水質浄化機能を有する結果が得られ始めた．また，新潟市近郊は乾田化により大穀倉地域になったが，湿地に暮らす生物には棲みづらい環境であった．近年，減反や後継者不足のために休耕田が増えてきたので，新潟大学のプロジェクトは環境用水（水辺環境の再生のため河川の水を水路や堀に通水すること）と休耕田を生かして湿地を再生することで，多様な生き物を呼び戻し，豊かな田園環境を保全・再生することを計画している．

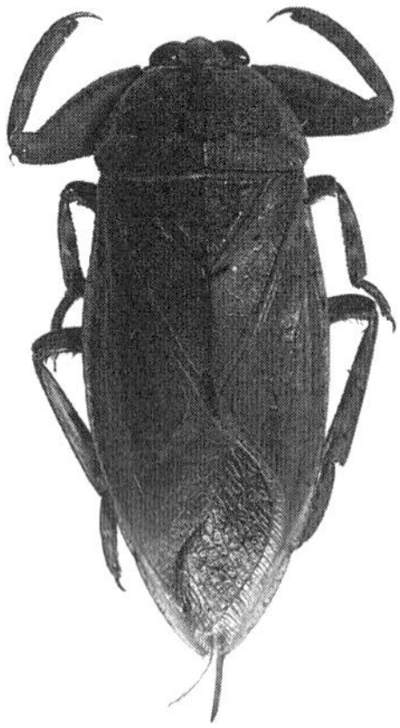

**図 5.4**　タガメ（写真提供：三重県立博物館）

こうした地方の動きを受けて，日本学術会議は「生物多様性国家戦略改定に向けた学術分野からの提案」（環境学委員会自然環境保全再生分科会，2007 年 9 月）を発表した．その中で，氾濫原の自然撹乱に依存する生物の保全と水田の管理，ため池とその周辺地域の生物多様性の評価と保全，水田における水管理を活用した自然再生，そして流域単位の生態系管理の実現を目指した提言を行っている．

### □ 5.1.4　外来生物

原産地などから人間によって意図的または偶然に運ばれて，新たな地域に定着した生物のことを外来生物，または帰化生物という．セイヨウタンポポやセイタカアワダチソウ，ウシガエル，アメリカザリガニ，アオマツムシ，新しいところでは，ブラックバスやブルーギルなどがその典型例である．おもに人工的な環境からなる都市やその近郊の生態系では，ニッチに空きができていたり，天敵がいなかったりすると，外来生物がニッチの空きに入り込み，しだいに高密度化し，広く蔓延して在来の生態系が害を受ける可能性がある．

アメリカシロヒトリ（図 5.5）は，1945 年頃，北アメリカから東京付近に偶然に運ばれて，その後，都市部を中心に日本に分布を広げた帰化昆虫である．幼虫は，都市環境で大発生して街路樹などの葉を食害するが，自然

**図 5.5**　アメリカシロヒトリ（撮影：木村浩一『みんなで作る日本産蛾類図鑑』HPより）

の山野にまでは分布は拡大しない．これは，生態系を構成している種が多様であれば，その捕食者が存在して，個体数を抑制する機構が働くからである．これは，都市の生態系が単純で捕食者や競争相手が少ないために，都会の食物資源を十分利用できているためである．

**図 5.6**　アルゼンチンアリ（写真提供：日本産アリ類画像データベース）

日本では，2005 年 6 月に「特定外来生物による生態系等に係る被害の防止に関する法律」（通称「外来生物法」）が施行され，これ以降，特定外来生物は駆除の対象となっている．昆虫類では，テナガコガネ属（沖縄のヤンバルテナガコガネを除く），クモテナガコガネ属，ヒメテナガコガネ属，セイヨウオオマルハナバチ，ヒアリ，アカカミアリ，アルゼンチンアリ（図 5.6），コカミアリなどが特定外来生物に指定されている（2008 年 1 月現在）．

**図 5.7**　アオマツムシ（写真提供：群馬県総合教育センターG–Tak）

ただし，帰化生物がすべて特定外来生物の指定とはならない点に注意してほしい．例えば，都市の街路樹を中心に分布拡大しているアオマツムシ（図 5.7）も明治時代に中国から帰化したと考えられている．正確な記録やその時点でのタイプ標本がないのと，自然生態系や農作物に顕著な被害が出ていないため（岐阜県や岡山県ではカキの果実に被害報告あり），特定外来生物には指定されていない．

### □ 5.1.5　生物多様性国家戦略

このような生物多様性の保全に対して，2002 年 3 月に新・生物多様性国家戦略が閣議決定され，これによって日本の国土計画の新しいグランドデザインが披露された．2007 年 11 月に第三次・生物多様性国家戦略に改められている．この国家戦略では，以下の「3 つの危機」を挙げている．

(1)　人間の活動や開発が，生物種の減少・絶滅，生態系の破壊・分断化，森林の開発，埋め立てによる海浜生態系の破壊などをもたらす危機．

(2) 自然に対する人間の働きかけが減っていくことによる危機，すなわち里山・里海として利用されてきた二次生態系が，社会情勢の変化によって放棄されたことによる生態系劣化の危機．

(3) 移入種や化学物質による危機，すなわち外来生物による日本の生物多様性が損なわれる危機，あるいは，PCB や DDT，ダイオキシンなどの環境負荷による危機．

21 世紀に地球規模で生態系の破壊が進行している現状に対して，生物多様性保全の視点から国土開発や公共事業の規制に背骨が入るのは重要である．

### □5.1.6　昆虫と環境教育・理科教育

昆虫を対象とした環境教育，理科教育は全国で行われており，特に重要なのは学校ビオトープである．ビオトープはドイツ語で「生き物のすむ場所」という意味で，もともと英語の「ハビタット（生息場所）」と近いものである．しかし，今では地域の生態系保全のために教育に組み込まれて利用されることで一挙に広まった．

環境教育や理科教育の一環として，学校の中庭で池を設け周辺をビオトープにして，そこに来る昆虫や鳥を観察する試みは，全国で行われている．その中で

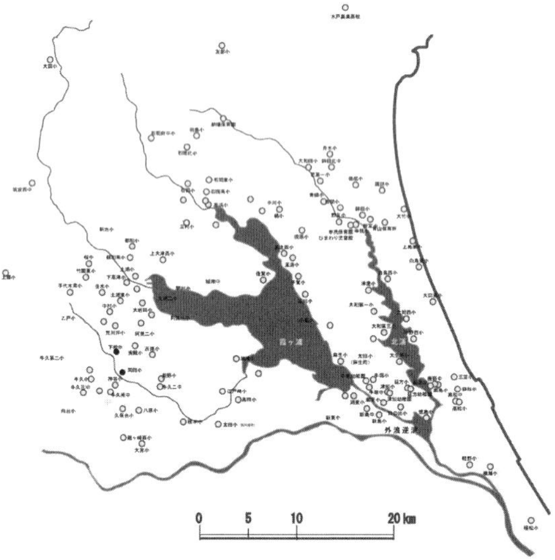


**図 5.8**　霞ヶ浦流域全体で連携する小学校 116 の学校ビオトープ群
（写真提供：NPO 法人アサザ基金）

も，霞ヶ浦流域全体を囲む多数の学校ビオトープを連携した事業を紹介しよう．この事業主体は霞ヶ浦再生のための「NPO アサザ基金アサザ・プロジェクト」であり，牛久市と協働している．この事業は，霞ヶ浦の周囲に点在する116小学校と提携し，各々の学校でビオトープを作成，管理してもらい，それをネットワークのように連携するものである（図5.8）．

まず，霞ヶ浦周辺に残っている里地の荒れていた谷津田に，小学生が力を合わせて田んぼと水路と池を再生し，池には霞ヶ浦の湖岸に残っていた水草の一部を植える．田んぼにはイネを植えて，米を収穫する計画である．その結果，水田にはカエルが産卵し，小魚をねらってカワセミが訪れ，水生昆虫の多様性は格段に高くなった．大型のトンボは一つのビオトープにだけ留まらず，隣のビオトープとも行き来する．また，水草は3年もすると池を覆うくらいに茂るので，それを間引きするときに，霞ヶ浦の元あった湖岸の場所に植え戻している．霞ヶ浦の湖岸生態系の再生にも貢献し，環境教育や理科教育にも役立ち，さらには米も収穫できて，親子のふれあいのきっかけも多くなったという，一石四鳥にも五鳥にもなっている事業である．

## 5.2 文化と昆虫

人間生活を取り巻く環境には様々な昆虫が存在し，歴史的に見ても人間は多種多様な形で昆虫と関わって生きてきた．応用昆虫学の対象となる人間と利害関係の深い有用昆虫や害虫についての伝承や記述などが残されるのは当然と思われるが，それ以外にも過去の文学，美術，宗教，言語，娯楽，遊戯，民俗，伝承といった人間の知的営みの中に昆虫は非常に多く登場している．このような分野を体系的に扱う学問としてHogue（1987）は「文化昆虫学（cultural entomology）」というものを提唱している．特に人間活動によって世界規模の環境変化がもたらされる現在，昆虫が素材となった作品や遊びなどが人の心に潤いを与え，自然環境に関心を向けるきっかけになればその意義は大きい．しかし，過去のものを発掘，整理し，考察を加えるのみで学問分野としてまとまるかは疑問もある．一方，民族学の中で特に人と昆虫の関わりに注目して，その関係の解明を目的とする学問分野「民族昆虫学（ethnoentomology）」もPosey（1986）により提唱されている．個々の民族における昆虫に対する民族意識には現代の生活に生かせるものを含んでおり，この点を強調する意見もある（野中，2005）．いずれにしろ，「応用昆虫学」が人と昆虫の関係において昆虫を中心に展開しているのに対して，上の2分野は人間に重心を置いているのが特徴といえる．昆虫を食べるということは3つの分野の対象となりうるが，研究の目的はおのずと異なるわけである．

本章では，昆虫が人間の衣食に関係したものとして，養蚕と養蜂・食用昆虫を取り上げ，その起源，歴史について述べる．局所的にみれば，それは文化そのものであるとも言える．

### □ 5.2.1 養蚕とカイコの歴史

カイコの繭から紡がれた糸によって織られる絹が人類の生活，文化に与えた恩恵は計り知れず，また，歴史に及ぼした影響も多大である．中国における養蚕の起源については『蚕経』に伝説として，「黄帝の妃である西陵氏の女，累祖がはじめて養蚕を行い，後に民にカイコの飼育，紡糸を教え，衣服で民の健康維持に貢献した」と伝えられている．現在，実在が証明されている「夏」の国が紀元前2000年頃成立したと考えられており，黄帝の時代はそれ以前であるといわれる．カイコに関する考古学的出土品では浙江省河姆渡遺跡（紀元前4750年）から発見された骨盃の表面に彫られたカイコと見える虫と織物様幾何学模様の線刻がある．これによって，今から6000年以上前に人々は既にカイコから糸をとって利用していたと考えられる．さらに，浙江省銭山漾遺跡（紀元前2735～2175年）からは絹織物が出土しており，絹生産の確固とした証拠となっている．紀元前5,6世紀には中国で生産される絹が交易品として周辺諸国，特に西域諸国にもたらされており，この交易路を今日われわれはシルクロードと呼んでいる．もとはドイツの地理学者リヒトホーフェンが著書「支那」の中で，中国と西域諸国及び北インドとの間での絹貿易を媒介した交易路に対して命名したものである．漢代には養蚕技術は，その重要性のために国外への持ち出しは厳しく禁止されていた．しかし，漢代に西域のクスタナ国王に漢の王妃が嫁ぐ際に婚家先の要望を受けて蚕種と桑が密かに持ち出されたと『大唐西域記』に記されている．このような記述から推量すると養蚕技術も西域へ徐々に伝播し，そこでも絹が生産されたと考えられる．その後，養蚕業は東ローマ帝国，ビザンツ帝国を経てヨーロッパへ伝えられ，12世紀にはイタリアで，続いて15世紀にはフランスで本格的に行われて19世紀に最盛期に到った．カイコが東西の文化を結び付けたとも言える歴史である．

わが国の養蚕起源についての伝説として，『古事記』にある須佐之男（スサノオ）の大気津比売（オオゲツヒメ）殺しにまつわる話に，比売の死体から五穀とともにカイコが発生したというものがある．歴史的には紀元195年中国の功満王が日本に帰化したときに蚕種を持参し，養蚕技術を伝えたといわれている．それ以後，養蚕，絹織物生産，絹製着物は日本の文化に欠かせないものとなっており，各地の農村で行われた養蚕に関わる行事などが多く知られている．現在のカイコの系統関係は，地理的品種を用いて7種の血液成分の遺伝子頻度の解析（蒲生・大塚，1980）から推定されている．それによると，現在の熱帯多化性品種と同根の中国2化性品種から日本の2化性品種と1化性品種が分岐し，これらとは別系統として中国1化性品種とヨーロッパ1化性品種がかなり古い時代に分岐したとされる．このカイコの系統は養蚕の伝播経路とよく一致するように見える．

明治維新後の日本では，フランスからの技術移転による群馬県富岡製糸工場開設を皮切りに各地に製糸工場がつくられ，生糸生産量が1910年から1970年代前半まで世界第一位を続け，最盛期（1928～1941）は4万t以上で，わが国の輸出額の大半を占めていた．生糸生産量は敗戦後に回復し，1958年から2万t前後で推移したが，1975年以後は減少し続け，2000年には500tを割り，2005年には150tになった．その理由には，合成繊維の生産，絹製品需要の減少，生糸生産コスト高などが考えられるが，現在の着物文化は中国，ブラジルからの絹着物原料の輸入に頼って命脈を保っている状態である．

カイコ以外では古くから繊維材料に利用される昆虫にはヤママユガ科昆虫があり，日本にはヤママユガが，中国ではサクサン，エリサンが，インドではタサールサン，ムガサン，エリサンが，ベトナムではエリサンが主に屋外で放飼されている．中国でのサクサンの利用は少なくとも2000年前に始まっていたという．

### □5.2.2 食料としての昆虫

起源前7000年頃のものと推定されているスペインのアラーニャ洞窟壁画に描かれた，人が蜂蜜を採集している図は，食料特に甘味料として蜂蜜が非常に古い時代から利用されていたことを示している．蜂蜜の需要が高かったために，徐々に養蜂によるハチミツや蜜蝋の生産へとつながったと考えられる．エジプトのネ・ウセル・レ寺院にある紀元前3000年ごろの細密画にはミツバチの巣箱に使用したと考えられる土管が描かれており，この頃には養蜂が始まっていたと推定される．古代ギリシャでは，アリストテレスがミツバチの生態を詳しく描写しており，蜂蜜が一般的に食べられ，養蜂は広く行われていたと考えられる．蜜蝋も蜂蜜の利用と同時に始まったと考えられ，エジプト，ギリシャ，ローマでは宗教や儀式のためのろうそくの材料として，また，像や面をつくる材料にも使われていた．その後ヨーロッパにおいて，蜜蝋製ろうそくは石油やガスに取って代わられる19世紀半まで照明のために使われ続けた．このような多岐にわたるミツバチ生産物の効用によって，養蜂はヨーロッパ文化の中に重要な位置を占めて現在に到っている．日本での養蜂に関する最古の記録は日本書紀にある643年に「百済の太子余豊，ミツバチの房四枚をもって三輪山に放ちて飼う．しかれどもついに蕃息らず」というくだりである．さらに，延喜式（905–927）に蜂蜜が諸国から宮中に献上された記事があり，近畿，中国，中部地方で養蜂が行われていたことを示すとともに，蜂蜜が貴重なものであったことも知られる．明治の初期に養蜂技術がドイツから，セイヨウミツバチが米国から相次いで導入されてわが国でも西洋式養蜂が主流となっているが，在来種のニホンミツバチを使ったわが国の伝統的養蜂も山村などでは受け継がれており，一方，近年では大規模な養蜂に向けた技術開発も試みられている．

初期の人類が昆虫をどれほど食べていたかを知る手掛かりは少ない．北米の先住民族が残した糞の化石（糞石）の中にバッタ，甲虫の断片が含まれることは昆虫食の確証である．中国山西省夏県西陰村の仰韶期（紀元前2500～2000年）遺跡から発見されたウスバクワコ繭殻は3分の1ほどが切り取られており，中の蛹が食べられたものと推測されている．紀元前5世紀頃のリビアではバッタを天日に干して乾燥したものを食べたという記録がある．旧約聖書のレビ記の中には神がモーセとアロンを介してイスラエルの人々に食べてよい動物を伝えるくだりで「翅があって四つの脚で歩くものを食べてはいけないが，跳ね脚をもって地上を跳ねるもの，すなわち，移住イナゴ，遍歴イナゴ，大イナゴ，小イナゴは食べることができる」と示しており，北アフリカ，アラビア半島あたりではバッタを食用にしていたことが伺われる．食料は民族の中で昔から受け継がれたものが多いと考えれば，今日の食生活を見ることによっても古い時代に食べていたものを想像することは可能である．こうした観点から見ると，オーストラリアの原住民アボリジニーがボクトウガの幼虫や，ヤガ，アリなどを好んで食べること，パプアニューギニア，東南アジア，アフリカの人々が多種多様な昆虫を食べることは，これらの地域の人々の食料として栄養補給の面から見ても昆虫が占める役割の大きかったことを理解できる．わが国でも近年まで，イナゴ，ザザムシ，カイコ蛹，蜂の子などが食用とされるような昆虫食の文化が残っていたが，魚や家畜の肉を誰もが食べられる時代になって廃れてしまい，現在では「珍味」として一部にかろうじて受け継がれている．

現在の地球環境の悪化などを考えると，将来の地球人口増加を支えるだけの食料生産が危ぶまれ，そのときには補助食料として昆虫が再び役立つと思われる．その一番の利点は，人が食料にできないものも昆虫は餌として増殖することである．この点を生かせば，昆虫を直接人の食料に供するだけでなく，昆虫を仲立ちにして未利用資源を食料とすることも可能である．例えば，イエバエなどは人間の廃棄物でも育つため，これらを増殖して家畜の飼料に利用することが考えられる．

# 参考文献


**1章　序論，および応用昆虫学全般**

Gullan, P. J. and Cranston, P. S. (1994) The Insects: An Outline of Entomology, Chapman & Hall.
河野義明・田付貞洋編 (2007) 昆虫生理生態学，朝倉書店.
三橋　淳総編集 (2003) 昆虫学大事典，朝倉書店.
中筋房夫・内藤親彦・石井　実・藤崎憲治・甲斐英則・佐々木正己 (2000) 応用昆虫学の基礎，朝倉書店.
鈴木幸一・竹田　敏・桑野栄一・山川　稔・伴戸久徳・本田　洋・田村俊樹・木村　登 (1997) 昆虫機能利用学，朝倉書店.

**2章　基礎**

藤崎憲治・田中誠二 (2004) 飛ぶ昆虫、飛ばない昆虫の謎，東海大学出版会.
古前　恒監修 (1996) 化学生態学への招待―化学のコトバで生物の神秘を探る，三共出版.
小川欽也 (2005) フェロモン利用の害虫防除，農産漁村文化協会.
日高敏隆・松本義明監修 (1999) 環境昆虫学―行動・生理・化学生態，東大出版会.
Howse, P., Stevens, J. M. and Jones, O. (1998) Insect Pheromones and Their Use in Pest Management, Chapman & Hall.
石井象二郎編 (1979) 行動から見た昆虫4―種の生活における昆虫の行動，培風館.
久米又三・團　勝磨 (1957) 無脊椎動物発生学，培風館.
嶋田　透・勝間　進 (2007) 昆虫の比較ゲノム―カイコゲノムから見た多様性と特異性.『ゲノムから読み解く生命システム―比較ゲノムからのアプローチ』第10章，細胞工学別冊，秀潤社，pp. 111–117.
竹田　敏 (2003) 昆虫機能の秘密，工業調査会.
田中誠二・檜垣守男・小滝豊美編著 (2004) 休眠の昆虫学―季節適応の謎―，東海大学出版会.
和合治久 (1983) 昆虫の生体防御―食細胞の不思議，海鳴社.

**3章**

Dent, D. (2000) Insect Pest Management 2nd ed. CABI Publishing.
浜　弘司 (1992) 害虫はなぜ農薬に強くなるか，農村漁村文化協会.
平野千里 (1985) 昆虫誘引物質，東京大学出版会.
石井　明・鎮西康雄・太田伸生編著 (1998) 標準医動物学，医学書院.
加納六郎・篠永　哲 (1997) 日本の有害節足動物　生体と環境変化に伴う変遷，東海大学出版会.
桐谷圭治 (2004)『ただの虫』を無視しない農業，築地書館.
桐谷圭治・法橋信彦編 (1990) 植物防疫講座―害虫・有害動物編―，日本植物防疫協会.
河野義明 (2006) 殺虫剤抵抗性の機構：特に作用点の薬剤感受性低下の分子機構，植物防疫 60: 39–43.
小山重郎 (2000) 害虫はなぜ生まれたのか，東海大学出版会.
小山重郎 (1994) 530億匹の戦い，築地書館.
三橋　淳編著 (1997) 虫を食べる人びと，平凡社.
中筋房夫 (1997) 総合的害虫管理学，養賢堂.
日本農薬学会農薬製造・施用法研究会編 (1997) 農薬製剤ガイド，日本植物防疫協会.

日本植物防疫協会編（1998）植物防疫講座第3版—害虫・有害動物編，日本植物防疫協会.
日本植物防疫協会編（2005）農薬ハンドブック2005年版，日本植物防疫協会.
野中健一（2005）民族昆虫学—昆虫食の自然誌，東大出版会.
緒方一喜他編（2000）住環境の害虫獣対策，日本環境衛生センター.
沖縄県農林水産部ミバエ対策事業所編（2001）ウリミバエ根絶防除事業概要，沖縄県農林水産部.
Roush, R. T. and Tabashnik, B. E.（ed.）（1990）Pesticide resistance in arthropod, Chapman and Hall.
四手井綱英（1999）森林保護学—改訂版—，朝倉書店.
篠永　哲・林　晃史（1996）虫の味，八坂書房.
田付貞洋（2008）特定外来生物“アルゼンチンアリ”の分布・生態・防除，環動昆 19: 39–45.
渡部忠世・海田能宏編著（2003）環境・人口問題と食料生産，農産漁村文化協会.

**4章**

桐谷圭治・志賀正和編（1990）天敵の生態学，東海大学出版会.
農林水産先端技術産業振興センター（2007）「昆虫テクノロジー研究」に関する調査報告書，農林水産先端技術産業振興センター.
竹田　敏（2003）昆虫機能の秘密，工業調査会.
竹田　敏（2006）昆虫機能利用研究：NIASアグロバイオサイエンスシリーズ No. 3，農業生物資源研究所.

**5章**

クラウズリー・トンプソン，J. L.，小西正泰訳（1990）歴史を変えた昆虫たち，思索社.
三橋　淳編（1997）虫を食べる人びと，平凡社.
三橋　淳編（2008）世界昆虫食大全，八坂書房.
野中健一（2005）民族昆虫学，東京大学出版会.
佐々木正己（1999）ニホンミツバチ，海游社.
吉武成美（1986）養蚕の始まりとカイコの起源.『日本人のための生物資源のルーツを探る』吉武成美他編，筑波書房，pp. 237–285.

# 事　項　索　引

## 欧　文



## ア　行

## カ 行

## サ 行

## タ 行

## ナ 行



## ハ 行

# 昆虫名索引

（便宜上ダニ，線虫なども含める）

## ア 行


アオキツメトゲブユ *Simulium aokii* 210
アオバアリガタハネカクシ *Paederus fuscipes* 212
アオマツムシ *Truljalia hibinonis* 230
アオムシコマユバチ *Apanteles glomeratus* 84
アカイエカ *Culex pipiens pallens* 169, 205
アカエグリバ *Oraesia excavata* 198
アカカミアリ *Solenopsis geminata* 231
アカスジカスミカメ *Stenotus rubrovittatus* 193
アカツツガムシ *Leptotrombidium akamushi* 208
アカヒゲホソミドリカスミカメ *Trigonotylus caelestialium* 193
アカモンサシガメ *Panstrongylus megistus* 207
アゲハ *Papilio xuthus* 66, 70
アケビコノハ *Eudocima tyrannus* 198
アサギマダラ *Parantica sita* 69
アザミウマ（総翅）目 Thysanoptera 6, 22, 60
アシグロハモグリバエ *Liriomyza huidobrensis* 194
アズキゾウムシ *Callosobruchus chinensis* 87
アタマジラミ *Pediculus humanus capitis* 210
アミメカゲロウ（脈翅）目 Neuroptera 6, 23, 61
アメリカカンザイシロアリ *Incistermes minor* 200
アメリカシロヒトリ *Hyphantria cunea* 133, 230
アリノタカラカイガラムシ *Eumyrmococcus smithii* 11
アリモドキゾウムシ *Cylas formicanus* 159, 189, 193
アルゼンチンアリ *Linepithema humile* 92, 133, 231
アワノメイガ *Ostrinia furnacalis* 66, 67
アワヨトウ *Mythimna separata* 71, 118

イエシロアリ *Coptotermes formosanus* 200
イエダニ *Ornithonyssus bacoti* 211
イエバエ *Musca domestica* 132, 164, 166, 167, 169, 212, 237
イシノミ（古顎）目 Archaeognatha 21, 53, 54, 57
イセリアカイガラムシ *Icerya purchasi* 180
イナゴ類（属） *Oxya* spp. 191, 236
イヌビワコバチ *Blastophaga nipponica* 88, 89
イネクキセンチュウ *Ditylenchus angustus* 188
イネクビホソハムシ（イネドロオイムシ） *Oulema oryzae* 165, 191
イネクロカメムシ *Scotinophara lurida* 191
イネシンガレセンチュウ *Aphelenchoides besseyi* 193
イネゾウムシ *Echinocnemus bipunctatus* 193
イネミズゾウムシ *Lissorhoptrus oryzophilus* 175, 191
イボタロウムシ *Ericerus pela* 218
イモゾウムシ *Euscepes postfasciatus* 189, 193
イラガ *Monema flavescens* 212
イラクサギンウワバ *Trichoplusia ni* 222

ウスバクワコ *Rondotia menciana* 236
ウスミドリカスミカメ *Apolygus spinolae* 198
ウリハムシ *Aulacophora femoralis* 194
ウリミバエ *Bactrocera cucurbitae* 144, 185, 186, 188

エゾスジグロシロチョウ *Pieris napi* 84
エリサン *Samia cynthia ricini* 235
エンドウヒゲナガアブラムシ *Acyrthosiphon pisum* 32

オオウラギンヒョウモン *Fabriciana nerippe* 229
オオカバマダラ *Danaus plexippus* 69
オオサシガメ *Rhodnius prolixus* 220
オオスズメバチ *Vespa mandarinia* 129, 211
オオタバコガ *Helicoverpa armigera* 160, 172, 178

オオトゲシラホシカメムシ *Eysarcoris ventralis* 193
オオハリアリ *Pachycondyla chinensis* 211
オオムラサキ *Sasakia charonda* 228
オオルリシジミ *Shijimiaeoides divinus* 228
オサムシ亜目 Adephaga 61
オンシツコナジラミ *Trialeurodes vaporariorum* 172, 194
オンシツツヤコバチ *Encarsia formosa* 183

## カ 行

カイコガ *Bombix mori* 25, 26, 27, 31, 32, 38, 39, 41, 66, 76, 118, 126, 213, 216, 218, 220, 223, 224, 225, 226, 234, 235, 236
カカトアルキ（踵行）目（マントファスマ目） Mantophasmatodea 58, 59
カキホソガ *Cuphodes diospyrosellus* 198
カゲロウ（蜉蝣）目 Ephemeroptera 5, 21, 55, 57, 78
カスミカメムシ科 Miridae 193
カツラマルカイガラムシ *Diaspidiotus macroporanus* 197
カバキコマチグモ *Chiracanthium japonicum* 211
カブトムシ *Allomyrina dichotoma* 46, 70, 220
カブトムシ亜目 Polyphaga 61
カブラヤガ *Agrotis segetum* 194, 199
カマアシムシ（原尾）目 Protura 5, 10, 15, 21, 53, 54
カマキリ（蟷螂）目 Mantodea 6, 21, 59
カミキリモドキ類（科） Oedemeridae 212
ガムシ類（科） Hydrophilidae 229
カメムシ科 Pentatomidae 193
カメムシ（半翅）目 Hemiptera 6, 21, 22, 60, 64, 210
カラスアゲハ *Papilio bianor* 46
ガロアムシ（擬蟋蟀）目 Grylloblattodea 11, 59
カワゲラ（襀翅）目 Plecoptera 13, 21, 58
カンキツネモグリセンチュウ *Radopholus citrophilus* 188
カンザワハダニ *Tetranychus kanzawai* 164, 197, 198
カンシャクシコメツキ類 *Melanotus* spp. 193
カンシャコバネナガカメムシ *Cavelerius saccharivorus* 193
ガンビアハマダラカ *Anopheles gambiae* 306, 206

キアゲハ *Papilio machaon* 194
キイロショウジョウバエ *Drosophila melanogaster* 26, 27, 32, 35, 38, 111, 112, 114, 126, 128, 155, 167, 224
キイロスズメバチ *Vespa xanthoptera* 211
キスジノミハムシ *Phyllotreta striolata* 173, 194
キチョウ *Eurema hecabe* 70
キリギリス亜目 Ensifera 59
ギンモンハモグリガ（リンゴハモグリガ） *Lyonetia prunifoliella malinella* 198
キンモンホソガ *Phyllonorycter ringoniella* 160, 198

クインスランドミバエ *Dacus trioni* 188
クチキゴキブリ類（属） *Salganea* spp. 90
クモテナガコガネ属 *Eucbeirus* spp. 231
クモヘリカメムシ *Lepticorisa chinensis* 193
グランヴィルヒョウモンモドキ *Melitaea cinxia* 83
クリイガアブラムシ *Moritziella castaneivora* 197
クリシギゾウムシ *Curcurio sikkimensis* 174
クリタマバチ *Dryocosmus kuriphilus* 133, 180, 198
クロオオアリ *Camponotus japonicus* 42
クロキンバエ *Phormia regina* 206
クロゴキブリ *Periplaneta fuliginosa* 212
クロショウジョウバエ *Drosophila virilis* 212
クロツヤムシ類（科） Passalidae 90
クロヤマアリ *Formica japonica* 47
クワオオハダニ *Panonychus mori* 197
クワコナカイガラトビコバチ *Pseudaphycus malinus* 181
クワコナカイガラムシ *Pseudococcus comstocki* 181, 197, 215
クワコナカイガラヤドリバチ *Pseudaphycus malinus* 215
クワシロカイガラムシ *Pseudaulacaspis pentagona* 177, 198

ケオプスネズミノミ *Xenopsylla cheopis* 207
ケジラミ *Pthirus pubis* 210
ケナガカブリダニ *Amblyseius womersleyi* 184

ケブカクロバエ *Aldrichina grahami* 212
ケブカスズメバチ *Vespa simillima* 211
ゲンゴロウ *Cybister japonicus* 229

コアオハナムグリ *Gametis jucunda* 172
コウチュウ（鞘翅）目 Coleoptera 6, 14, 15, 23, 53, 60, 61, 63, 153, 183
コウノシロハダニ *Eotetranychus asiaticus* 83
コオイムシ *Appasus japonicus* 90, 229
コガタアカイエカ *Culex tritaeniorhynchus* 124, 164, 168, 205
コガタハマダラカ *Anopheles minimus* 206
ゴキブリ（蜚蠊）目 Blattodea 6, 22, 59
コクガヤドリチビアメバチ *Venturia canescens* 85
コクヌストモドキ *Tribolium castaneum* 27, 39, 41
コチニールカイガラムシ *Dactylopius coccus* 218
コドリンガ *Carpocapsa pomonella* 188
コナガ *Plutella xylostella* 160, 165, 167, 169, 171, 177, 194
コナヒョウヒダニ *Dermatophagoides farinae* 212
コナマダラメイガ →スジコナマダラメイガ
コバネイナゴ *Oxya jezoensis* 129
コバネヒョウタンナガカメムシ *Togo hemipterus* 193
コブノメイガ *Cnaphalocrocis medinalis* 132, 191
ゴマダラカミキリ *Anoplophora malasiaca* 175, 198
コミカンアブラムシ *Toxoptera aurantii* 198
コムシ（双尾）目 Diplura 5, 10, 53, 54
コロモジラミ *Pediculus humanus corporis* 207, 210
コロラドハムシ *Leptinotarsa decemlineata* 68, 144, 169, 178, 188

## サ　行

サクサン *Antheraea pernyi* 235
サシチョウバエ *Phlebotomus chinensis* 206
サシバエ *Stomoxys calcitrans* 210
サツマイモネコブセンチュウ *Meloidogyne incognita* 182
サンカメイガ *Scirpophaga incertulas* 133, 191

シナハマダラカ *Anopheles sinensis* 206
シバオサゾウムシ *Sphenophrus venatus vestitus* 182
シバツトガ *Parapediasia teterrella* 177
シバンムシアリガタバチ *Cephalonomia gallicola* 211
シミ（総尾）目 Thysanura 21, 53, 54, 55, 57
ジャガイモシストセンチュウ *Globodera rostochinensis* 188
ジャガイモシロシストセンチュウ *Globodera pallida* 188
ジュズヒゲムシ（絶翅）目 Zoraptera 58, 59
シュルツェマダニ *Ixodes persulcatus* 208
ショウジョウバエ類 *Drosophila* spp. 24, 25, 31, 36, 37, 39, 41
ショウジョウバエの一種 *Drosophila bifurca* 100
シラホシカメムシ *Eysarcoris ventralis* 193
シラミ（虱）目 Phthiraptera 4, 6, 14, 60
シリアゲムシ（長翅）目 Mecoptera 6, 23, 61
シルヴェストリコバチ *Encarsia smithi* 180
シルバーリーフコナジラミ →タバココナジラミ・バイオタイプ *B*
シルビアシジミ *Zizina otis* 229
シロアリ（等翅）目 Isoptera 6, 13, 17, 59
シロアリモドキ（紡脚）目 Embioptera 58, 59
シロイチモジマダラメイガ *Etiella zinckenella* 193
シロフアブ *Tabanus trigeminus* 210

ズイムシアカタマゴバチ *Trichogramma japonicum* 181
スジグロシロチョウ *Pieris melete* 84
スジコナマダラメイガ *Ephestia kuehniella* 85
スジマダラメイガ *Cadra cautella* 181
スナノミ *Tunga penetrans* 210

セアカゴケグモ *Latrodectus hasseltii* 211
セイヨウオオマルハナバチ *Bombus terrestris* 172, 216, 231
セイヨウミツバチ *Apis mellifera* 39, 211, 236
セクロピアサン *Hyalophora cecropia* 68, 151
セジロウンカ *Sogatella furcifera* 69, 138, 191
センチニクバエ *Sacrophaga peregrina* 212
センチュウ類 Nematoda 174

## タ 行


タイコウチ *Laccotrephes japonensis* 229
ダイズシストセンチュウ *Heterodera glycines* 177
タカサゴキララマダニ *Ambryoma testudinarium* 208
タガメ *Kirkaldyia deyrollei* 229
タサールサン *Antheraea mylitta* 235
タテツツガムシ *Leptotrombidium scutellare* 208
タネバエ *Delia platura* 193, 194
タバコガ *Helicoverpa assulta* 160, 172, 194
タバココナジラミ・バイオタイプB *Bemisia tabaci* Biotype B 194
タバコスズメガ *Manduca sexta* 117, 118, 119, 126
タマナギンウワバ *Autographa nigrisigna* 194
タマナヤガ *Agrotis ipsilon* 182, 194, 199
タマネギバエ *Delia antiqua* 194

チカイエカ *Culex pipiens molestus* 164, 205
チチュウカイミバエ *Ceratitis capitata* 144, 188
チャタテムシ（嚙虫）目 Psocoptera 6, 60
チャドクガ *Arna pseudoconspersa* 212
チャノキイロアザミウマ *Scirtothrips dorsalis* 175, 197, 198
チャノコカクモンハマキ *Adoxophyes honmai* 76, 182, 198, 218
チャノホソガ *Caloptilia theivora* 172
チャノミドリヒメヨコバイ *Empoasca onukii* 198
チャバネアオカメムシ *Plautia crossota stali* 121, 140
チャバネゴキブリ *Bllatella germanica* 164, 169, 212
チャハマキ *Homona magnanima* 160, 161, 182, 198, 218
チュウゴクオナガコバチ *Torymus sinensis* 181, 198
チョウ（鱗翅）目 Lepidoptera 6, 13, 20, 23, 25, 60, 61, 62, 63, 66, 153, 183, 218
チリカブリダニ *Phytoseiulus persimilis* 183

ツェツェバエ *Glossina palpalis, G. morsitans* 206
ツチハンミョウ類（科） Meloidae 22
ツツガムシ類（科） Trombiculidae 125
ツブミズムシ亜目 Myxophaga 61
ツマグロキチョウ *Eurema laeta* 47
ツマグロヨコバイ *Nephotettix cincticeps* 163, 164, 165, 167, 177, 191
ツメトギブユの一種 *Simulium damnosum, S. ochraceum* 207

テナガコガネ属 *Cheirotonus* spp. 231
テンサイシストセンチュウ *Heterodera schachtii* 188
テンサン（ヤママユガ） *Antheraea yamamai* 67

トウゴウヤブカ *Aedea togoi* 205
ドクガ科 Lymantriidae 212
トゲシラホシカメムシ *Eysarcoris aeneus* 193
トコジラミ *Cimex lectularius* 210
トサツツガムシ *Leptotrombidium tosa* 208
トノサマバッタ *Locusta migratoria* 119, 132
トビイロウンカ *Nilaparvata lugens* 69, 138, 176, 191
トビイロシワアリの一種 *Tetramorium caespitum* 48
トビケラ（毛翅）目 Trichoptera 6, 20, 26, 61, 62
トビムシ（粘管）目 Collembola 5, 51, 53
トマトハモグリバエ *Liriomyza sativae* 194
トラフシジミ *Rapala arata* 46
トリサシダニ *Ornithonyssus sylvialum* 211
トンボ（蜻蛉）目 Odonata 5, 14, 21, 55, 57, 78


## ナ 行


ナガカメムシ科 Lygaeidae 193
ナガコムシ亜目 Rhabdura 54
ナカジロシタバ *Aedia leucomelas* 193
ナガヒラタムシ亜目 Archostemata 61
ナガフシアリの一種 *Tetraponera* sp. 88
ナガムギカスミカメ *Stenodema sibirica* 193
ナシチビガ *Bucculatrix pyrivorella* 198
ナシノアカマルカイガラ →ナシマルカイガラムシ
ナシヒメシンクイ *Grapholita molesta* 160, 161, 198
ナシマルカイガラムシ *Diaspidiotus perniciosus* 161, 197
ナナフシ（竹節虫）目 Phasmatodea 5, 59
ナミテントウ *Harmonia axyridis* 45, 215

ナミハダニ *Tetranychus urticae* 164, 197
ナミヒメハナカメムシ *Orius sauteri* 181
ナモグリバエ *Chromatomyia horticola* 172

ニカメイガ *Chilo suppressalis* 67, 79, 133, 165, 175, 181
ニキビダニ *Demodex folliculorum* 210
ニクバエ類（属） *Sarcophaga* spp. 209
ニジュウヤホシテントウ *Henosepilachna virgintioctopunctata* 193, 194
ニセネコブセンチュウ *Nacobbus aberrans* 188
ニッポンヤマブユ *Simulium nacojapi* 210
ニホンミツバチ *Apis cerana* 211, 236

ネギアザミウマ *Thrips tabaci* 194
ネギハモグリバエ *Liriomyza chinensis* 194
ネコブセンチュウ類（属） *Meloidogyne* sp. 174
ネジレバネ（撚翅）目 Strepsiptera 14, 22, 61
ネッタイイエカ *Culex pipiens fatigans* 167, 205
ネッタイシマカ *Aedes aegypti* 24, 39, 205
ネムリユスリカ *Polypedilum vanderplanki* 221

ノシノマダラメイガ *Plodia interpunctella* 85
ノミ（隠翅）目 Siphonaptera 4, 6, 14, 61

## ハ　行

ハイマダラノメイガ *Hellula undalis* 194
ハエ（双翅）目 Diptera 6, 13, 53, 60, 61, 63, 153, 183
ハサミコムシ亜目 Dicellurata 54
ハサミムシ（革翅）目 Dermaptera 6, 58
ハスモンヨトウ *Spodoptera litura* 160, 182, 193, 194, 218
ハスモンヨトウ近縁種 *Spodoptera littoralis* 171
ハチ亜目 Apocrita 62
ハチノスツヅリガ（ハチミツガ） *Galleria mellonella* 129
ハチ（膜翅）目 Hymenoptera 6, 14, 23, 53, 60, 62
バッタ亜目 Caelifera 59
バッタ（直翅）目 *Orthoptera* 5, 22, 59, 64
バナナネモグリセンチュウ *Radopholus similis* 188
ハバチ亜目 Symphyta 62
ハマキコウラコマユバチ *Ascogaster reticulatus* 76
ハマダラカ類（属） *Anopheles* spp. 27, 123

ヒアリ *Solenopsis invicta* 144, 231
ヒアリ類（属） *Solenopsis* spp. 211
ヒゼンダニ *Sarcoples scabiei* 210
ヒトクイバエ *Cordylobia anthrophaga* 210
ヒトスジシマカ *Aedes albopictus* 205
ヒトノミ *Pulex irritans* 211
ヒトヒフバエ *Dermatobia hominis* 210
ヒヌマイトトンボ *Mortonagrion hirosei* 228
ヒメイエバエ *Fannia canicularis* 212
ヒメシロチョウ *Leptidea amurensis* 24
ヒメダニの一種 *Ornitodoros moubata* 208
ヒメテナガコガネ属 *Propomacrus* spp. 231
ヒメトビウンカ *Laodelphax striatella* 47, 191
ヒメバチ科 Ichneumonidae 85
ヒョウモンモドキ *Melitaea scotosia* 229
ヒラタヒョウタンナガカメムシ *Pachybrachius luridus* 193

フタトゲチマダニ *Haemaphisalis longicornis* 208
ブドウトラカミキリ *Xylotrechus pyrrhoderus* 129, 198
ブドウネアブラムシ *Viterus vitifolii* 175
フトゲツツガムシ *Leptotrombidium pallidum* 208
ブラジルサシガメ *Triatoma infestans* 207

ヘシアンバエ *Mayetiola destructor* 188
ベダリアテントウムシ *Rodolia cardinalis* 180
ベッコウトンボ *Libellula angelina* 228
ベネズエラサシガメ（オオサシガメ）*Rhodnius prolixus* 207
ヘビトンボ（広翅）目 Megaloptera 23, 61
ヘリカメムシ科 Coreidae 193

ホシカメムシ類（科） Pyrrhocoridae 25
ホソヘリカメムシ *Riptortus linearis* 193

## マ　行

マイマイガ *Lymantria dispar* 67
マガタマハリバエ *Epicampocera succincta* 84
マキバカスミカメ *Lygus rugulipennis* 194
マツカレハ *Dendrolimus spectabilis* 181, 212

マツノザイセンチュウ *Bursaphelenchus xylophilus* 200
マツノマダラカミキリ *Monochamus alternatus endai* 159, 201, 202
マメコガネ *Popillia japonica* 182
マメシンクイガ *Leguminivora glycinivorella* 193
マメゾウムシ科 Bruchidae 89
マメハモグリバエ *Liriomyza trifolii* 173, 194
マメハンミョウ *Epicauta gorhami* 212
マルハナバチ類（属） *Bombus* spp. 216
マントファスマ目 →カカトアルキ目

ミカンキイロアザミウマ *Frankliniella occidentalis* 194
ミカンキジラミ *Diaphorina citri* 189, 198
ミカンコナカイガラムシ *Planococcus citri* 32
ミカンコミバエ *Bactrocera dorsalis* 144, 159, 185, 186, 188
ミカントゲコナジラミ *Aleurocanthus spiniferus* 180
ミカンネモグリセンチュウ *Tylenchulus semipenetrans* 189
ミカンハダニ *Panonychus citri* 164, 197
ミカンハモグリガ *Phyllocnistis citrella* 198
ミズカマキリ *Ranatra chinensis* 229
ミダレカクモンハマキ *Archips fuscocupreanus* 161
ミツバチ *Apis mellifera* 25, 27, 172, 213, 216, 235
ミドリシジミ *Neozephyrus japonicus* 45
ミナミアオカメムシ *Nezara viridura* 193
ミナミキイロアザミウマ *Thrips palmi* 172, 181, 194
ミカンクロアブラムシ *Toxoptera citricida* 197
ミヤマシジミ *Lycaeides argyrognomon* 229

ムガサン *Antheraea assama* 235
ムカシアリガタバチ *Acrepyris japonicus* 46
ムカシゲンゴロウ科 Phreatodytidae 228
ムカシシミ目 Monura 10

メマトイ類（属） *Amiota* spp. 206

モモアカアブラムシ *Myzus persicae* 32, 71, 165, 166, 167, 169, 174, 177, 197
モモシンクイガ *Carposina niponensis* 198
モモノゴマダラノメイガ *Conogethes punctiferalis* 198
モンシロチョウ *Pieris rapae* 66, 84, 177, 194
モンシロドクガ *Euproctis similis* 212

## ヤ 行

ヤケヒョウヒダニ *Dermatophagoides pteronyssinus* 212
ヤノネカイガラムシ *Unaspis yanonensis* 180, 197
ヤノネキイロコバチ *Aphytis yanonensis* 180
ヤノネツヤコバチ *Coccobius fulvus* 180
ヤマトアブ *Tabanus rufidens* 210
ヤマトシロアリ *Reticulitermes speratus* 200
ヤマトマダニ *Ixodes ovatus* 208
ヤママユガ（科） Saturniidae 235
ヤンバルテナガコガネ *Cheirotonus jambar* 228, 231

ヨトウガ *Mamestra brassicae* 160, 178
ヨトウガ（ヨトウムシ）類 army worms 194
ヨトウガの一種 *Spodoptera frugiperda* 222
ヨナクニサン *Attacus atlas* 103
ヨモギエダシャク *Ascotis selenaria* 198
ヨーロッパアワノメイガ *Ostrinia nubilalis* 143, 178

## ラ 行

ラクダムシ（駱駝虫）目 Rophidioptera 61
ラセンウジバエ *Cochiliomia hominivorax* 184
ラックカイガラムシ *Laccifer lacca* 218

リンゴコカクモンハマキ *Adoxophyes orana* 160, 161, 198
リンゴハダニ *Panonychus ulmi* 197
リンゴミドリアブラムシ *Ovatus malicolens* 197
リンゴモンハマキ *Archips breviplicanus* 161
リンゴワタムシ *Eriosoma lanigerum* 180

ルビーアカヤドリコバチ *Anicetus beneficus* 180, 215
ルビーロウカイガラムシ *Ceroplastes rubens* 180

ロシアコムギアブラムシ *Diuraphis noxia* 144

## ワ 行

ワクモ（トリサシダニ）*Dermanisssus gallinae* 211
ワタアブラムシ *Aphis gossypii* 165, 166, 174, 197
ワタムシヤドリコバチ *Aphelinus mali* 180
ワモンゴキブリ *Periplaneta americana* 212

**編者略歴**

田付貞洋（たつき さだひろ）

1945年　京都府に生まれる
1970年　東京大学大学院農学系研究科修士課程修了
現　在　東京大学大学院農学生命科学研究科教授
農学博士

河野義明（こうの よしあき）

1942年　東京都に生まれる
1971年　東京大学大学院農学系研究科博士課程修了
農学博士
1999-2006　筑波大学大学院生命環境科学科教授

**最新応用昆虫学**　　定価はカバーに表示

2009年 4月 20日　初版第1刷
2018年 9月 25日　第7刷

編　者　田付貞洋
　　　　河野義明
発行者　朝倉誠造
発行所　株式会社 朝倉書店
東京都新宿区新小川町 6-29
郵便番号　162-8707
電　話　03(3260)0141
FAX　03(3260)0180
http://www.asakura.co.jp

〈検印省略〉



Printed in Korea

ISBN 978-4-254-42035-7　C 3061